教科書ぴったりトレーニング

はなまるシール

ふろくの「がんばり表」につかおう！
はじめに、キミのおとも犬をえらんで、
がんばり表にはろう！
★ がくしゅうがおわったら、がんばり表に「はなまるシール」をはろう！
★ あまったシールはじゆうにつかってね。

キミのおとも犬

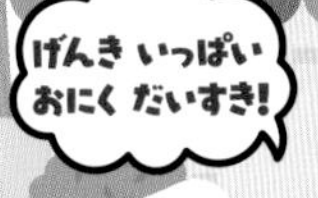

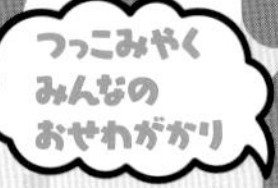

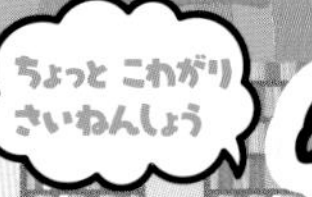

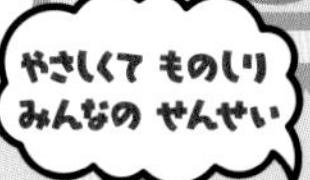

はなまるシール

ごほうびシール

教科書ぴったりトレーニング さんすう1年 がんばり表

いつも見えるところに、この「がんばり表」をはっておこう。
この「ぴたトレ」をがくしゅうしたら、シールをはろう！
どこまでがんばったかわかるよ。

3. いくつと いくつ

- 16～17ページ ぴったり1 2 できたら シールを はろう
- 18～19ページ ぴったり3 できたら シールを はろう

4. あわせて いくつ ふえると いくつ

- 20～21ページ ぴったり1 2 できたら シールを はろう
- 22～23ページ ぴったり1 2 できたら シールを はろう
- 24～25ページ ぴったり1 2 できたら シールを はろう
- 26～27ページ ぴったり3 できたら シールを はろう

5. のこりは いくつ ちがいは いくつ

- 28～29ページ ぴったり1 2 できたら シールを はろう
- 30～31ページ ぴったり1 2 できたら シールを はろう
- 32～33ページ ぴったり1 2 できたら シールを はろう
- 34～35ページ ぴったり1 2 できたら シールを はろう
- 36～37ページ ぴったり3 できたら シールを はろう

6. かずしらべ

- 38ページ ぴったり1 2 できたら シールを はろう
- 39ページ ぴったり3 できたら シールを はろう

7. 10より おおきい かず

- 40～41ページ ぴったり1 2 できたら シールを はろう
- 42～43ページ ぴったり1 2 できたら シールを はろう
- 44～45ページ ぴったり1 2 できたら シールを はろう

14. て

- 70～7 ぴった できた シー はろ

15. かさくらべ

- 72～73ページ ぴったり1 2 できたら シールを はろう
- 74～75ページ ぴったり3 できたら シールを はろう

16. いろいろな かたち

- 76～77ページ ぴったり1 2 できたら シールを はろう
- 78～79ページ ぴったり3 できたら シールを はろう

17. 大きな かず

- 80～81ページ ぴったり1 2 できたら シールを はろう
- 82～83ページ ぴったり1 2 できたら シールを はろう
- 84～85ページ ぴったり1 2 できたら シールを はろう
- 86～87ページ ぴったり3 できたら シールを はろう

18. なんじなんぷん

- 88ページ ぴったり1 2 できたら シールを はろう
- 89ページ ぴったり3 できたら シールを はろう

19. ずを つかって かんがえよう

- 90～91ページ ぴったり1 2 できたら シールを はろう
- 92～93ページ ぴったり1 2 できたら シールを はろう
- 94～95ページ ぴったり3 できたら シールを はろう

20. かたちづくり

- 96～97ページ ぴったり1 2 できたら シールを はろう
- 98～99 ぴった できたら シールを はろう

(キリトリ線)

教科書ぴったりトレーニング 算数 1年 大日本図書版 折込①(オモテ)

シールの中からすきなぴた犬をえらぼう。

おうちのかたへ

がんばり表のデジタル版「デジタルがんばり表」では、デジタル端末でも学習の進捗記録をつけることができます。1冊やり終えると、抽選でプレゼントが当たります。「ぴたサポシステム」にご登録いただき、「デジタルがんばり表」をお使いください。LINE または PC・ブラウザを利用する方法があります。

ぴたサポシステムご利用ガイドはこちら
https://www.shinko-keirin.co.jp/shinko/news/pittari-support-system

スタート

1. 10までの　かず
- 2〜3ページ ぴったり1 2 できたらシールをはろう
- 4〜5ページ ぴったり1 2 できたらシールをはろう
- 6〜7ページ ぴったり1 2 できたらシールをはろう
- 8〜9ページ ぴったり3 できたらシールをはろう

2. なんばんめ
- 10〜11ページ ぴったり1 2 できたらシールをはろう
- 12〜13ページ ぴったり3 できたらシールをはろう

…4〜15ページ ぴったり1 2 できたらシールをはろう

10. 3つの　かずの　けいさん
- 52〜53ページ ぴったり1 2 できたらシールをはろう
- 54〜55ページ ぴったり1 2 できたらシールをはろう
- 56〜57ページ ぴったり3 できたらシールをはろう

9. たしざんカード　ひきざんカード
- 50ページ ぴったり1 2 できたらシールをはろう
- 51ページ ぴったり3 できたらシールをはろう

8. なんじ　なんじはん
- 48ページ ぴったり1 2 できたらシールをはろう
- 49ページ ぴったり3 できたらシールをはろう

…〜47ページ ぴったり3 できたらシールをはろう

11. ながさくらべ
- 58〜59ページ ぴったり1 2 できたらシールをはろう
- 60〜61ページ ぴったり3 できたらシールをはろう

12. たしざん
- 62〜63ページ ぴったり1 2 できたらシールをはろう
- 64〜65ページ ぴったり3 できたらシールをはろう

13. ひろさくらべ
- 66ページ ぴったり1 2 できたらシールをはろう
- 67ページ ぴったり3 できたらシールをはろう

…きざん
- 68〜69ページ ぴったり1 2 できたらシールをはろう
- …ページ ぴったり3

1ねんの ふくしゅう
- 102〜104ページ できたらシールをはろう

★プログラミングにちょうせん！
- 100〜101ページ プログラミング できたらシールをはろう

…ページ ぴったり3

ゴール

さいごまでがんばったキミは「ごほうびシール」をはろう！

ごほうびシールをはろう

(キリトリ線)

教科書ぴったりトレーニング　算数　1年　大日本図書版　折込①(ウラ)

もくじ

さんすう1年

大日本図書版　新版
たのしい　さんすう

教科書ぴったりトレーニング

▶3分でまとめ動画

巻末	なつのチャレンジテスト／ふゆのチャレンジテスト／はるのチャレンジテスト／学力しんだんテスト	とりはずして お使いください
別冊	まるつけラクラクかいとう	

ぴったり1

じゅんび

3分でまとめ

がくしゅうび　　月　　日

1 10までの　かず
(5までの　かず)

きょうかしょ　1 10〜15ページ　こたえ　2ページ

ねらい

ものの集まりを○などに表し、1〜5までの数を理解します。　れんしゅう

1 えの　かずだけ　○に　いろを　ぬりましょう。

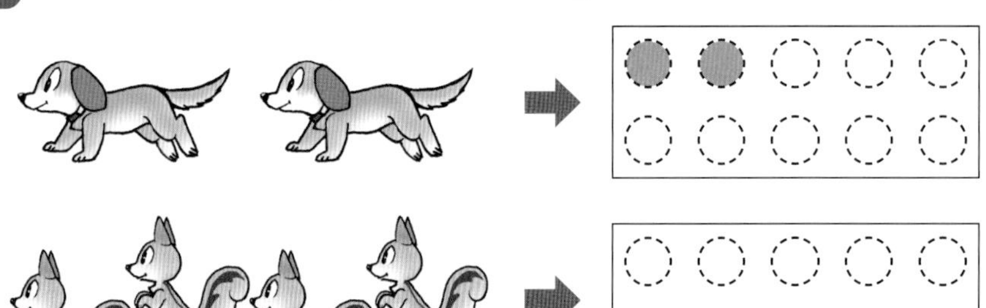

ひだりうえの　○から
よこへ　じゅんに
いろを　ぬろう。

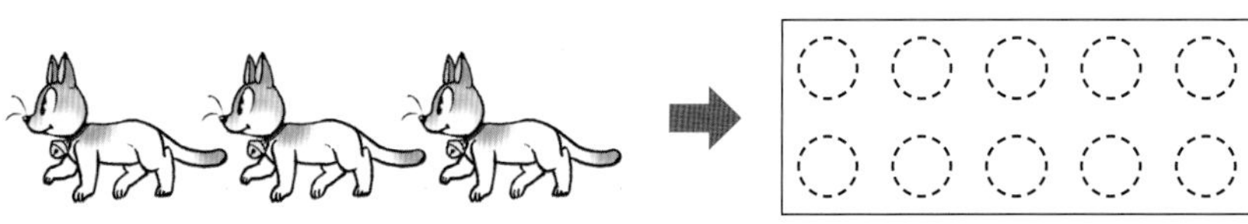

うすい
せんや　じは
なぞろう。

ねらい

1〜5までの数を数字で書くことができるようにします。　れんしゅう

2 5までの　すうじを　かきましょう。

●	1 いち	1	1					
●●	2 に	2	2					
●●●	3 さん	3	3					
●●●●	4 し(よん)	4	4					
●●●●●	5 ご	5	5					

がくしゅうび　　月　　日

★できた　もんだいには、「た」を　かこう！★

きょうかしょ　1 10～15ページ　こたえ　2ページ

よくみて

🐾 おなじ　かずを　せんで　むすびましょう。

きょうかしょ12ページで、1から　5までの　かずの　かぞえかたを　まなぼう。

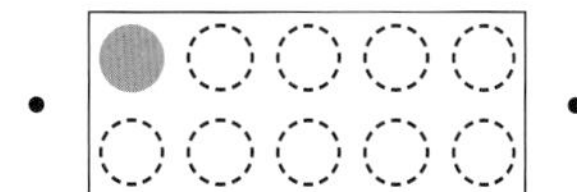

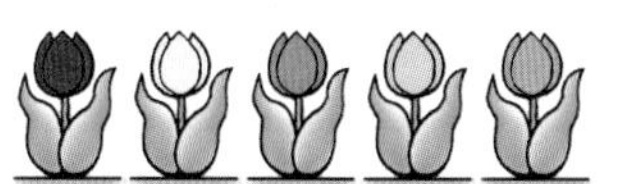

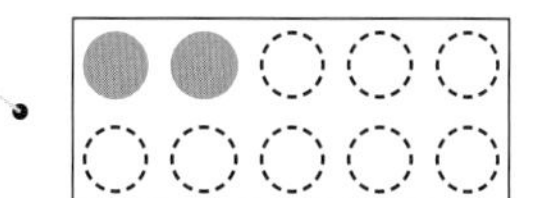

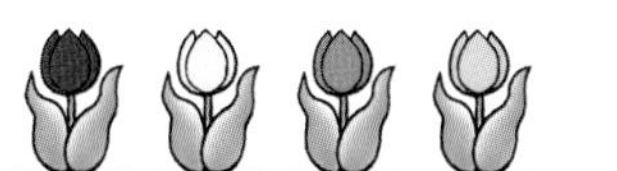

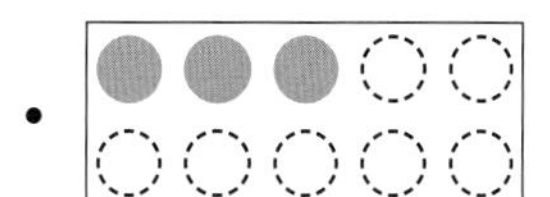

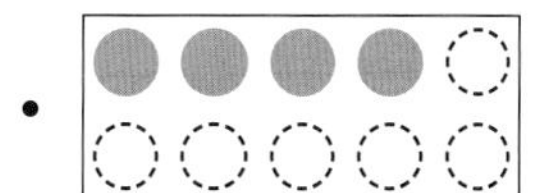

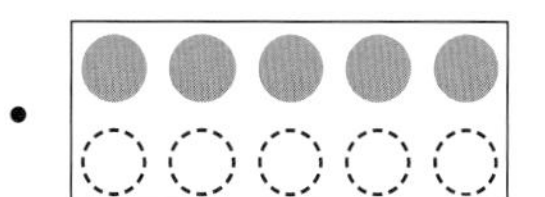

🐾🐾 かずを　すうじで　かきましょう。

きょうかしょ13～14ページで、1から　5までの　かずの　かきかたを　まなぼう。

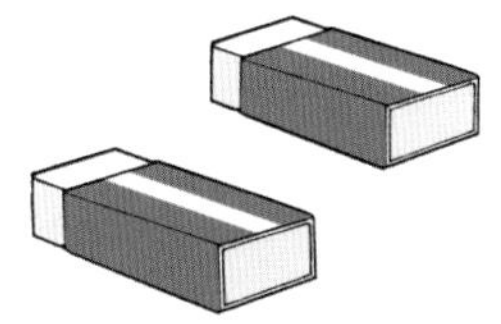

2

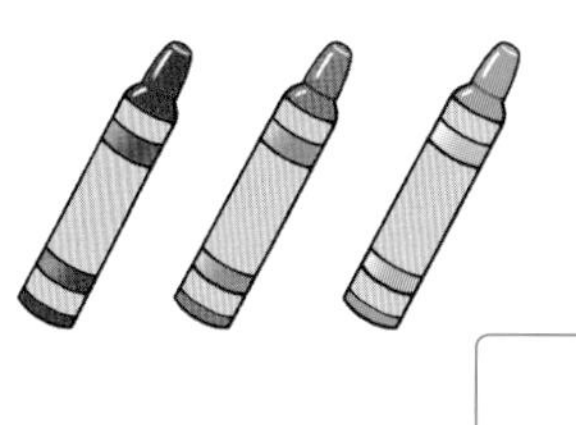

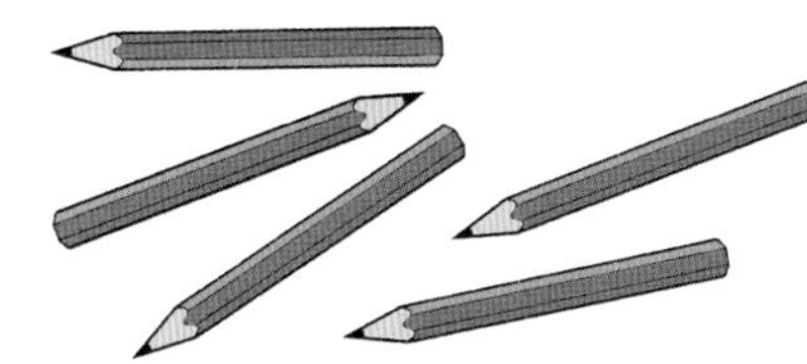

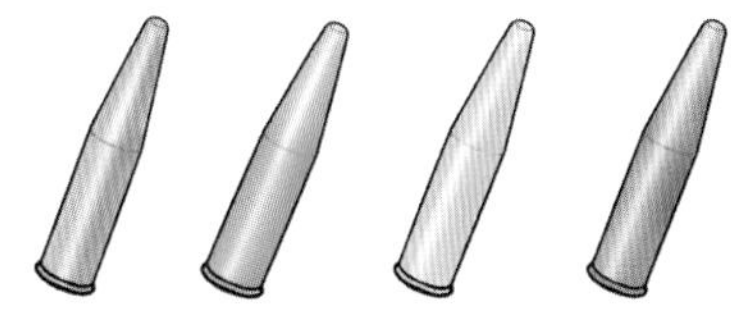

ひんと　🐾🐾 5の　かきじゅんは　まちがえやすいので　きを　つけよう。

ぴったり1
じゅんび

がくしゅうび　月　日

1 10までの　かず

(10までの　かず)
かずを　さがそう

きょうかしょ 1 16〜23ページ　こたえ 2ページ

ねらい

ものの集まりを○などに表し、6〜10までの数を理解します。　れんしゅう

1 えの　かずだけ　○に　いろを　ぬりましょう。

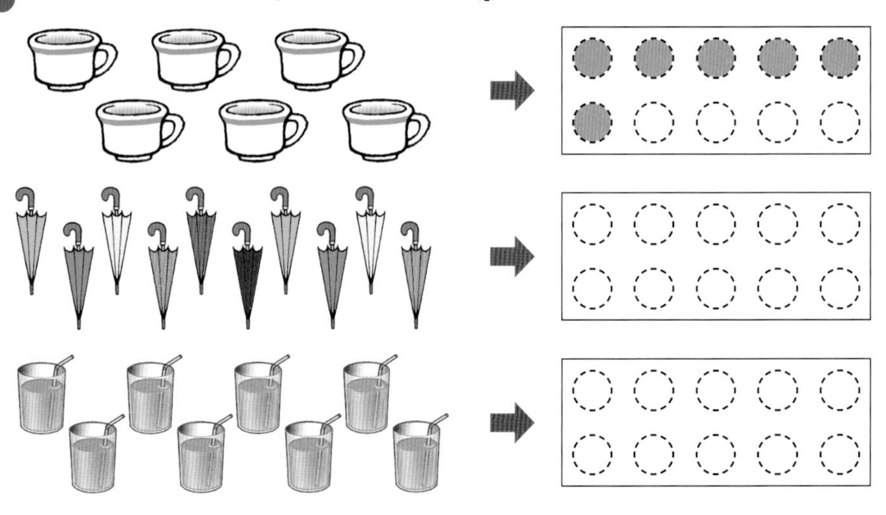

ねらい

6〜10までの数を数字で書くことができるようにします。　れんしゅう

2 10までの　すうじを　かきましょう。

●●●●● ●	6 ろく	6	6				
●●●●● ●●	7 しち(なな)	7	7				
●●●●● ●●●	8 はち	8	8				
●●●●● ●●●●	9 く(きゅう)	9	9				
●●●●● ●●●●●	10 じゅう	10	10				

がくしゅうび　月　日

★できた　もんだいには、「た」を　かこう！★

きょうかしょ 1 16～23ページ　こたえ 2ページ

よくみて

1 おなじ　かずを　せんで　むすびましょう。

きょうかしょ18ページで、6から　10までの　かずの　かぞえかたを　まなぼう。

 ・　・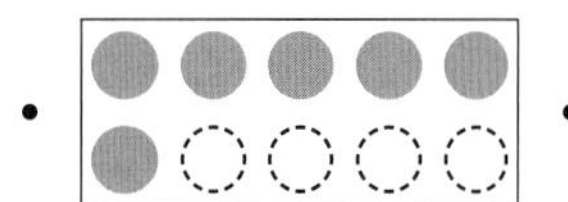・　・

 ・　・ ・　・

 ・　・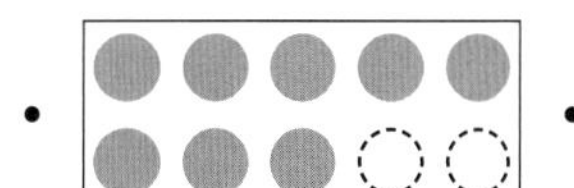・　・

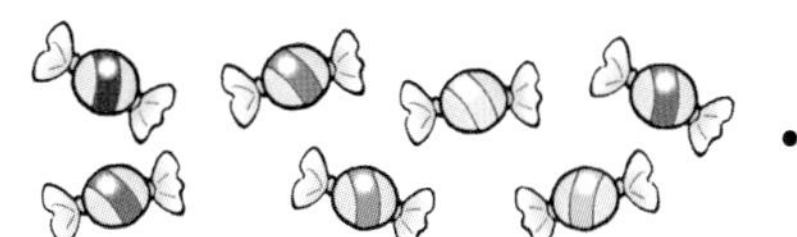 ・　・・　・

 ・　・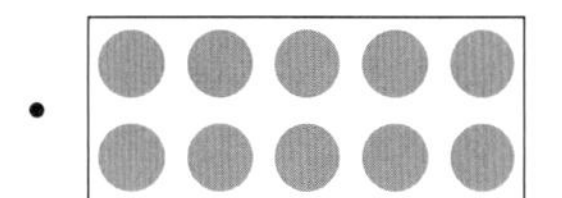・　・

2 かずを　すうじで　かきましょう。

きょうかしょ19～20ページで、6から　10までの　かずの　かきかたを　まなぼう。

ひんと　かずを　かぞえる　ときは、ゆびで　おさえながら、「いち、に、さん、…」と
こえに　だして　かぞえると、まちがいが　すくなく　なるよ。

がくしゅうび　月　日

1 10までの　かず
0と　いう　かず／かずの　おおきさくらべ　かずの　ならびかた

きょうかしょ　1 24～27ページ　こたえ　3ページ

ねらい
数としての0の意味を理解し、数字に表すことができるようにします。　れんしゅう

 いくつですか。

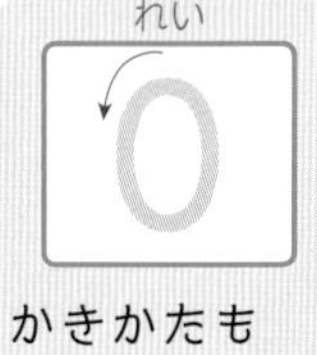

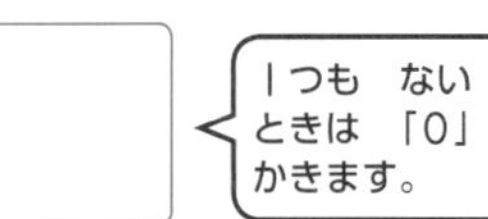

ねらい
10までの数の大小が比べられるようにします。　れんしゅう

 □に　かずを　かいて、かずの　おおきい　ほうの　（　）に　○を　つけましょう。

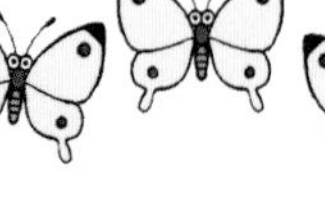

→ 7 （　）

→ □ （　）

ねらい
10までの数の並び方がわかるようにします。　れんしゅう

 □に　かずを　かきましょう。

かずは　1ずつ
じゅんに
おおきく　なって
いるね。

ぴったり2
れんしゅう

がくしゅうび　月　日

★できた　もんだいには、「た」を　かこう！★

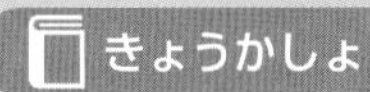

きょうかしょ　1 24～27ページ　こたえ　3ページ

1 はいった　たまの　かずを　□に　かきましょう。

きょうかしょ24ページで、0の　いみを　まなぼう。

よくよんで

2 かずだけ　◌に　いろを　ぬり、おおきい　ほうに　◯を　つけましょう。

きょうかしょ25ページで、どちらが　おおきいか　かんがえて　みよう。

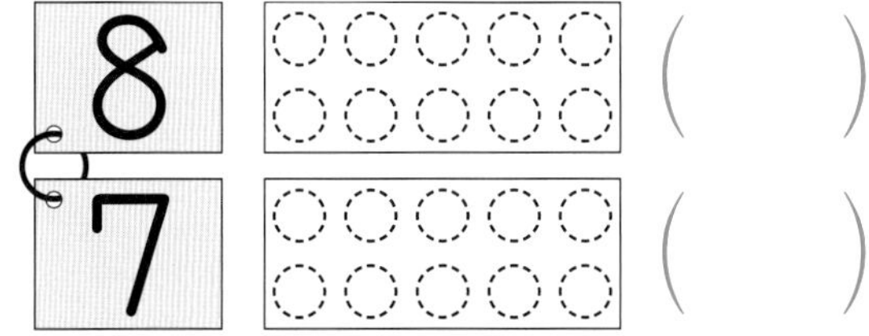

かずと　おなじだけ　◌を　ぬって、
おおきさを　くらべて　みよう。
それから　おおきい　ほうの　かずの
（　）に　◯を　つけよう。

3 □に　かずを　かきましょう。

きょうかしょ26～27ページで、かずの　ならびかたを　まなぼう。

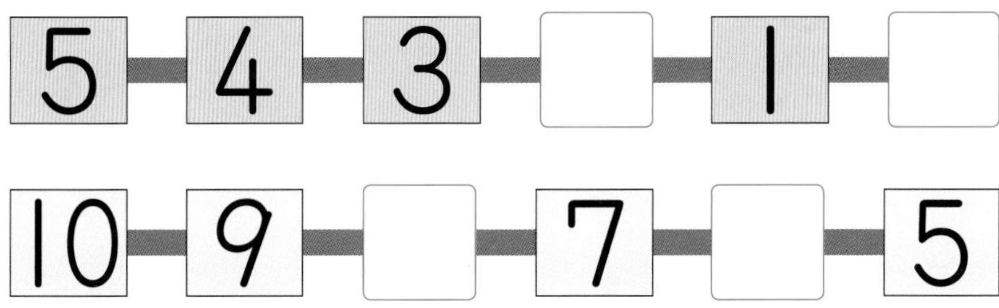

ひんと　3 かずは、1ずつ　じゅんに　ちいさく　なって　いるよ。

1 10までの　かず

きょうかしょ 1 10～27ページ　こたえ 3ページ

知識・技能　／100てん

1 よくでる かずを　すうじで　かきましょう。 1つ5てん(20てん)

① ②

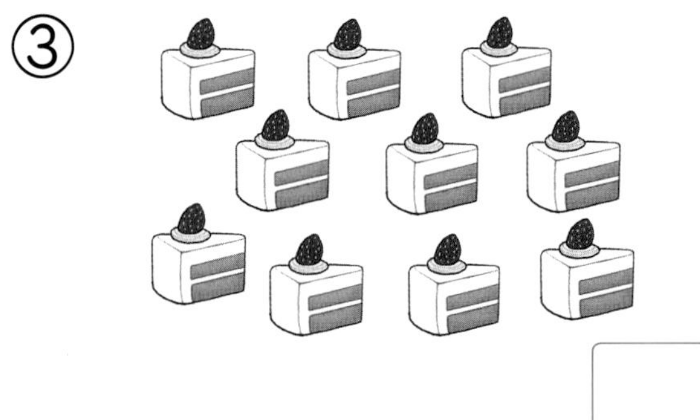

③ ④

2 きんぎょすくいを　しました。
きんぎょの　かずを □ に
かきましょう。 1つ5てん(15てん)

① ② ③

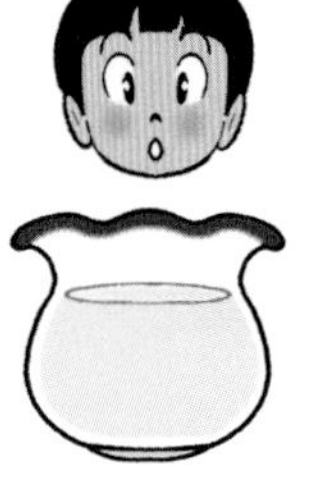

3 □に かずを かきましょう。

1つ5てん(35てん)

① 

② 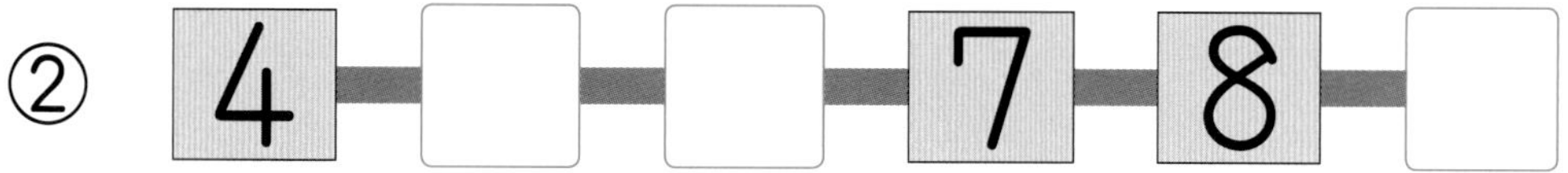

③ 10 — □ — 8 — □ — 6 — 5

4 よくでる おおい ほうに ○を つけましょう。

1つ5てん(20てん)

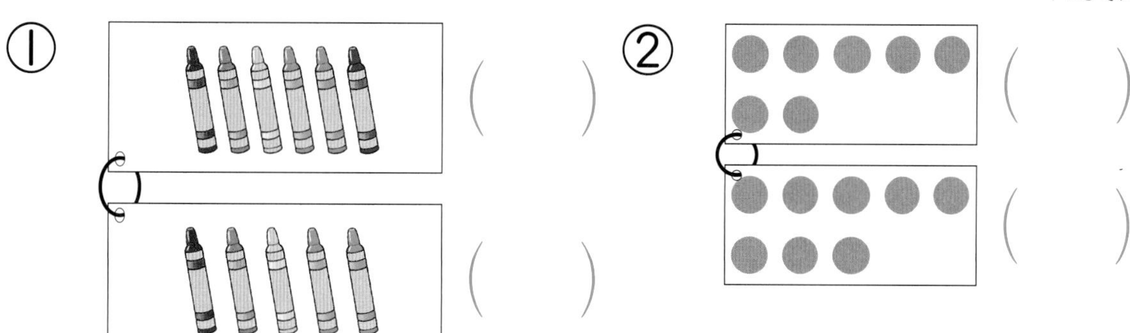

③ 9 (　) 10 (　)

④ 5 (　) 3 (　)

できたらすごい!

5 なんこ ありますか。

1つ5てん(10てん)

① りんご

(　　)こ

② みかん

(　　)こ

ふりかえり 1が わからない ときは、4ページの 1に もどって かくにんして みよう。

ぴったり1 じゅんび

がくしゅうび　月　日

2 なんばんめ

きょうかしょ 1 28～32ページ　こたえ 4ページ

ねらい

数を使って、順序や位置を表すことができるようにします。 れんしゅう 1→

1 えを　みて、□に　かずを　かきましょう。

まえ

うしろ

① りすは　まえから　2　ばんめです。

② うさぎは　うしろから　□　ばんめです。

③ ぶたは　まえから　□　ばんめです。

ねらい

順序を表す数と集まりを表す数の違いを理解できるようにします。 れんしゅう 2→

2 せんで　かこみましょう。

① ひだりから　4ばんめ

ひだり

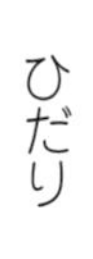

みぎ

② ひだりから　4にん

ひだり

みぎ

がくしゅうび　　月　　日

★できた　もんだいには、「た」を　かこう！★

でき 1　でき 2

きょうかしょ 1 28～32ページ　こたえ 4ページ

1 えを　みて　こたえましょう。

きょうかしょ28～29ページで、なんばんめに　ついて　かんがえて　みよう。

もんだいの　たいせつな
ことばに、せんを　ひこう。

① あかねさんは　ひだりから
なんばんめですか。　（　　　）ばんめ

② ゆうたさんは　みぎから
なんばんめですか。　（　　　）ばんめ

③ ひだりから　4ばんめは
だれですか。　（　　　　　）

2 せんで　かこみましょう。

きょうかしょ31ページで、なんだいめと　なんだいの　ちがいに　ついて　かんがえて　みよう。

① まえから　2だいめ

② うしろから　2だい

ひんと
2 まえ、うしろを　まちがえないように　しよう。
「2だいめ」と　「2だい」の　ちがいに　ちゅういしよう。

② なんばんめ

きょうかしょ 1 28〜32 ページ　こたえ 4 ページ

知識・技能　／60てん

1 よくでる　えを　みて、□には　かずを、(　)には　ことばを　かきましょう。

1つ5てん(15てん)

① きりんは　まえから　□　ばんめです。

② いぬは　うしろから　□　ばんめです。

③ くまは　(　　　　)から　2ばんめです。

2 よくでる　えを　みて、□には　かずを、(　)には　ことばを　かきましょう。

1つ5てん(15てん)

うえ

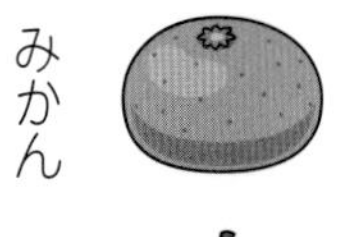

した

① みかんは　うえから　□　ばんめです。

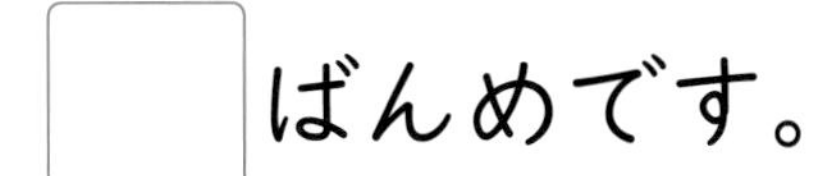

② ももは　したから　□　ばんめです。

③ ぶどうは　(　　　　)から　4ばんめです。

3 よくでる せんで　かこみましょう。

1つ10てん(30てん)

① ひだりから　5わめ

② まえから　3びき

③ うしろから　4ひきめ

思考・判断・表現　／40てん

4 えを　みて　こたえましょう。

1つ10てん(④は　ぜんぶ　できて　10てん)(40てん)

① うえから　2ばんめは　なんですか。

(　　　　　)

② からすは　したから　なんばんめですか。

(　　　)ばんめ

③ したから　4ばんめは　なんですか。

(　　　　　)

④ したから　2わの　なまえを　かきましょう。

(　　　　　)(　　　　　)

❶が　わからない　ときは、10ページの　❶に　もどって　かくにんして　みよう。

3 いくつと いくつ (5、6、7、8を つくろう)

きょうかしょ 1 33～37ページ　こたえ 5ページ

ねらい
5～8までの数の構成を、数の分解や合成を通して理解します。　れんしゅう 1 2 3

1 5は いくつと いくつですか。

①    → 1 と 4

②   → 2 と □

③   → 3 と □

④   → 4 と □

おはじきを みて かんがえよう。 ✿の かずを ここに かこう。

2 せんで むすんで、6に しましょう。

 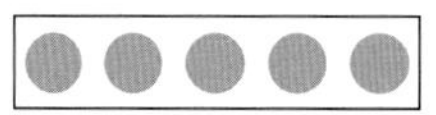 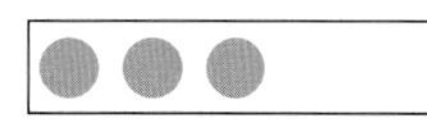 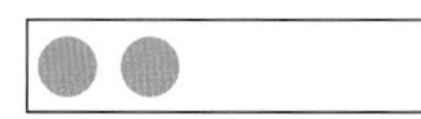

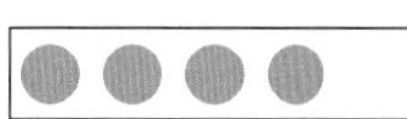   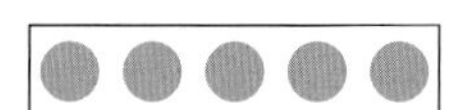

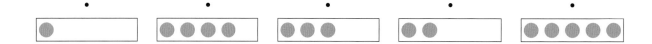

3 □に かずを かきましょう。

① 8は 1と 7

② 7は 2と □

③ 8は 2と □

④ 7は 3と □

ぴったり2
れんしゅう

がくしゅうび　月　日

★できた　もんだいには、「た」を　かこう！★

1 でき　2 でき　3 でき

きょうかしょ 1 33〜37ページ　こたえ 5ページ

1 あわせて　8に　なるように、◌を　ぬりましょう。

きょうかしょ37ページで、8の　いくつと　いくつを　かんがえて　みよう。

① ●●●●● ● ／ ◌◌◌◌◌ ◌◌◌◌◌

② ●●●● ／ ◌◌◌◌◌ ◌◌◌◌◌

2 あと　いくつで　7に　なりますか。

きょうかしょ36ページで、7の　いくつと　いくつを　かんがえて　みよう。

① （パンダ 3）　あと 4

② 6　あと □

③ 4　あと □

🐼が　3つ　あるから、
3と　あと　いくつで
7に　なるか
かんがえよう。
その　すうじを　ここに
かくよ。

よくみて

3 わけると　いくつと　いくつですか。

きょうかしょ34〜37ページで、5、6、7、8の　いくつと　いくつを　かんがえて　みよう。

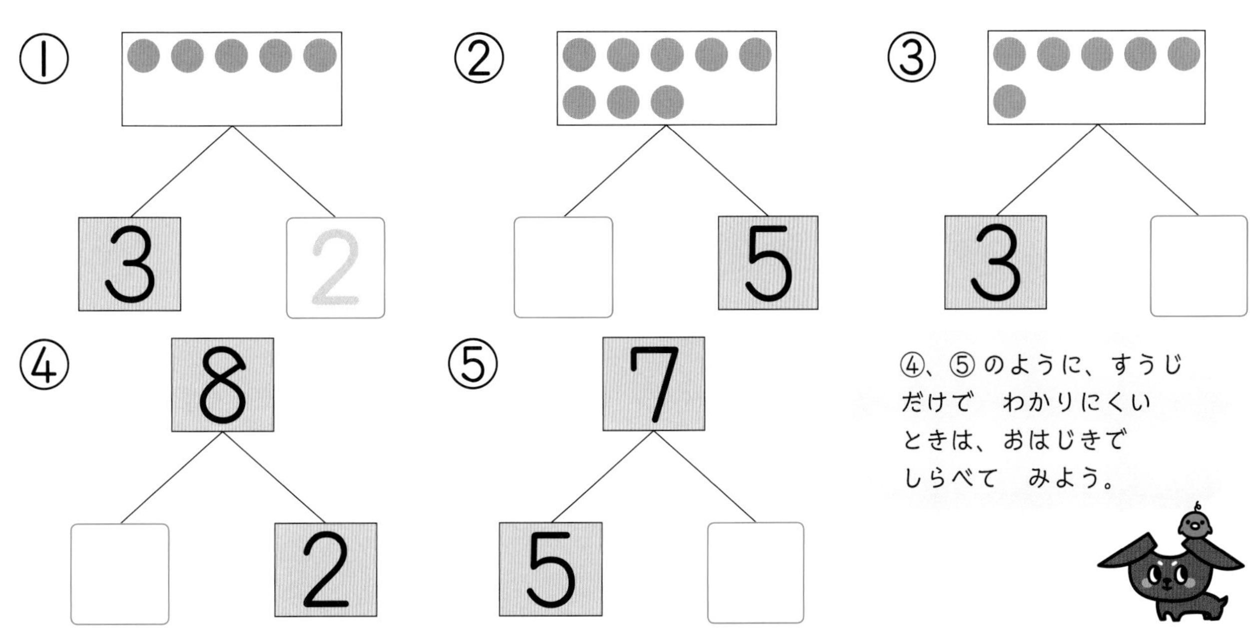

④、⑤のように、すうじ
だけで　わかりにくい
ときは、おはじきで
しらべて　みよう。

ひんと
3 5、6、7、8は、それぞれ　いくつと　いくつに　わけられるかな。
おはじきなどを　つかうと　わかりやすいよ。

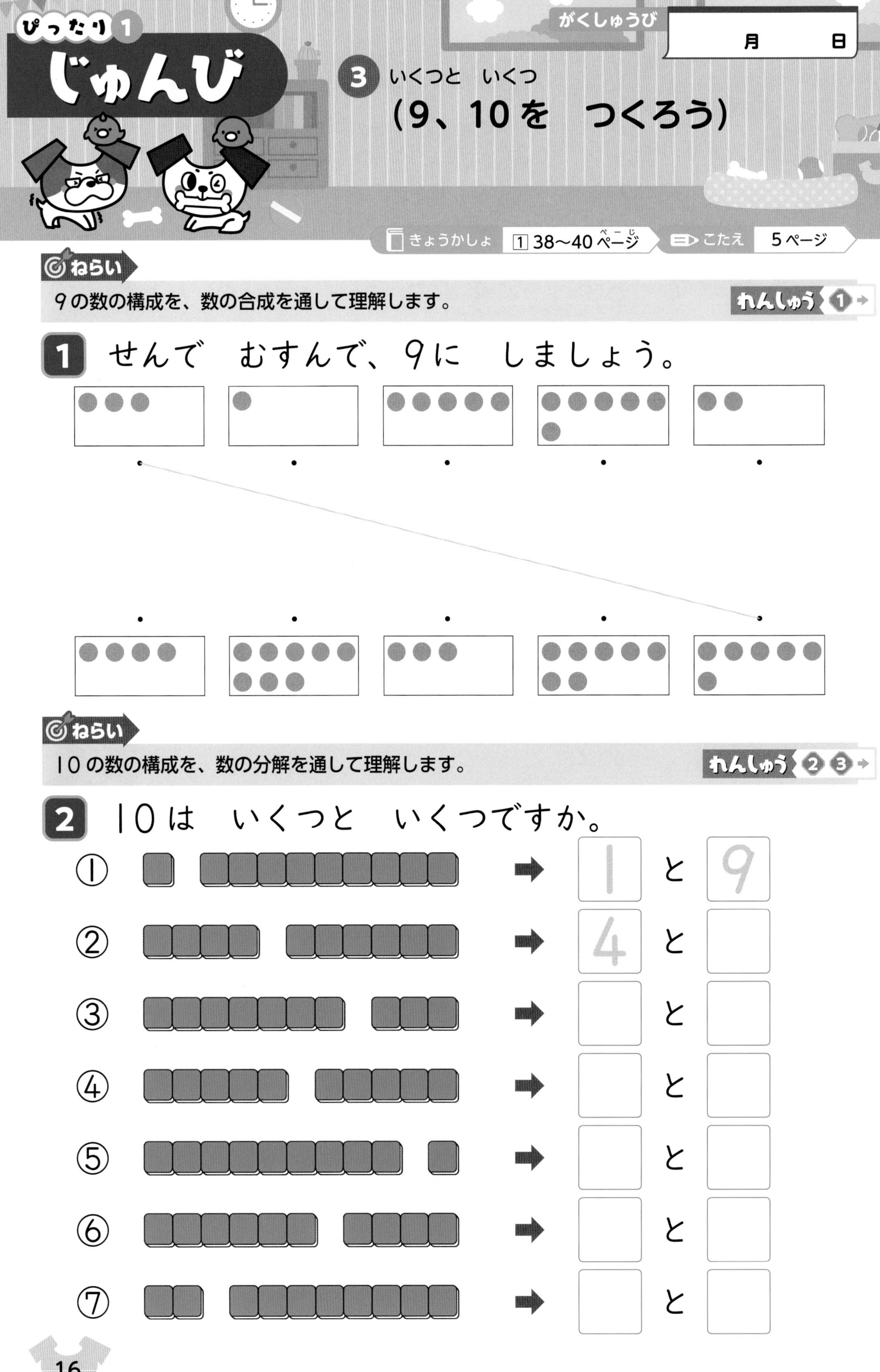

ぴったり1 じゅんび

がくしゅうび　月　日

3 いくつと いくつ
(9、10を つくろう)

きょうかしょ 1 38〜40ページ　こたえ 5ページ

ねらい
9の数の構成を、数の合成を通して理解します。　れんしゅう 1

1 せんで むすんで、9に しましょう。

ねらい
10の数の構成を、数の分解を通して理解します。　れんしゅう 2 3

2 10は いくつと いくつですか。

① → 1 と 9
② → 4 と
③ → と
④ → と
⑤ → と
⑥ → と
⑦ → と

きょうかしょ 1 38～40ページ　こたえ 5ページ

1 9は　いくつと　いくつですか。

きょうかしょ38ページで、9の　いくつと　いくつを　かんがえて　みよう。

9
すうじだけで　わからない
ときは、
を　みて
かんがえよう。
① 5 と 4
② 7 と
③ と 6
④ と 8

2 せんで　むすんで、10に　しましょう。

きょうかしょ39～40ページで、10の　いくつと　いくつを　かんがえて　みよう。

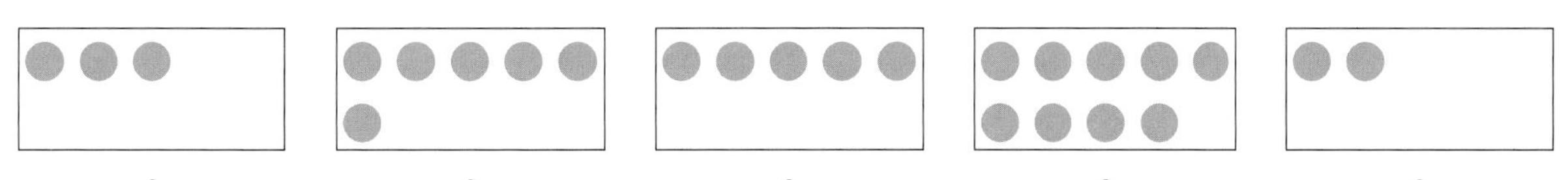

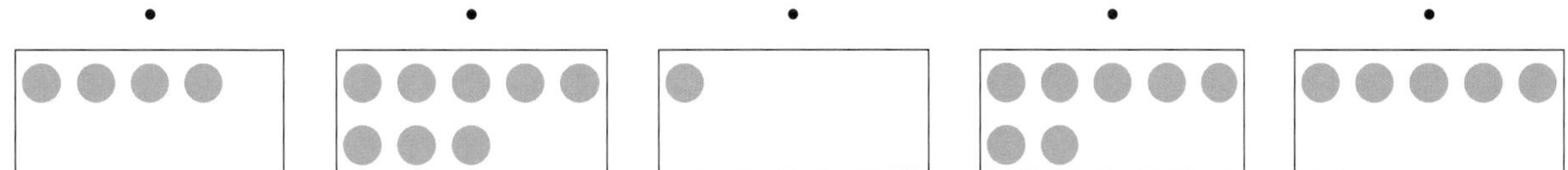

3 あと　いくつで　10に　なりますか。

きょうかしょ40ページで、あと　いくつで　10に　なるかを　かんがえて　みよう。

ひんと ③ 10を　2つの　かずに　わけたり、2つの　かずで　10を　つくったりして、
すぐに　こたえが　だせるまで　なんかいも　れんしゅうしよう。

③ いくつと　いくつ

きょうかしょ　1 33〜40ページ　こたえ　6ページ

知識・技能　／70てん

1 よくでる　せんで　むすんで、7に　しましょう。
1つ5てん（25てん）

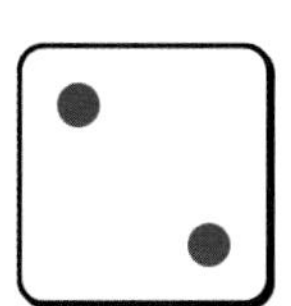    

2 よくでる　□に　かずを　かきましょう。
1つ5てん（20てん）

① 9 → 4 と □

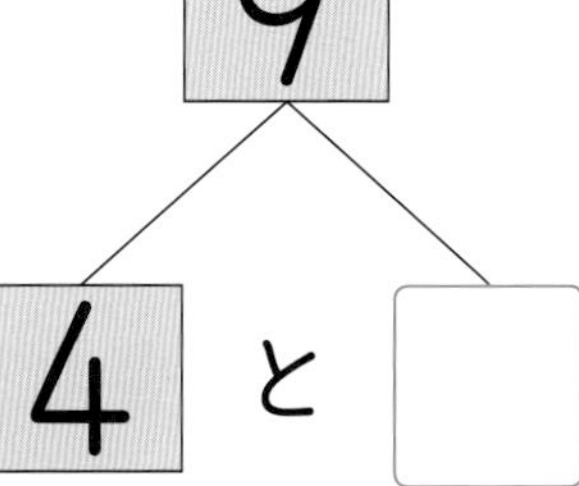

② 10 → □ と 2

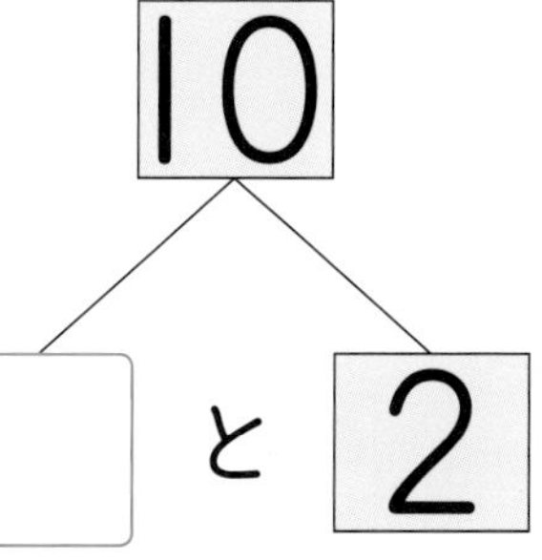

できたらすごい！
③ 2 と 7 → □

できたらすごい！
④ 6 と 4 → □

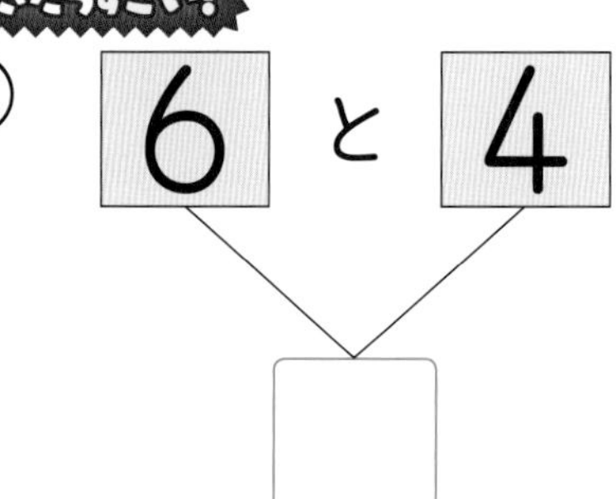

3 よくでる あと　いくつで　10に　なりますか。

1つ5てん(25てん)

①

②

③

④

⑤

思考・判断・表現　　／30てん

4 おはじきが　8つ　あります。てで　かくした　かずは　いくつですか。

1つ5てん(20てん)

①
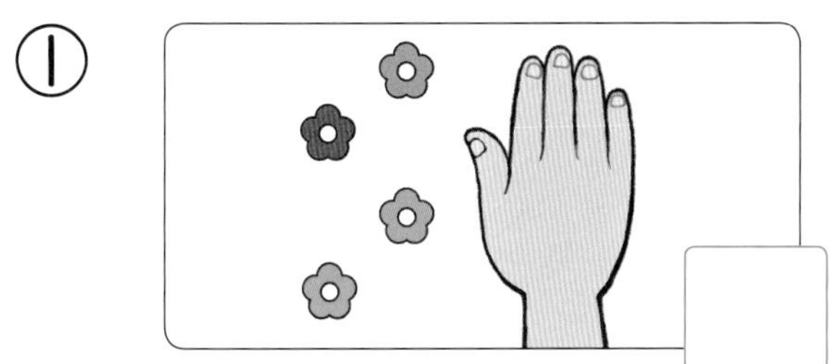

②
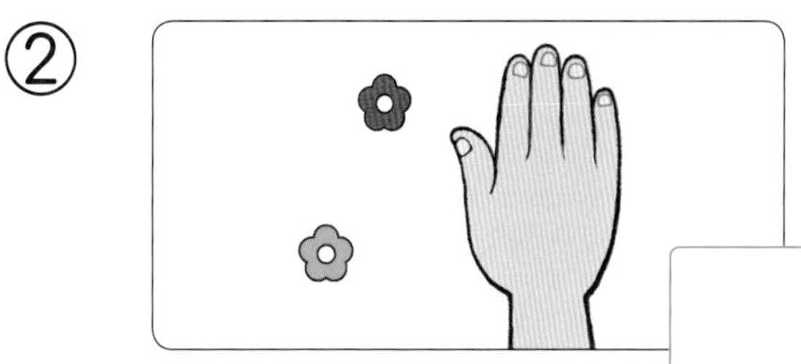

③
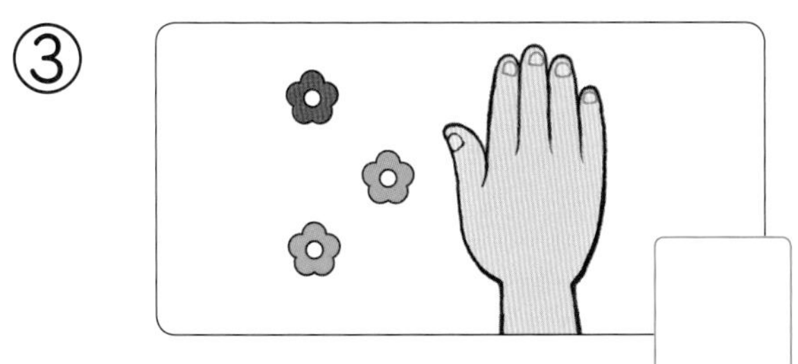

④
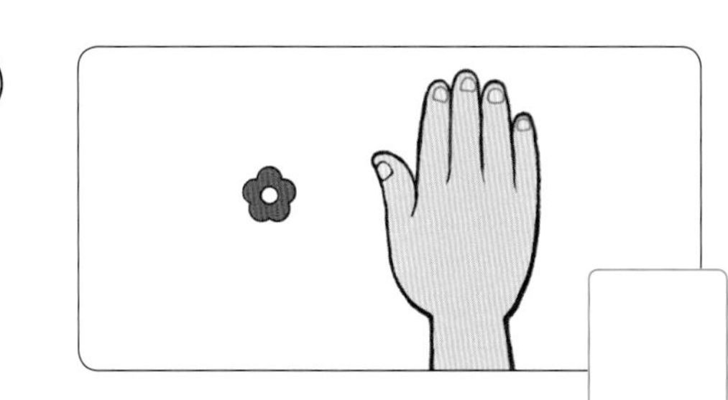

できたらすごい！

5 あわせると　いくつですか。

1つ5てん(10てん)

①
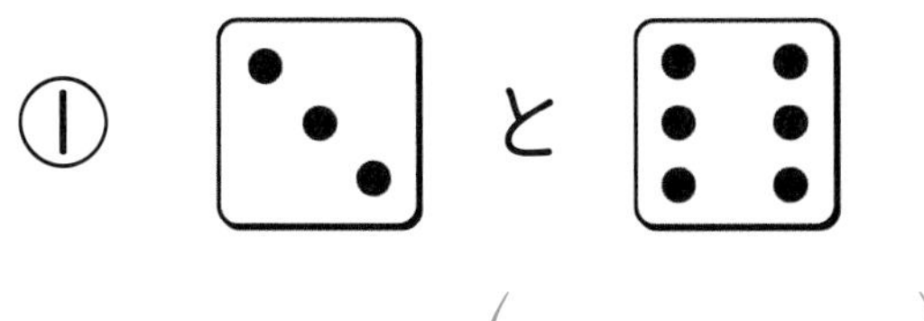

(　　　)

②

と
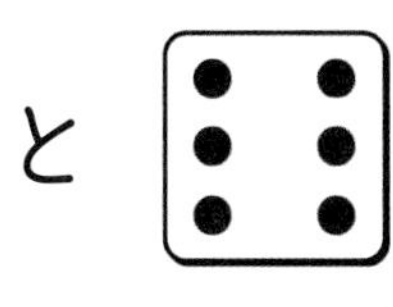

(　　　)

ふりかえり　1が　わからない　ときは、14ページの　2に　もどって　かくにんして　みよう。

がくしゅうび　　月　　日

4 あわせて　いくつ　ふえると　いくつ

あわせて　いくつ

きょうかしょ ②3～6ページ　こたえ 7ページ

ねらい
「あわせていくつ」の場面では、「たし算」を使うことを理解できるようにします。 れんしゅう ① ③→

1 あわせると　なんこに　なりますか。

① 2 と 3 を
あわせると、□に
なります。

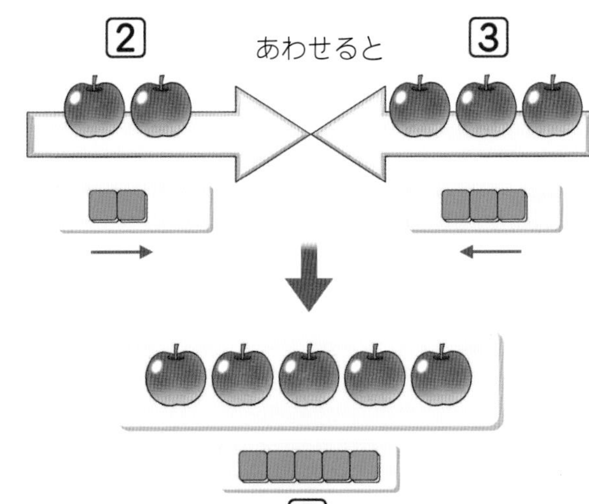

② しきと　こたえを
かきましょう。

しき 2 ＋ 3 ＝ □
2 たす 3 は 5

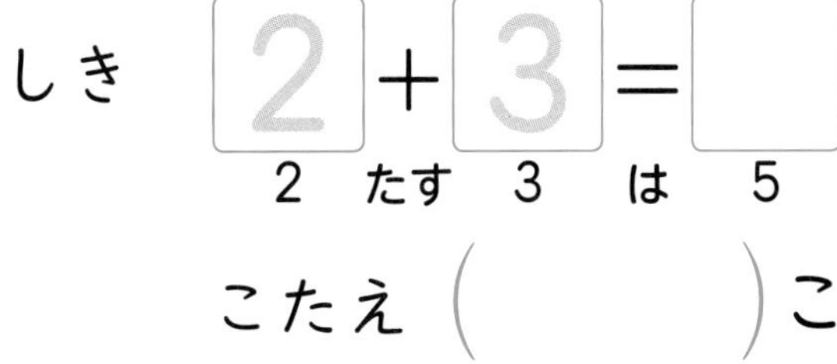

こたえ（　　）こ

このような　けいさんを
たしざんと　いうよ。

ねらい
たし算の意味を理解し、式に書くことができるようにします。 れんしゅう ① ② ③→

2 あわせると　なんぼんに　なりますか。
しきと　こたえを　かきましょう。

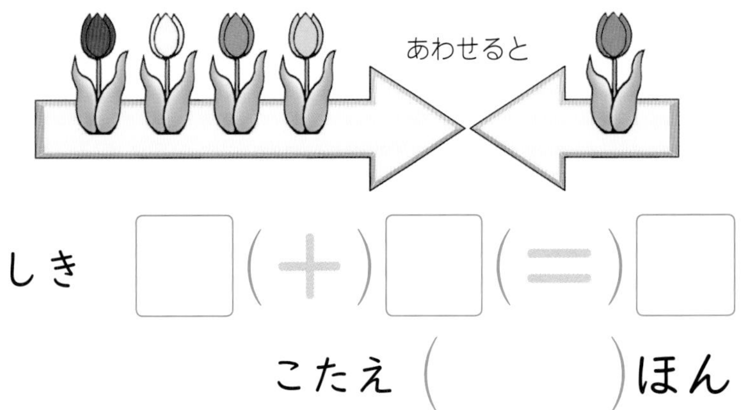

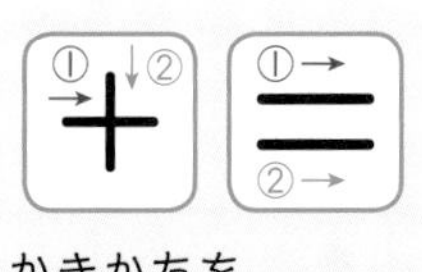

かきかたを
おぼえよう。

しき □（＋）□（＝）□

こたえ（　　）ほん

ぴったり2

れんしゅう

がくしゅうび　　月　　日

★できた　もんだいには、「た」を　かこう！★

きょうかしょ　2 3～6ページ　こたえ　7ページ

よくみて

1 たしざんの　しきを　かいて　こたえましょう。

きょうかしょ3～5ページ1・2

①

みんなで　なんびき

しき

3 ＋ 2 ＝ □

こたえ（　　　）ひき

②

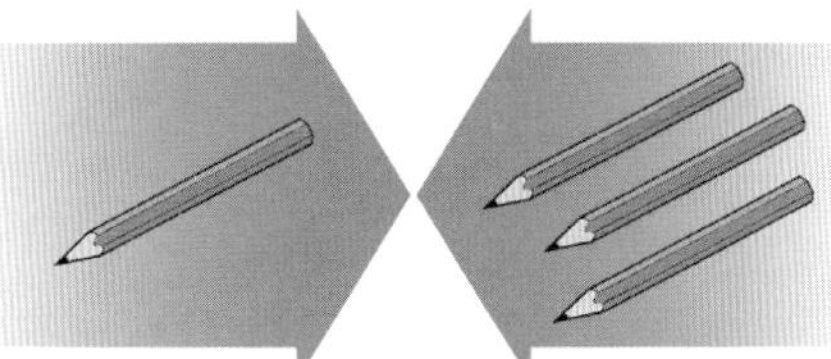

ぜんぶで　なんぼん

しき

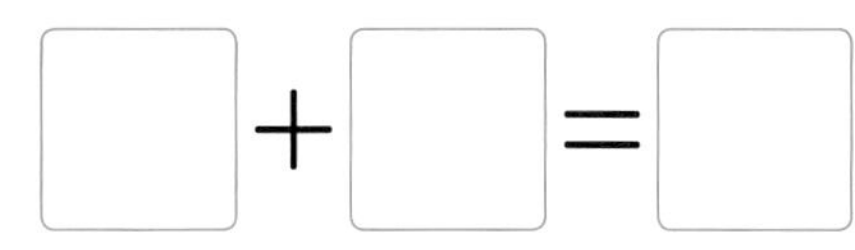

□ ＋ □ ＝ □

こたえ（　　　）ほん

2 あわせて　なんだい　ありますか。

きょうかしょ3ページ1、6ページ3

しき　5（　）□（　）□

こたえ（　　　）だい

（　）には　きごう（+、=）を　かいて、
□には　すうじを　かくよ。
しきが　かけたら　こたえを　だそう。

3 たしざんを　しましょう。

きょうかしょ6ページ3

① 1＋4＝□

② 2＋2＝□

③ 3＋6＝□

けいさんもんだいは、
かならず　みなおしを
しよう。

ひんと

2 「あわせて　いくつ」と　きかれたら、「たしざん」を　つかうと　おぼえよう。
たしざんの　きごう（＋）や　＝の　かきかたも　おぼえよう。

がくしゅうび　月　日

4 あわせて　いくつ　ふえると　いくつ

ふえると　いくつ

3分でまとめ

きょうかしょ ②7～10ページ　こたえ 7ページ

ねらい

「ふえるといくつ」の場面でも、「たし算」を使うことを理解できるようにします。 れんしゅう 1 3→

1 ふえると　なんこに　なりますか。

① 5 に 3 を

たすと、□ に

なります。

② しきと　こたえを

かきましょう。

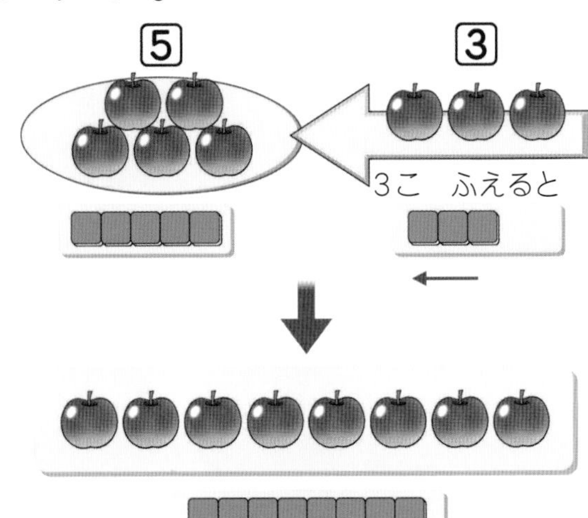

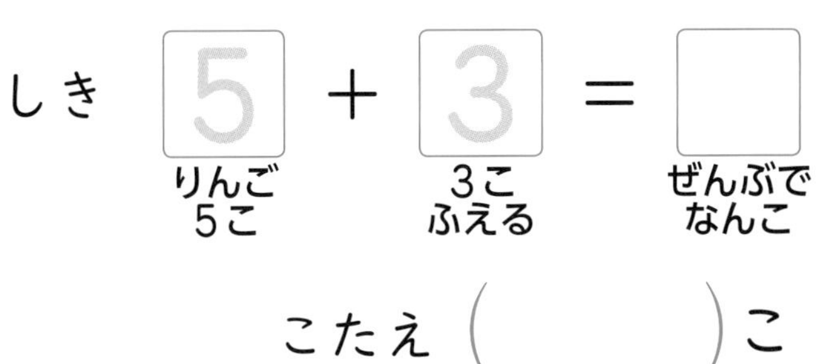

しき 5 ＋ 3 ＝ □

りんご 5こ　3こ ふえる　ぜんぶで なんこ

こたえ（　　）こ

ふえる　ときも
たしざんを
つかうよ。

ねらい

「ふえるといくつ」の場面をたし算の式に表し、答えを出せるようにします。 れんしゅう 1 2 3→

2 かびんに　はなが　4ほん　あります。そこに
2ほん　いれると　なんぼんに　なりますか。

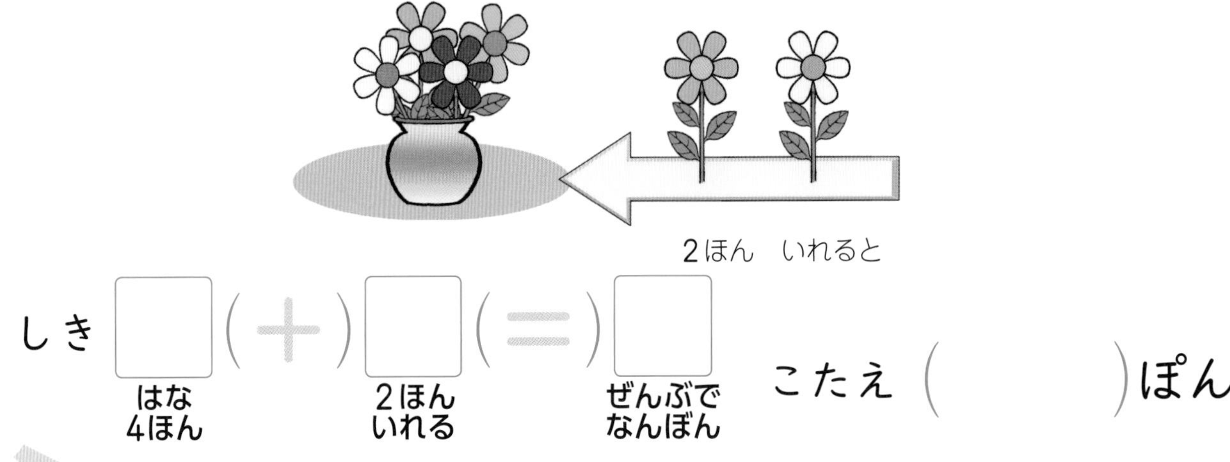

しき □（＋）□（＝）□

はな 4ほん　2ほん いれる　ぜんぶで なんぼん

こたえ（　　）ぽん

ぴったり2

れんしゅう

がくしゅうび　月　日

★できた　もんだいには、「た」を　かこう！★

できた 1　できた 2　できた 3

よくみて

1 しきを　かいて　こたえましょう。

きょうかしょ7～9ページ1・2

① 

4にん　くると

しき　 ＋ 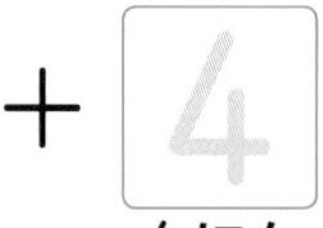 ＝ □

こども5にん　4にんくる　みんなでなんにん

こたえ（　　）にん

② 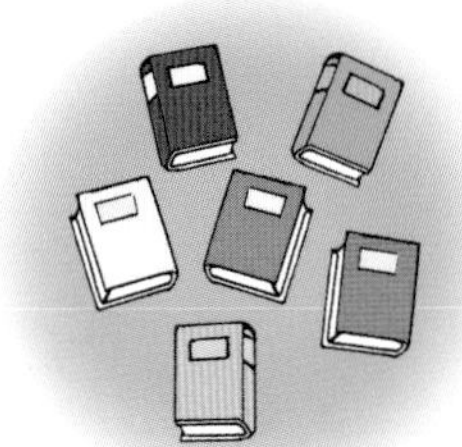

2さつ　もらうと

しき　□ ＋ □ ＝ □

ほん6さつ　2さつもらう　ぜんぶでなんさつ

こたえ（　　）さつ

2 ふえると　なんばに　なりますか。

きょうかしょ7ページ1、9ページ3

しき　（　）（　）□

はと7わ　3わくる　ぜんぶでなんば

こたえ（　　）わ

3 たしざんを　しましょう。

きょうかしょ9ページ3

① 4＋3＝□　② 3＋6＝□

③ 6＋4＝□　④ 2＋8＝□

ひんと　2「ふえると　いくつ」と　きかれる　ときも、たしざんで　こたえを　だそう。

ぴったり1
じゅんび

4 あわせて いくつ ふえると いくつ
たしざんカード
0の たしざん

がくしゅうび 月 日

きょうかしょ 2 11～12ページ こたえ 8ページ

ねらい
答えが10までのたし算をカードの形でできるようにします。 れんしゅう 1 2 →

1 カード(かーど)の おもてと うらを せんで むすびましょう。

おもて 3+5 うら 8

おもて: 2+4 | 9+1 | 6+1 | 2+7 | 4+4

うら: 7 | 8 | 10 | 6 | 9

ねらい
0の意味を理解し、たし算の式に使うことができるようにします。 れんしゅう 3 →

2 はいった たまの かずを あわせると なんこに なりますか。

たまが 1こも はいらなかったら、0と いう かずを つかうね。

1かいめ 2かいめ

けんた

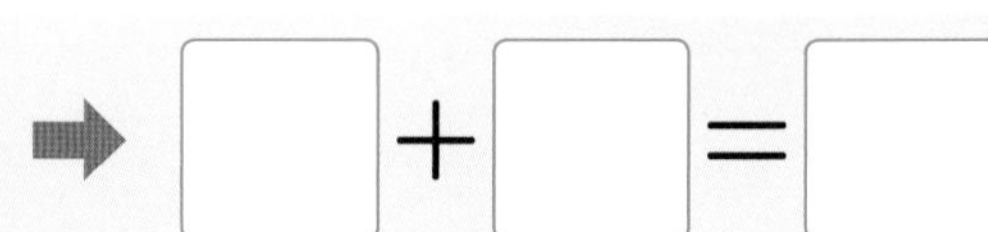
➡ □ + □ = □

ひかる
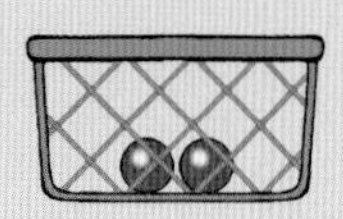
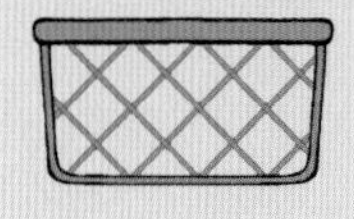
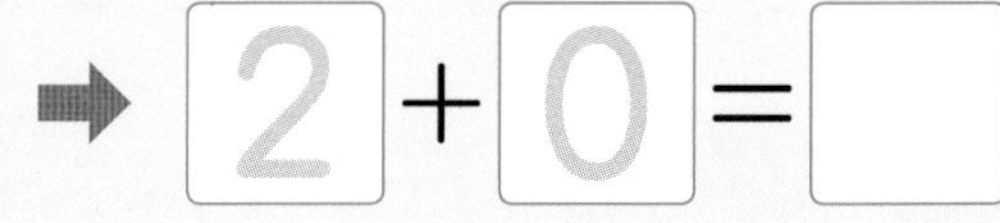
➡ 2 + 0 = □

りか
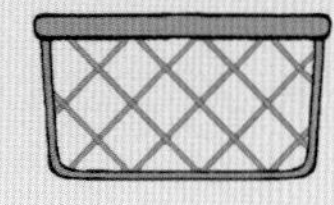
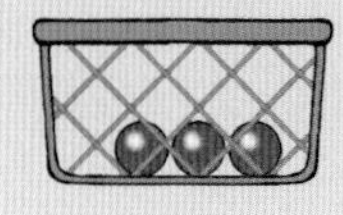

➡ □ + 3 = □

がくしゅうび　月　日

★できた　もんだいには、「た」を　かこう！★

できき ❶　できき ❷　できき ❸

きょうかしょ ②11～12ページ　こたえ 8ページ

1 カードの　うらに、けいさんの　こたえを　かきましょう。　きょうかしょ11ページ1

おもて　うら

① 1＋8 → 9　② 5＋1 →
③ 2＋5 →　④ 3＋7 →

よくよんで

2 こたえが　9に　なる　カードを　2つ　みつけて、きごうを　○で　かこみましょう。　きょうかしょ11ページ1

あ 7＋1　い 3＋4　う 6＋3
え 4＋6　お 8＋1　か 5＋5

3 2かいぶんを　あわせると、きんぎょを　なんびき　すくいましたか。しきと　こたえを　かきましょう。　きょうかしょ12ページ1

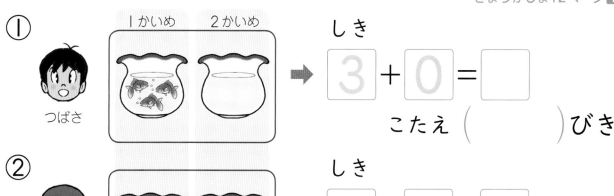

①

つばさ

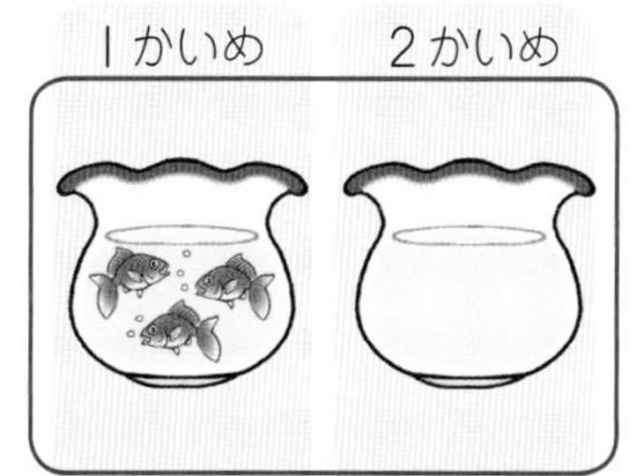

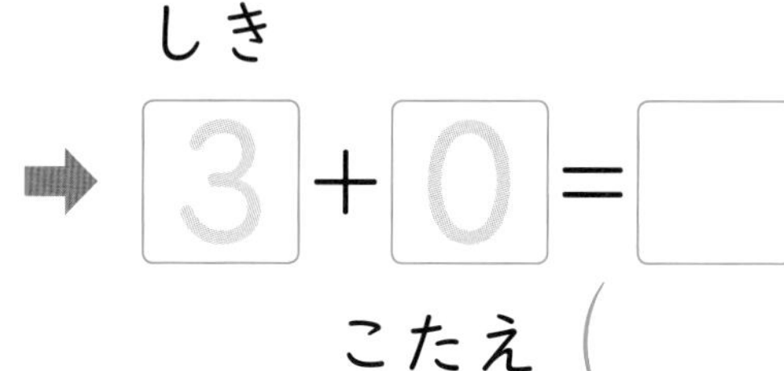

しき　3 ＋ 0 ＝ □
こたえ（　　）びき

②

みゆき

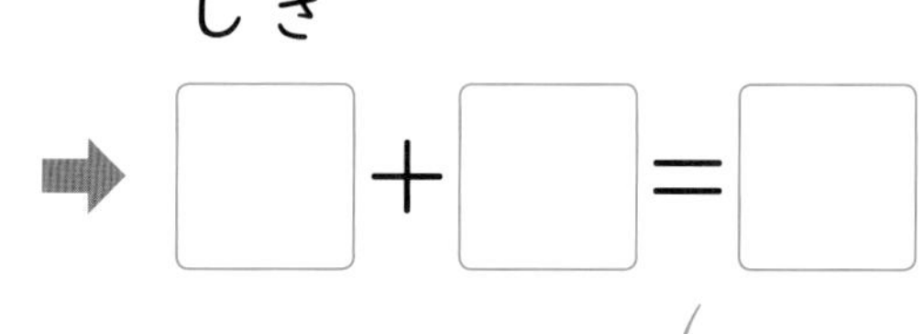

しき　□ ＋ □ ＝ □
こたえ（　　）ひき

ひんと　**3** なにも　ない　ときは、0(れい)と　いう　かずを　つかうよ。0も　たしざんの　しきに　つかえる　ことを　おぼえよう。

4 あわせて　いくつ　ふえると　いくつ

きょうかしょ 2 3〜12ページ　こたえ 8ページ

知識・技能　／75てん

1 よくでる しきを　かいて　こたえましょう。

しき10てん、こたえ5てん(30てん)

①  

あわせて　なんびき

しき　　　　こたえ（　　　）ひき

②  

3だい　ふえると

しき　　　　こたえ（　　　）だい

2 よくでる たしざんを　しましょう。

1つ5てん(30てん)

① 5＋4＝□　② 4＋2＝□

③ 3＋7＝□　④ 0＋0＝□

⑤ 4＋0＝□　⑥ 0＋9＝□

3 こたえが　おなじに　なる　カード（かーど）を　せんで　むすびましょう。

1つ5てん(15てん)

1+5	3+6	4+6
3+7	4+2	5+4

思考・判断・表現　　／25てん

4 あかい　ふうせんが　8こ、しろい　ふうせんが　2こ　あります。

ふうせんは　ぜんぶで　なんこ　ありますか。

しき10てん、こたえ5てん(15てん)

しき

こたえ（　　　）こ

できたらすごい！

5 えを　みて、5+3の　しきに　なる　もんだいを　つくりましょう。

1つ5てん(10てん)

こどもが　5にん　あそんで　います。そこに　□　にん　きました。こどもは（　　　）なんにんに　なりましたか。

ふりかえり　1が　わからない　ときは、20ページの　1に　もどって　かくにんして　みよう。

ふろくの「けいさんせんもんドリル」1～4も　やって　みよう！

がくしゅうび　月　日

5 のこりは　いくつ　ちがいは　いくつ

のこりは　いくつ

3分でまとめ

きょうかしょ ②13～17ページ　こたえ 9ページ

ねらい
「のこりはいくつ」の場面では、「ひき算」を使うことを理解できるようにします。　れんしゅう ①③→

1 のこりは　なんこに　なりますか。

① 5から 3を とると、のこりは □に　なります。

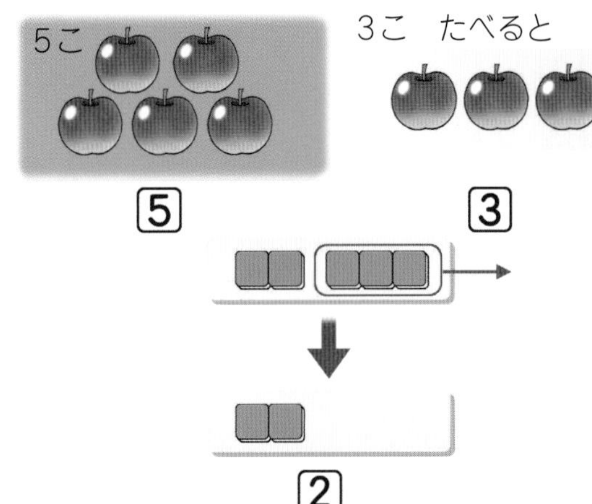

② しきと　こたえを かきましょう。

しき

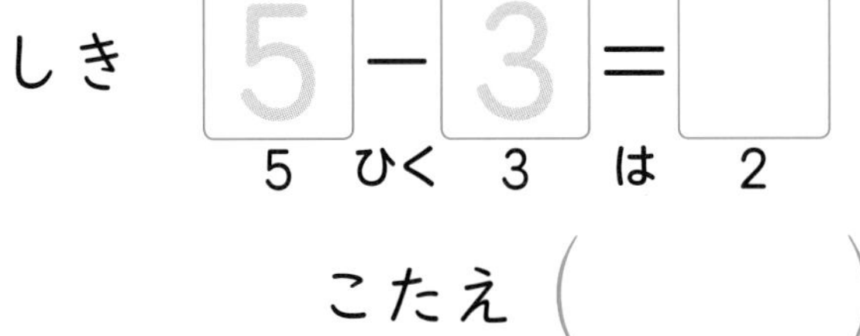

このような　けいさんを
ひきざんと　いうよ。

こたえ（　　　）こ

ねらい
ひき算の意味を理解し、式に書くことができるようにします。　れんしゅう ①②③→

2 あめが　10こ　ありました。6こ　たべました。
のこりは　なんこですか。
しきと　こたえを　かきましょう。

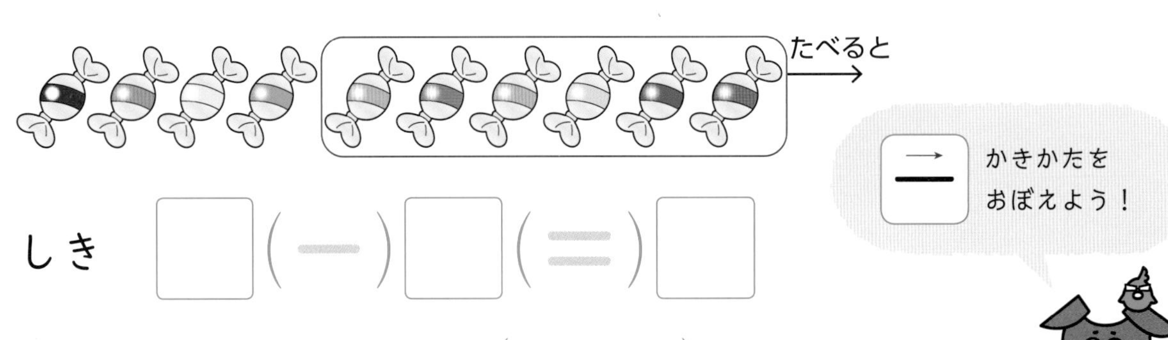

ー かきかたを おぼえよう！

しき □（ー）□（＝）□

こたえ（　　　）こ

ぴったり2

れんしゅう

がくしゅうび　　月　　日

★できた　もんだいには、「た」を　かこう！★

きょうかしょ [2] 13〜17ページ　こたえ 9ページ

1 ひきざんの　しきを　かいて　こたえましょう。

きょうかしょ13〜15ページ1・2

①

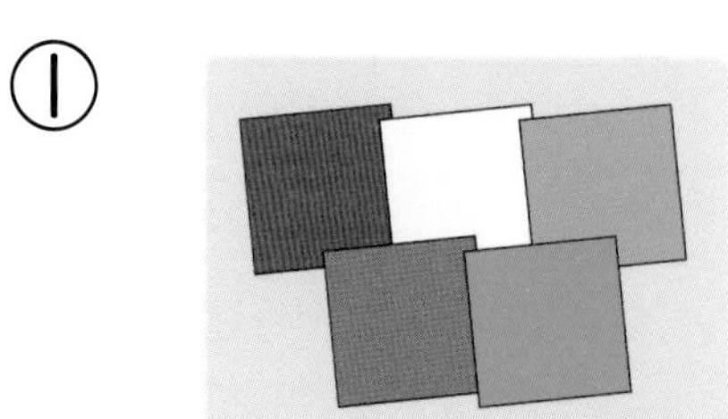

5まい　あります。

1まい　つかうと

しき

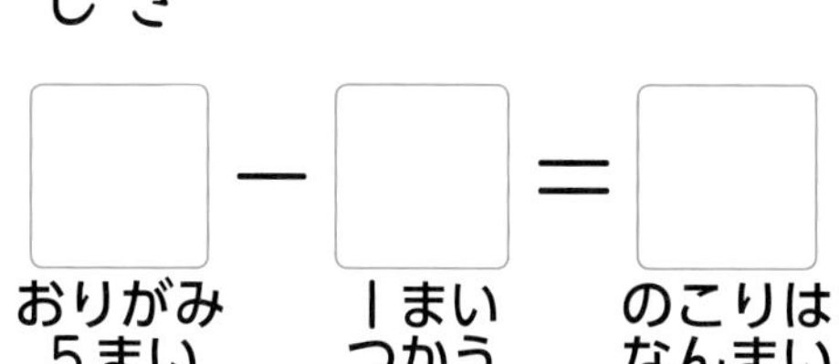

こたえ（　　　）まい

②

8ぴき　います。

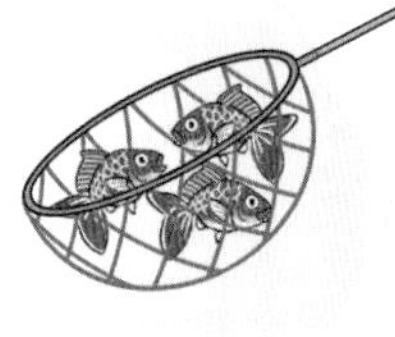

3びき　すくうと

しき

こたえ（　　　）ひき

2 カード（かーど）が　9まい　あります。その　うち　2まいが　おもてです。うらは　なんまいですか。

きょうかしょ13ページ1、17ページ4

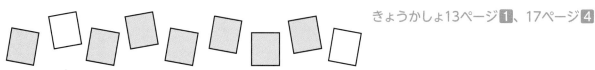

しき　9（　）□（　）□　こたえ（　　　）まい

3 ひきざんを　しましょう。

きょうかしょ16ページ3

① 7－1＝□　　② 6－3＝□

③ 10－5＝□　　④ 10－8＝□

ひんと
2 おもてが　2まいだから　のこりは　うらだね。
「のこりは　いくつ」は、ひきざんを　つかうと　おぼえよう。

5 のこりは　いくつ　ちがいは　いくつ
ひきざんカード
0の　ひきざん

きょうかしょ　2 18～20ページ　こたえ　9ページ

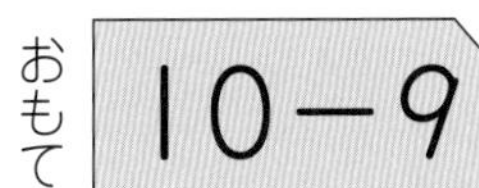

ねらい

ひかれる数が 10 までのひき算をカードの形でできるようにします。　れんしゅう 1 2 →

1 カード（かーど）の　おもてと　うらを　せんで　むすびましょう。

おもて　4－2　　うら　2

おもて	10－9	7－1	9－4	8－6	9－5
うら	5	1	4	6	2

ねらい

0の意味を理解し、ひき算の式に使うことができるようにします。　れんしゅう 3 →

よくよんで

2 バナナ（ばなな）が　3ぼん　あります。

②は、1ぽんも　たべないと　いう　ことだから、0だね。

① 3ぼん　たべると、のこりは　なんぼんですか。

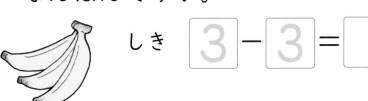

しき　3－3＝□

こたえ（　　　）ほん

② 1ぽんも　たべないと、のこりは　なんぼんですか。

しき　3－0＝□　　こたえ（　　　）ぼん

ぴったり2
れんしゅう

がくしゅうび　月　日

★できた　もんだいには、「た」を　かこう！★

できき 1　できき 2　できき 3

きょうかしょ 2 18〜20ページ　こたえ 9ページ

1 カードの　うらに、けいさんの　こたえを　かきましょう。

きょうかしょ18ページ1

おもて　うら

① 7−6 → 1　② 8−5 →

③ 9−1 →　④ 10−2 →

よくよんで

2 こたえが　3に　なる　カードを　2つ　みつけて、きごうを　○で　かこみましょう。

きょうかしょ18ページ1

あ 10−3　い 5−2　う 6−5

え 8−4　お 2−1　か 10−7

3 のこりは　なんこに　なりますか。

きょうかしょ20ページ1

①

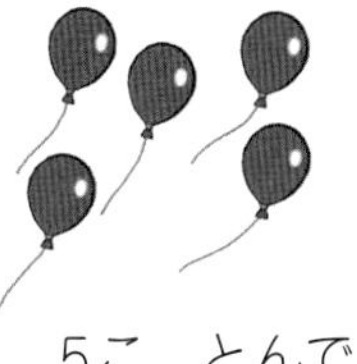

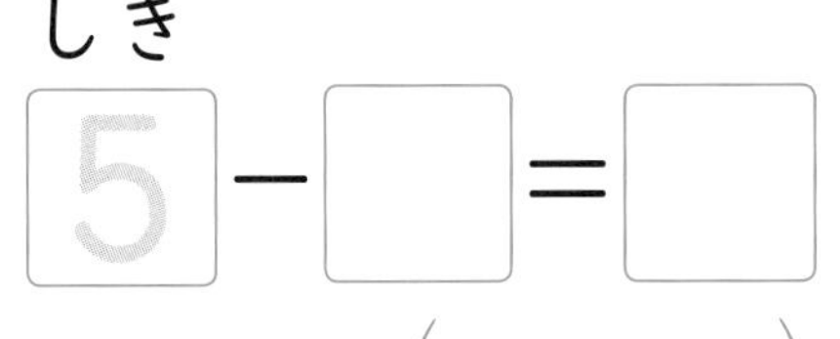

しき 5 − □ = □

こたえ（　　）こ

②

5こ
あります。
1こも　とんで
いかないと

しき 5 − □ = □

こたえ（　　）こ

ひんと 3 0を　つかった　たしざんと　おなじように、ひきざんでも　0を　つかう　ことが　できるよ。こたえが　0の　ときも　あるよ。

がくしゅうび　　月　　日

5 のこりは　いくつ　ちがいは　いくつ
ちがいは　いくつ

きょうかしょ ②21～24ページ　こたえ 10ページ

ねらい
「いくつおおい」の場面でも、「ひき算」を使うことを理解できるようにします。れんしゅう ① ②→

1 みかんが　6こ、りんごが　3こ　あります。

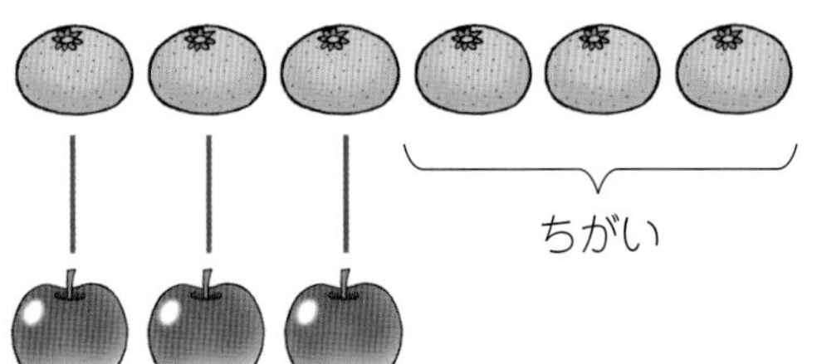

みかんと　りんごを
せんで　むすんで　いくと
わかりやすいね。

① どちらが　おおいでしょうか。（　　　　）

② なんこ　おおいでしょうか。

しき 6－3＝□　　こたえ（　　　）こ

ねらい
「ちがいはいくつ」の場面を、ひき算の式に表せるようにします。れんしゅう ③→

2 いぬと　ねこの　かずの　ちがいは　なんびき　ですか。しきと　こたえを　かきましょう。

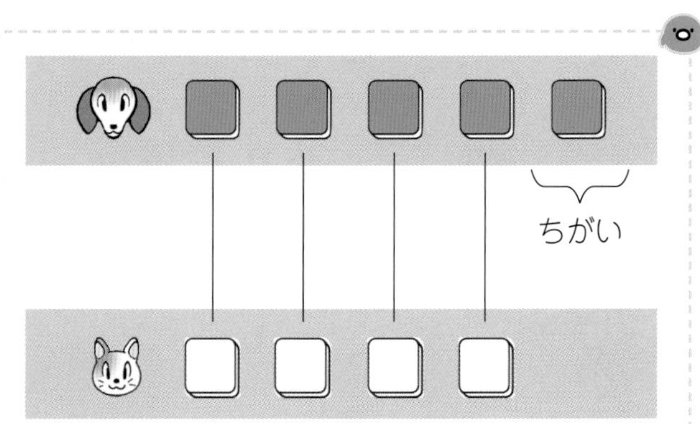

しき 5－4＝□

こたえ（　　　）ぴき

ひきざんでは、かならず
おおきい　かずから
ちいさい　かずを　ひくよ。

ぴったり2

れんしゅう

がくしゅうび　　月　　日

★できた　もんだいには、「た」を　かこう！★

きょうかしょ ② 21～24ページ　こたえ 10ページ

1 りんごは　ももより
なんこ　おおいでしょうか。

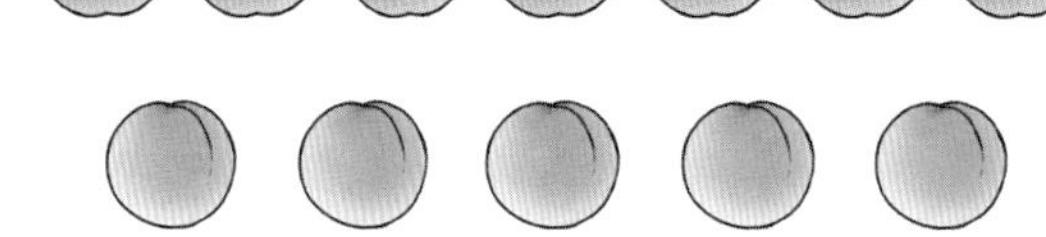

きょうかしょ21ページ 1

しき 

こたえ 　）こ

よくよんで

2 こどもが　9にん、おとなが　6にん　います。
どちらが　なんにん
おおいでしょうか。

きょうかしょ23ページ 2

しき 

こたえ（　こども　）が  にん　おおい。

3 かずの　ちがいは　いくつですか。 きょうかしょ23ページ 3

①

しき □ − □ ＝ □　　こたえ（　　）ひき

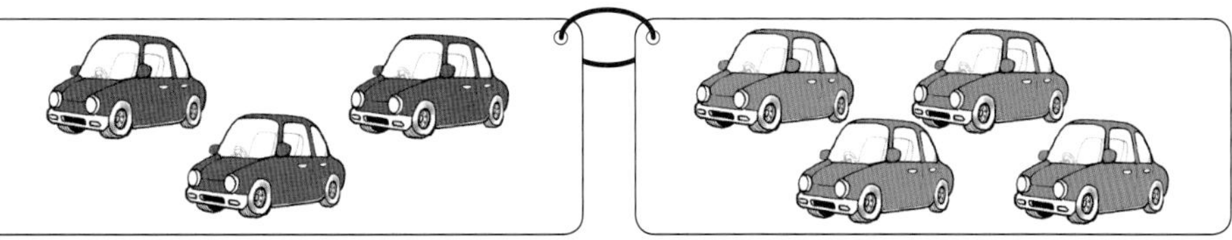

しき □ − □ ＝ □　　こたえ（　　）だい

ひんと 「いくつ　おおい」も　「ちがいは　いくつ」も　ひきざんで　こたえを　だすよ。

がくしゅうび　月　日

5 のこりは　いくつ　ちがいは　いくつ

たしざんかな　ひきざんかな

きょうかしょ 2 25ページ　こたえ 10ページ

ねらい

文章を読んで、たし算かひき算かをよく考えて問題を解けるようにします。　れんしゅう 1 2 3 →

1 えんぴつが　ふでばこに　3ぼん、えんぴつたてに　6ぽん　あります。
えんぴつは　あわせて　なんぼん　ありますか。

しき

こたえ（　　）ほん

2 ふうとうが　5まい、カード（かーど）が　4まい　あります。
ちがいは　なんまいですか。

しき

こたえ（　　）まい

よくよんで

3 きんぎょが　8ぴき、めだかが　10ぴき　います。
どちらが　どれだけ　おおいでしょうか。

しき

こたえ（　　）が（　　）ひき　おおい。

ぴったり2

れんしゅう

がくしゅうび　月　日

★できた　もんだいには、「た」を　かこう！★

きょうかしょ　2 25ページ　こたえ　10ページ

1 バスに　7にん　のって　います。
4にん　おりると、のこりは
なんにんに　なりますか。

きょうかしょ25ページ1

しき

こたえ（　　）にん

もんだいの　だいじな
ところに　しるしを
つけると　いいよ。
「バスに　7にん
のって　います。4にん
おりると、のこりは
なんにんに
なりますか。」

2 ももが　4こ　あります。
6こ　もらうと、ぜんぶで　なんこに　なりますか。

きょうかしょ25ページ1

しき

こたえ（　　）こ

よくよんで

3 かぶとむしの　めすが　3びき、おすが　6ぴき
います。どちらが　なんびき　おおいでしょうか。

きょうかしょ25ページ1

しき

こたえ（　　）が（　　）びき
おおい。

ひんと　3 ちがいを　もとめる　ひきざんでは、おおきい　ほうの　かずから　ちいさい
ほうの　かずを　ひく　ことを　わすれないように　しよう。

5 のこりは　いくつ　ちがいは　いくつ

知識・技能　／70てん

1 よくでる　しきを　かいて　こたえましょう。

しき5てん、こたえ5てん(20てん)

① のこりは　なんこに　なりますか。

7こ　あります。

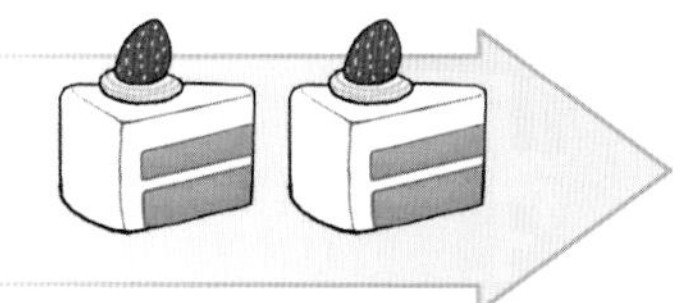

2こ　たべると

しき [　　　]　　こたえ (　　　) こ

② ちがいは　なんぼんですか。

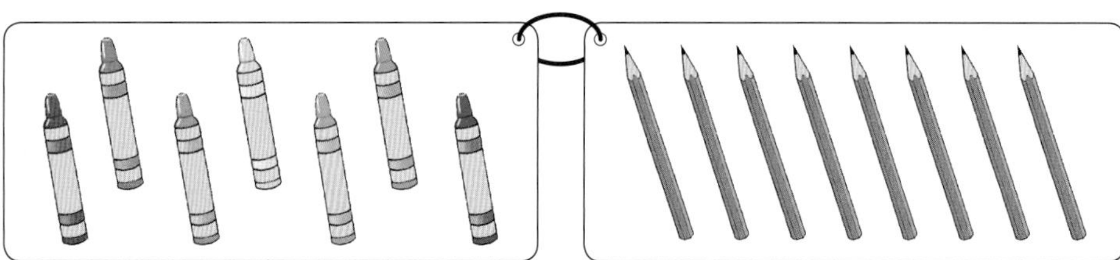

しき [　　　]　　こたえ (　　　) ぽん

2 よくでる　ひきざんを　しましょう。

1つ5てん(30てん)

① 9－7＝□　　② 6－1＝□

③ 10－3＝□　　④ 10－8＝□

⑤ 7－7＝□　　⑥ 0－0＝□

3 こたえが　おなじに　なる　カード(かーど)を　せんで　むすびましょう。

1つ5てん(20てん)

10−4	9−8	7−2	8−1
・	・	・	・
・	・	・	・
9−2	10−9	8−2	9−4

思考・判断・表現　／30てん

4 たしざんか　ひきざんか　かんがえて、もんだいに　こたえましょう。

しき10てん、こたえ5てん(30てん)

① つるを　おるのに、あかい　おりがみを　4まい、きいろい　おりがみを　3まい　つかいました。
ぜんぶで　なんまい　つかいましたか。

しき

こたえ（　　　）まい

できたらすごい！

② がようしが　9まい　あります。その　うち、6まいに　えを　かきました。
まだ　えを　かいて　いない　がようしは　なんまいですか。

しき

こたえ（　　　）まい

ふろくの「けいさんせんもんドリル」5～9も　やって　みよう！

ふりかえり　1が　わからない　ときは、28ページの　1に　もどって　かくにんして　みよう。

がくしゅうび　　月　　日

6 かずしらべ

できた 1

きょうかしょ 2 28～31ページ　こたえ 12ページ

ねらい

絵や図の数を表に表して、数の大小を読み取れるようにします。

れんしゅう 1

1 はなの　かずを　せいりしましょう。

（ 5 ）（　　）（　　）（　　）

① （　）に　はなの　かずを　かき、はなの　かずだけ　いろを　ぬりましょう。

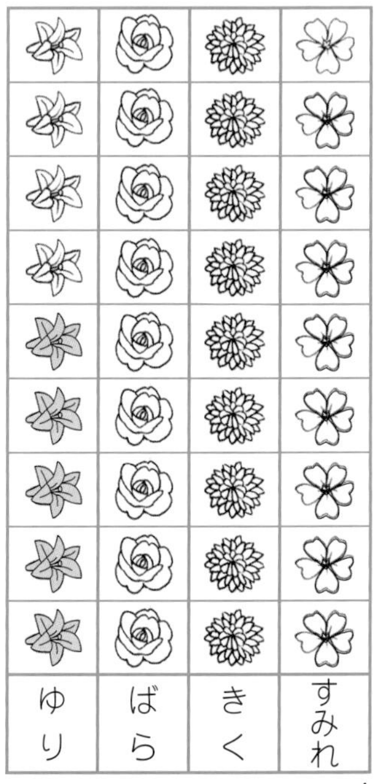

② いちばん　おおい　はなは　どれですか。

（ すみれ ）

いちばん　おおく　ぬった　はなは　どれかな。

1 むしの　かずだけ　いろを　ぬりましょう。 きょうかしょ28～31ページ1・2

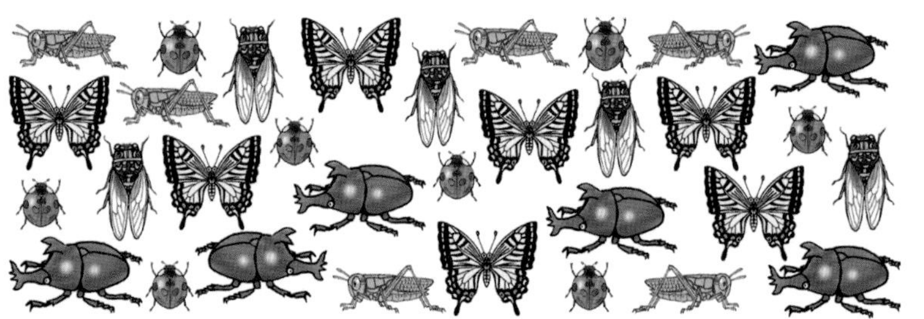

てんとうむし	かぶとむし	せみ	ばった	ちょう

よくよんで

▶いちばん　すくない　むしは　どれですか。（　　　　）

ひんと 1 かぞえた　むしに　しるし(✓)を　つけると　いいよ。

ぴったり3 たしかめのテスト

6 かずしらべ

きょうかしょ 2 28〜31 ページ　こたえ 12 ページ

→ この ほんの おわりに ある「なつの チャレンジテスト」を やって みよう！

知識・技能　／100てん

1 よくでる どうぶつの かずだけ いろを ぬりましょう。 1つ10てん(40てん)

いぬ	ねこ	さる	りす

▶いちばん おおい どうぶつは どれですか。

(　　　　　)

2 くだものの かずだけ いろを ぬりましょう。 1つ10てん(60てん)

ミカン	バナナ	ブドウ	スイカ

① 7こ ある くだものは どれですか。

(　　　　　)

② バナナと おなじ かずの くだものは どれですか。

(　　　　　)

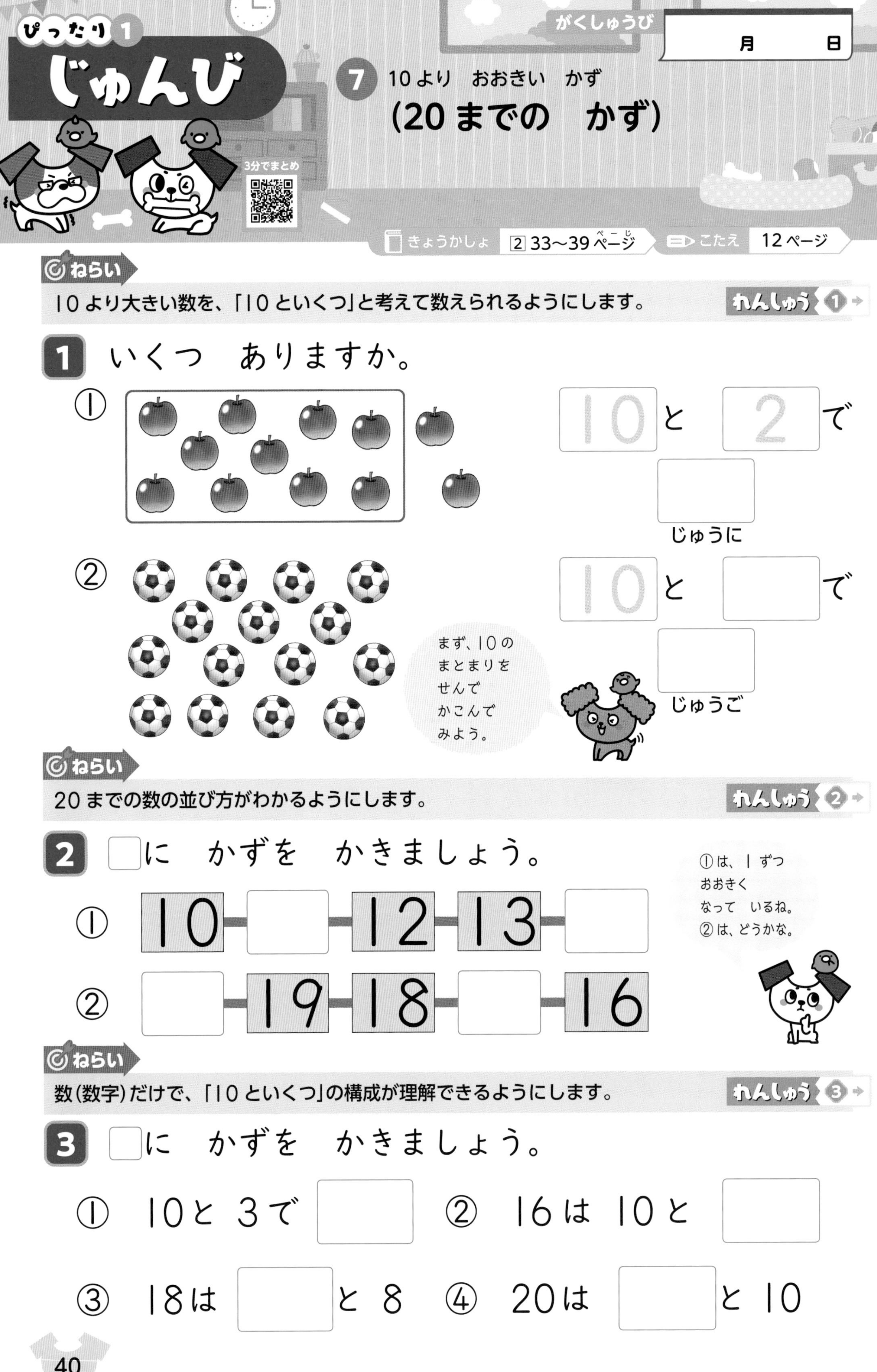

ぴったり1 じゅんび

がくしゅうび　月　日

7 10より　おおきい　かず (20までの　かず)

3分でまとめ

きょうかしょ 2 33〜39ページ　こたえ 12ページ

ねらい

10より大きい数を、「10といくつ」と考えて数えられるようにします。　れんしゅう 1→

1 いくつ　ありますか。

① 10 と 2 で □ じゅうに

② 10 と □ で □ じゅうご

ねらい

20までの数の並び方がわかるようにします。　れんしゅう 2→

2 □に　かずを　かきましょう。

① 10 - □ - 12 - 13 - □

② □ - 19 - 18 - □ - 16

ねらい

数(数字)だけで、「10といくつ」の構成が理解できるようにします。　れんしゅう 3→

3 □に　かずを　かきましょう。

① 10と 3で □　② 16は 10と □

③ 18は □ と 8　④ 20は □ と 10

ぴったり2

れんしゅう

がくしゅうび　月　日

★できた　もんだいには、「た」を　かこう！★

できた ① できた ② できた ③

きょうかしょ 2 33〜39ページ　こたえ 12ページ

1 いくつ　ありますか。

きょうかしょ33〜35ページ 1〜3

① 10と □ で □

② 10と □ で □

③ □

✓と　しるしを　つけ
ながら　かぞえると、
まちがいが　すくなく
なるよ。

2 □に　かずを　かきましょう。

きょうかしょ39ページ 7

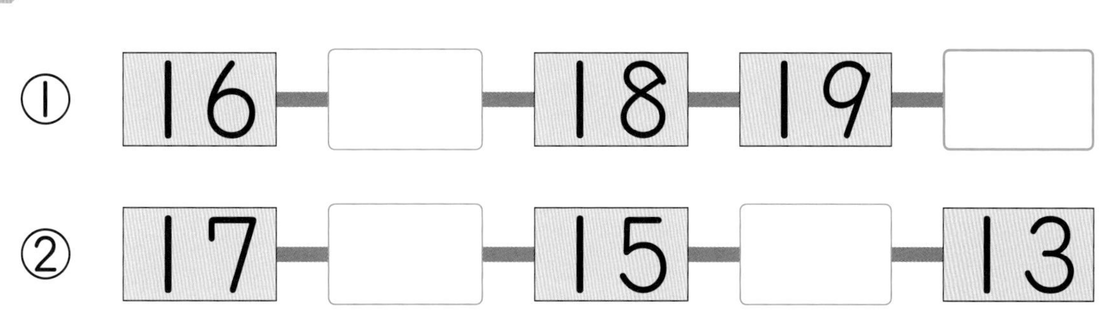

3 □に　かずを　かきましょう。

きょうかしょ39ページ 6

① 10と　1で □　② 19は　10と □

③ 10と　10で □　④ 12は □ と　2

ひんと
1 20までの　かずは、「10の　まとまりと　あと　いくつ」と　かんがえて
かぞえよう。

ぴったり1 じゅんび

がくしゅうび　月　日

7 10より　おおきい　かず　(かずのせん)

きょうかしょ ② 40〜41ページ　こたえ 13ページ

ねらい
数の線(数直線)を使って、20までの数の並び方がわかるようにします。　れんしゅう 1

1 かずのせんを　みて，□に　かずを　かきましょう。

0 1 2 3 4 5 6 7 8 9 10 11 12 13 14 15 16 17 18 19 20

① 11より　3　おおきい　かずは　14

かずのせんは、ひだりから　みぎへ　かずが　おおきく　なって　いるから、11より　3　みぎに　すすんだ　かずが　はいるよ。

② 17より　5　ちいさい　かずは　12

17より　5　ひだりに　すすんだ　かず

③ 15より　4　おおきい　かずは　□です。

④ 20より　6　ちいさい　かずは　□です。

ねらい
20までの数の大小が判断できるようにします。　れんしゅう 2

2 おおきい　ほうに　○を　つけましょう。

かずだけを　みて　わからない　ときは、かずのせんを　みて　かんがえるよ。

① 9　13
(　)(　)

② 20　18
(　)(　)

ぴったり2

れんしゅう

がくしゅうび　月　日

★できた　もんだいには、「た」を　かこう！★

でき 1　でき 2

きょうかしょ 2 40～41ページ　こたえ 13ページ

よくみて

1 かずのせんを　みて、□に　かずを　かきましょう。

きょうかしょ40～41ページ8・9

0　1　2　3　4　5　6　7　8　9　10　11　12　13　14　15　16　17　18　19　20

① 13より　2　おおきい　かずは　□です。

② 15より　5　おおきい　かずは　□です。

③ 20より　3　ちいさい　かずは　□です。

④ 18より　6　ちいさい　かずは　□です。

⑤ 16は　11より　□　おおきい　かずです。

⑥ 8は　14より　□　ちいさい　かずです。

よくみて

2 いちばん　ちいさい　かずに　○を　つけましょう。

きょうかしょ41ページ9

① 12　20　10
（　）（　）（　）

② 16　19　15
（　）（　）（　）

ひんと

1 かずのせんは、みぎに　すすむと　かずが　おおきく　なり、ひだりに　すすむと　かずが　ちいさく　なるよ。

がくしゅうび　　月　　日

7 10より　おおきい　かず (20より　おおきい　かず) たしざんと　ひきざん

きょうかしょ 2 42～45ページ　こたえ 13ページ

ねらい

20より大きい数を、10を基準にして数えられるようにします。　れんしゅう 1 2 →

1 いくつ　ありますか。

①

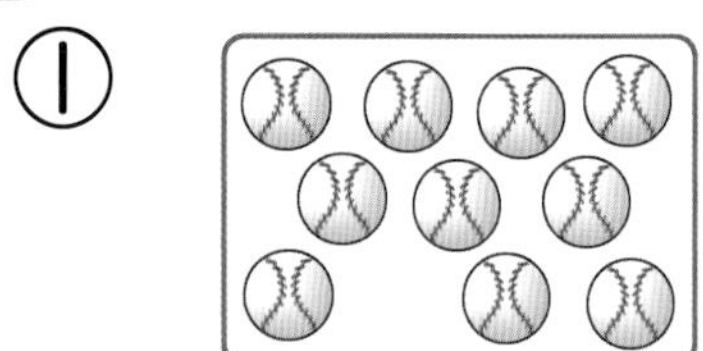 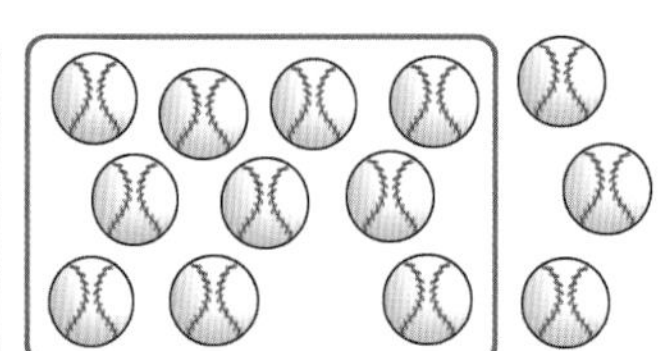

10の　まとまりが
2こで　20。
20と3で
いくつかな。

と 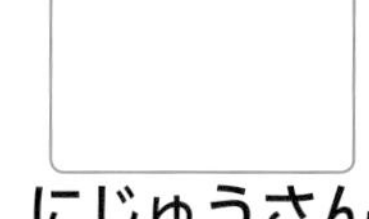で □

にじゅうさん

②

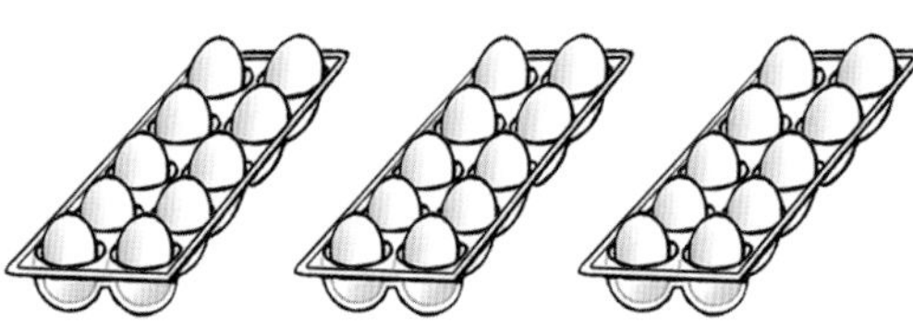

10の　まとまりが
3こ　あると、
いくつに　なるかな。

ねらい

「10といくつ」のたし算・ひき算ができるようにします。　れんしゅう 3 →

2 □に　かずを　かきましょう。

① 10に　4を
たした　かず

10＋4＝□

20までの　かずの
しくみを　もとに
かんがえよう。
10と　4で　14。
14は　10と　4
だね。

② 14から　4を
ひいた　かず

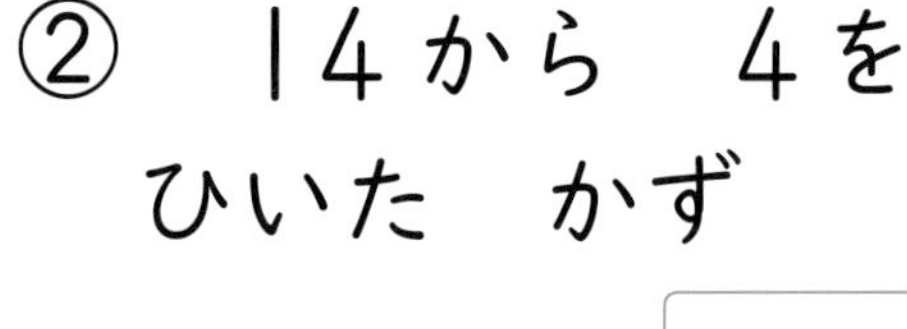

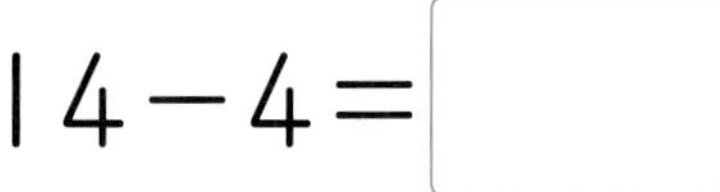

がくしゅうび　　月　　日

★できた　もんだいには、「た」を　かこう！★

きょうかしょ 2 42～45ページ　こたえ 13ページ

1 いくつ　ありますか。

きょうかしょ42ページ10

①

20と □ で □

②

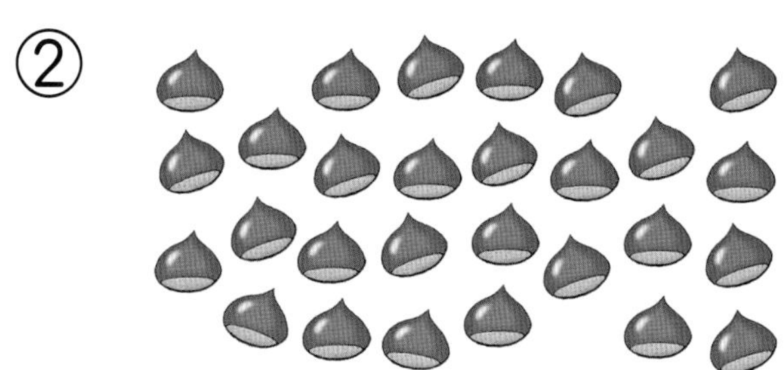

20と □ で □

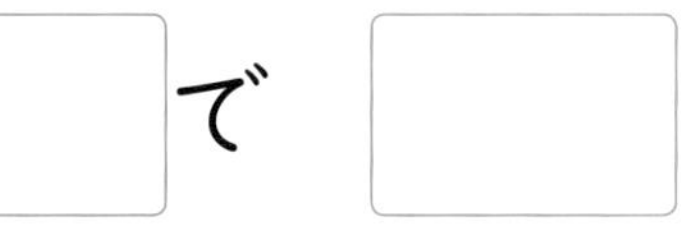

2 なんえんですか。

きょうかしょ43ページ11

①

□ えん

②

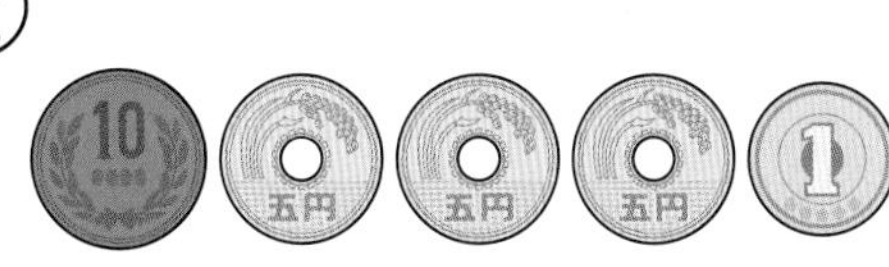

□ えん

3 けいさんを　しましょう。

きょうかしょ44～45ページ1～4

① 10+5=□　　② 18−8=□

③ 20+9=□　　④ 14+4=□

⑤ 17−3=□　　⑥ 26−5=□

ひんと
3 「10と　いくつ」で　かんがえると、10より　おおきい　かずの　たしざん・ひきざんが　できるよ。

7 10より おおきい かず

きょうかしょ 2 33～46ページ　こたえ 14ページ

知識・技能　／100てん

1 よくでる いくつ ありますか。　1つ5てん(20てん)

① 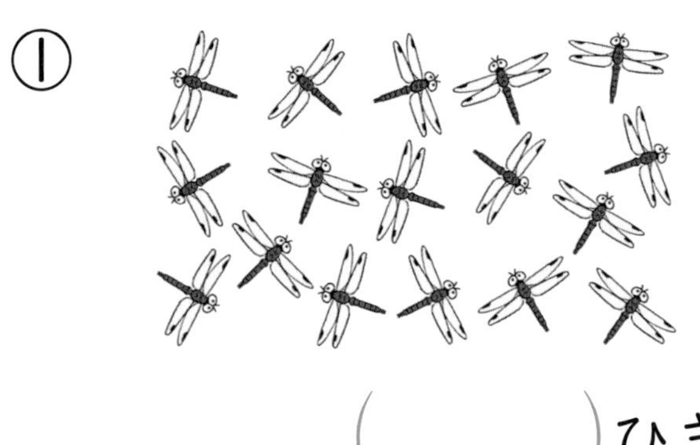

(　　　)ひき

② 

(　　　)だい

③ 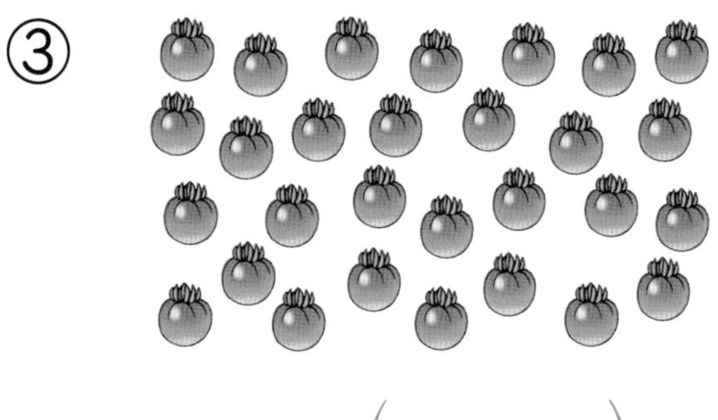

(　　　)こ

④ 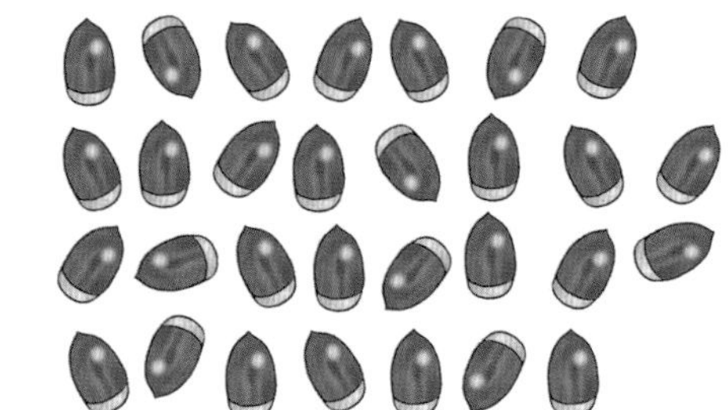

(　　　)こ

2 よくでる いくつ ありますか。①は 2つずつ、②は 5つずつ かぞえましょう。　1つ5てん(10てん)

① 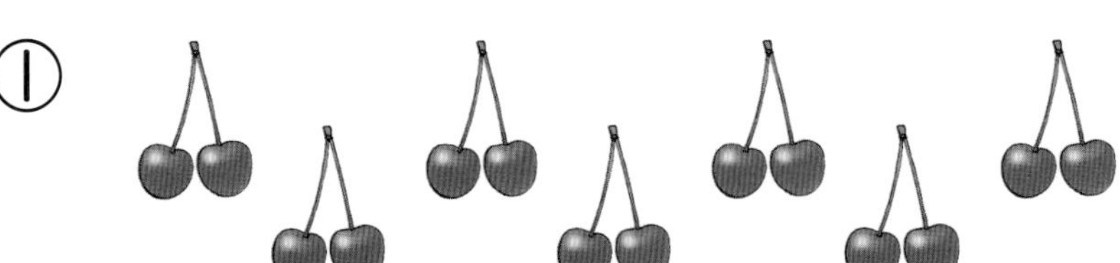

(　　　)こ

② 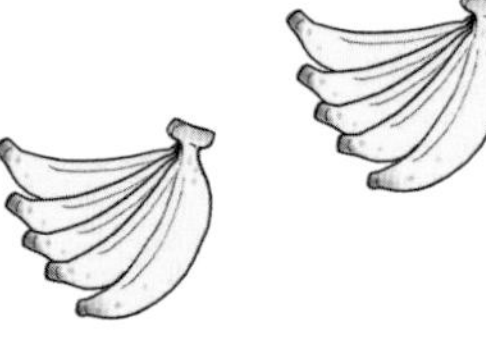 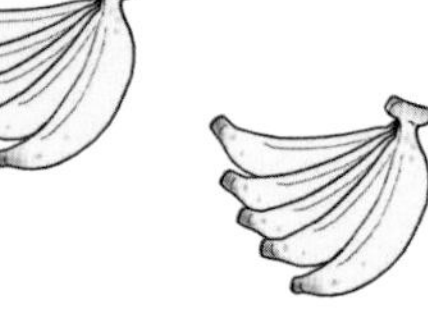

(　　　)ほん

3 よくでる □に　かずを　かきましょう。　1つ5てん(30てん)

① 10と　6で □

② 17は □ と　7

③ 20 − □ − 18 − 17 − □

④ □ − 12 − 14 − □ − 18

4 よくでる けいさんを　しましょう。　1つ5てん(20てん)

① 10＋9＝□　② 16＋2＝□

③ 16−6＝□　④ 25−3＝□

5 かずのせんを　みて、(　)に　かずを　かきましょう。　1つ5てん(10てん)

0 1 2 3 4 5 6 7 8 9 10 11 12 13 14 15 16 17 18 19 20

① 9より　5　おおきい　かず (　　)

② 12より　3　ちいさい　かず (　　)

できたらすごい！

6 いちばん　おおきい　かずに　○を　つけましょう。　1つ5てん(10てん)

①　②

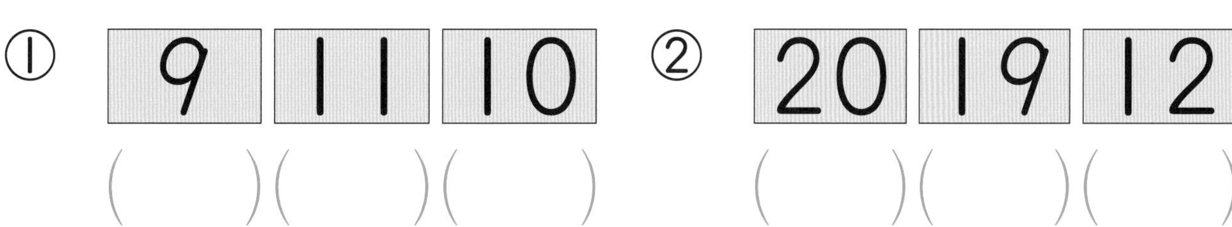

ふろくの「けいさんせんもんドリル」10〜11も　やって　みよう！

ふりかえり **1**が　わからない　ときは、40ページの　**1**に　もどって　かくにんして　みよう。

がくしゅうび　月　日

8 なんじ　なんじはん

できた 1

きょうかしょ 2 47～49ページ　こたえ 15ページ

ねらい

時計の「何時」と「何時半」が読めるようにします。

れんしゅう 1

1 とけいと　よみかたを　せんで　むすびましょう。

① 8じ　② 3じ　③ 7じはん

「○じ」の　ながい　はりは　12を　さすよ。

「○じはん」の　ながい　はりは　6を　さすよ。

1 ながい　はりを　かきましょう。

きょうかしょ48ページ 2

① 2じ　② 12じはん

みじかい　はりが　2で、ながい　はりは　どこを　さすか　かんがえて、ここに　ながい　はりを　かこう。

1 ②「○じはん」の　ながい　はりは　6を　さすのを　おもいだそう。

8 なんじ　なんじはん

きょうかしょ 2 47〜49ページ　こたえ 15ページ

知識・技能 ／85てん

1 よくでる なんじですか。または　なんじはんですか。

1つ15てん(45てん)

① 
(　　　)じ

② (　　　)じ

③ 
(　　　)じはん

2 よくでる ながい　はりを　かきましょう。 1つ20てん(40てん)

① 1じはん

② 10じ

思考・判断・表現 ／15てん

よくみて

3 4じはんを　さす　とけいに　○を　つけましょう。 (15てん)

(　　)

(　　)

ぴったり1
じゅんび
ぴったり2
れんしゅう

がくしゅうび　　月　　日

9 たしざんカード ひきざんカード

でき
1

きょうかしょ　2 50～51 ページ（ぺーじ）　こたえ　15 ページ

ねらい
10 までのたし算のカードを見て、並び方のきまりを見つけられるようにします。　れんしゅう 1

1 たしざんカード（かーど）を　ならべます。

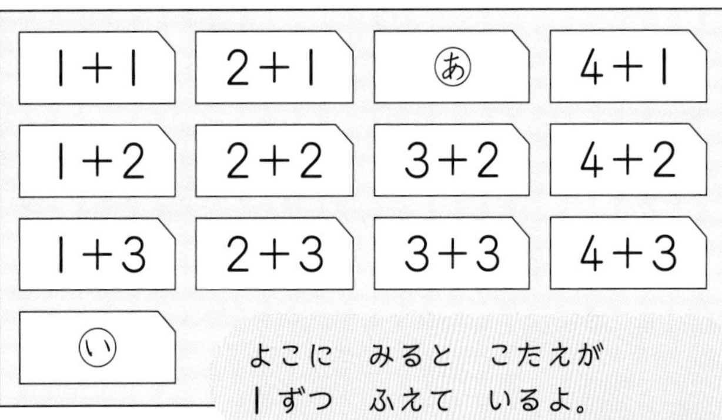

1+1	2+1	あ	4+1
1+2	2+2	3+2	4+2
1+3	2+3	3+3	4+3
い			

① あに　はいる カードは 3+1 です。

② いに　はいる カードは 　　 です。

よくみて

1 ひきざんカードを　ならべます。あ、い、うに　はいる　カードを　かきましょう。　きょうかしょ51ページ2

2−1	3−1	4−1	あ	6−1	7−1	8−1	9−1
	3−2	4−2	5−2	6−2	い	8−2	9−2
		4−3	5−3	6−3	7−3	8−3	9−3
			5−4	6−4	7−4	う	9−4

あ　　　い 　　　う 

ひんと
1 カードの　ならびかたに　きまりが　あるのが　わかるかな。うえから　したに　みて、よこに　みて、ななめにも　みて　かんがえよう。

9 たしざんカード ひきざんカード

きょうかしょ 2 50～51ページ　こたえ 15ページ

知識・技能　／60てん

1 たしざんカードを　ならべます。㋐、㋑、㋒、㋓に　はいる　カードを　かきましょう。　1つ15てん(60てん)

		4＋2		
2＋3	3＋3	4＋3	5＋3	6＋3
㋐	3＋4	4＋4	5＋4	㋓
	㋑	4＋5	㋒	
		4＋6		

㋐ [　　]
㋑ [　　]
㋒ [　　]
㋓ [　　]

思考・判断・表現　／40てん

2 ならんだ　カードを　みて、(　)に　あう　ことばを　かきましょう。　1つ20てん(40てん)

7－1	8－1	9－1	10－1
7－2	8－2	9－2	10－2
7－3	8－3	9－3	10－3
7－4	8－4	9－4	10－4
7－5	8－5	9－5	10－5
7－6	8－6	9－6	10－6

① うえから　したに　みると、こたえが　1ずつ　(　　　　)　います。

② よこに　みると、こたえが　1ずつ　(　　　　)　います。

がくしゅうび　　月　　日

10 3つの　かずの　けいさん

(3つの　かずの　けいさん)

きょうかしょ 2 53～55ページ　こたえ 16ページ

ねらい

3つの数のたし算ができるようにします。　れんしゅう 1 3→

1 はとは　みんなで　なんばに　なりましたか。

4わ　います。 4

2わ　とんで　きました。 4+2

また、1わ　とんで　きました。 4+2 +1

しき 4 ＋ □ ＋ □ ＝ □

ひだりから
じゅんに　たして
いこう。

こたえ (　　　) わ

ねらい

3つの数のひき算ができるようにします。　れんしゅう 2 3→

2 みかんは　なんこに　なりましたか。

10こ　ありました。 10

2こ　たべました。 10−2

3こ　たべました。 10−2 −3

しき □ − □ − □ ＝ □

3つの　かずの　けいさんも
1つの　しきに　かくことが
できるよ。

こたえ (　　　) こ

ぴったり2

れんしゅう

がくしゅうび　月　日

★できた　もんだいには、「た」を　かこう！★

2　3

きょうかしょ　2 53～55ページ　こたえ　16ページ

よくよんで

1 こどもが　6にん　あそんで　いました。4にん　きました。その　あと　3にん　きました。
　こどもは　みんなで　なんにん　に　なりましたか。

きょうかしょ53ページ1

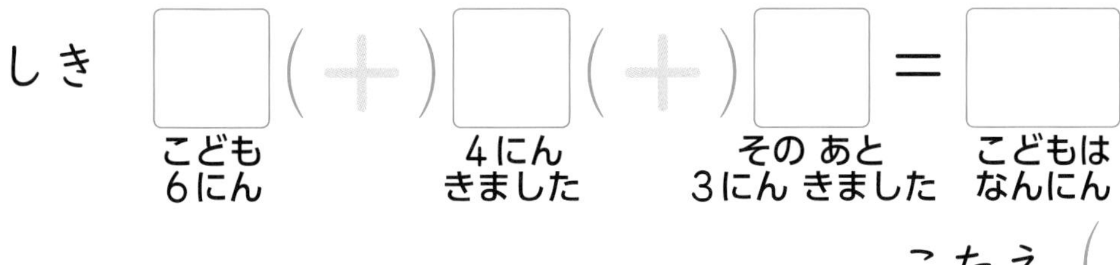

こたえ（　　　）にん

よくよんで

2 たまごが　13こ　ありました。3こ　たべました。その　あと　5こ　たべました。
　たまごは　なんこに　なりましたか。

きょうかしょ55ページ2

しき　□(－)□(－)□＝□

こたえ（　　　）こ

3 けいさんを　しましょう。

きょうかしょ53～55ページ1・2

① 1＋4＋5＝□　② 8＋2＋7＝□

③ 9－3－1＝□　④ 10－1－6＝□

ひんと　3 ひだりから　じゅんに　けいさんしよう。

がくしゅうび　月　日

10 3つの　かずの　けいさん
(3つの　かずの　けいさん、もんだいづくり)

きょうかしょ　2 56～57ページ　こたえ　16ページ

ねらい
たし算やひき算がまじった3つの数の計算ができるようにします。　れんしゅう 1 2 →

1 いろがみは　なんまいに　なりましたか。

5まい　あります。
5

3まい　あげました。
5－3

2まい　もらいました。
5－3 ＋2

しき □（－）□（＋）□ ＝ □

たしざんか
ひきざんかを
よく　かんがえよう。

こたえ（　　　）まい

ねらい
3つの数の計算になる場面を考えて、問題を作れるようにします。　れんしゅう 3 →

2 2＋3＋1 の　しきに　なる　もんだいを
つくります。□に　かずを　かき、（　）に
ことばを　かきましょう。

▶りすが　2ひき　います。□びき
きました。その　あと　□ぴき
きました。（　　　　　）
なんびきに　なりましたか。

ぴったり2

れんしゅう

がくしゅうび　　月　　日

★できた　もんだいには、「た」を　かこう！★

1 でき　2 でき　3 でき

きょうかしょ 2 56～57ページ　こたえ 16ページ

1 りんごが　2こ　ありました。
6こ　かってきて、3こ　たべました。
りんごは　なんこに　なりましたか。 きょうかしょ56ページ3

しき □（＋）□（－）□＝□

こたえ（　　）こ

2 よくでる　けいさんを　しましょう。 きょうかしょ56ページ3

① $9-8+4=$ □　② $5+2-1=$ □

③ $10-7+1=$ □　④ $4+6-8=$ □

よくみて

3 $4+2-2$ の　しきに　なるように、あ、い、うの
えを　ならびかえましょう。 きょうかしょ57ページ4

あ

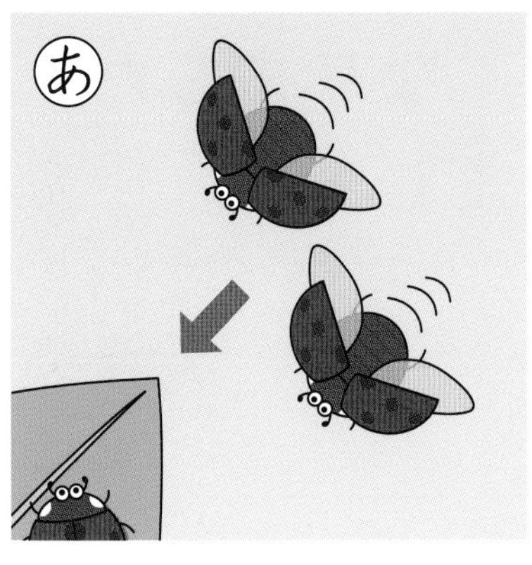

い

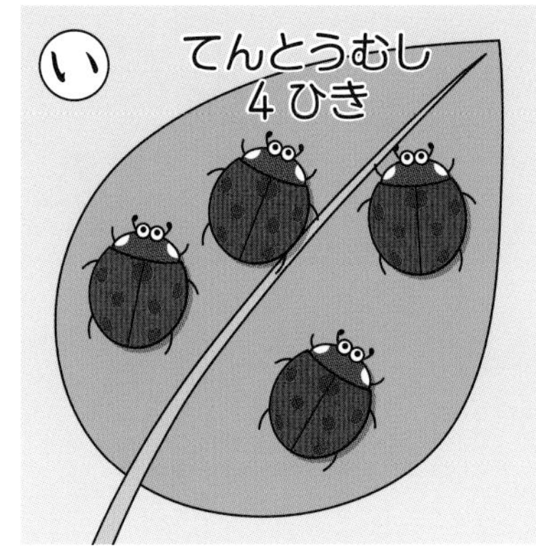

う

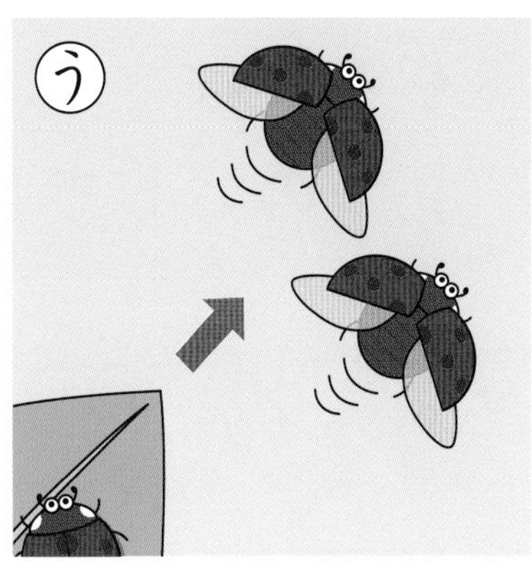

（い）→（　　）→（　　）

ひんと　3 たしざん→ひきざんの　じゅんばんだね。「ふえると　いくつ」は
たしざんだったね。

⑩ 3つの　かずの　けいさん

きょうかしょ 2 53～58ページ　こたえ 17ページ

知識・技能　／40てん

1 よくでる　けいさんを　しましょう。　1つ5てん(40てん)

① 5＋2＋3＝□　② 9＋1＋6＝□

③ 10－5－3＝□　④ 13－3－8＝□

⑤ 10－6＋5＝□　⑥ 10－8＋4＝□

⑦ 4＋6－1＝□　⑧ 7＋1－3＝□

思考・判断・表現　／60てん

2 ちゅうしゃじょうに　くるまが　8だい　とまって　います。2だい　はいって　きました。その　あと　2だい　はいって　きました。

くるまは　ぜんぶで　なんだいに　なりましたか。

1つの　しきに　かいて、こたえましょう。

しき10てん、こたえ5てん(15てん)

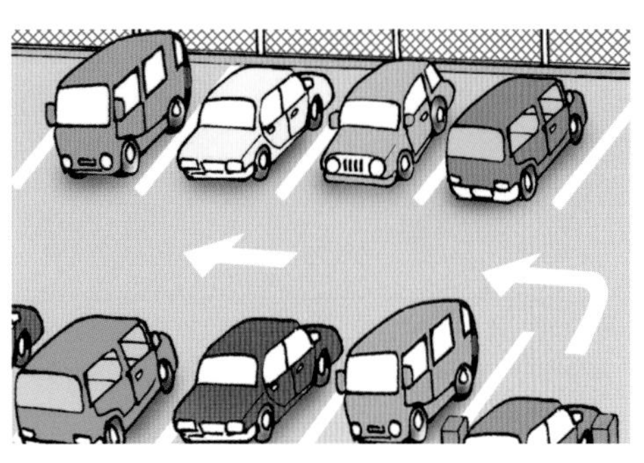

しき □

こたえ (　　　　)だい

3 こうえんの　いけに　かもが　15わ　います。
はじめに　5わ　とんで　いきました。
つぎに　3わ　とんで　いきました。
かもは　なんばに　なりましたか。
1つの　しきに　かいて、こたえましょう。

しき10てん、こたえ5てん(15てん)

しき

こたえ（　　　）わ

4 7＋3－4の　しきに　なる
もんだいを　つくりましょう。

1つ5てん(10てん)

バス（ばす）に　おきゃくが　7にん　のって　います。
バスていで　□にん　のって、□にん　おりました。おきゃくは　なんにんに　なりましたか。

できたらすごい！

5 つぎの　しきが　ただしい　しきに　なるように、
（　）に　＋か　－の　きごうを　かきましょう。

1つ5てん(20てん)

① 6＋4（　　）4＝14

② 13－3（　　）4＝6

③ 10－7（　　）4＝7

④ 2＋8（　　）3＝7

ふろくの「けいさんせんもんドリル」12～14も　やって　みよう！

1が　わからない　ときは、52ページの　1 2、54ページの　1に
もどって　かくにんして　みよう。

がくしゅうび　　月　　日

11 ながさくらべ

きょうかしょ　2 59〜64ページ　こたえ　18ページ

◎ねらい
ものの長さを、直接比較することができるようにします。　れんしゅう 1→

1 ながい　ほうに　○を　つけましょう。

① 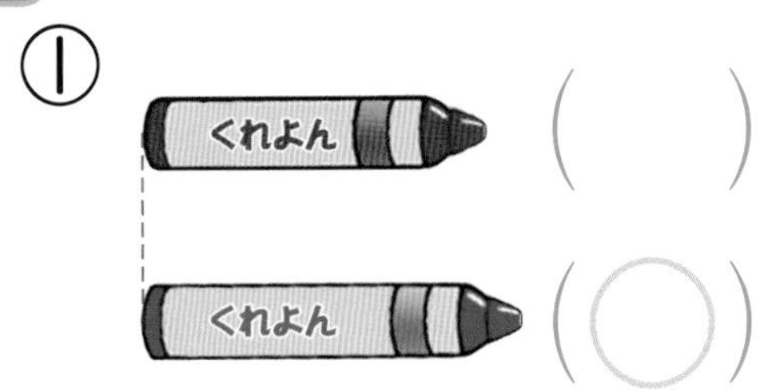

（　）
（○）

② 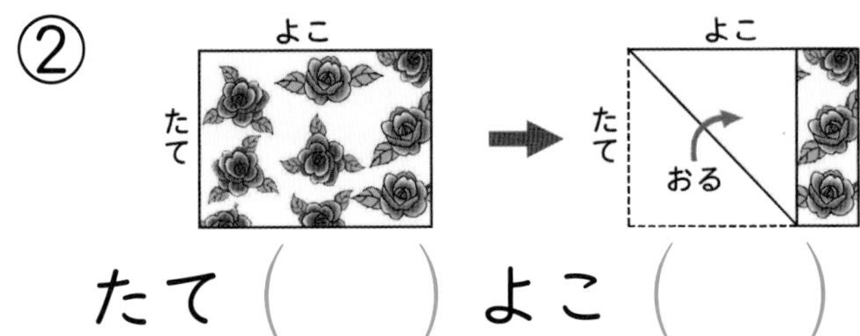

たて（　）　よこ（　）

◎ねらい
幅、高さ、深さも長さを表す言葉であることを理解し、比較できるようにします。　れんしゅう 1→

2 テープ（てーぷ）で　ながさを　はかりました。
ながい　じゅんに（　）に１、２、３を
かきましょう。

・テーブル（てーぶる）の　はば（　）
・なべの　ふかさ（　）
・いすの　たかさ（　）

◎ねらい
ものの長さを、間接比較や任意単位を使って比較できるようにします。　れんしゅう 2 3→

3 ながい　ほうに　○を　つけましょう。

① 

たて（　）　よこ（　）

② 

（　）
（　）

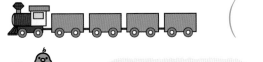

いくつぶんかで
ながさを　くらべよう。

がくしゅうび　月　日

★できた　もんだいには、「た」を　かこう！★

きょうかしょ 2 59〜64ページ　こたえ 18ページ

1 ながい　ほうに　○を　つけましょう。

きょうかしょ59ページ1、62ページ3

① 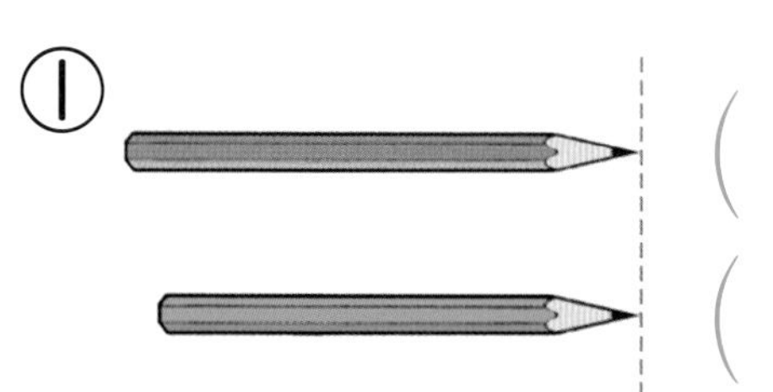
（　　）
（　　）

② （　　）
（　　）

③ 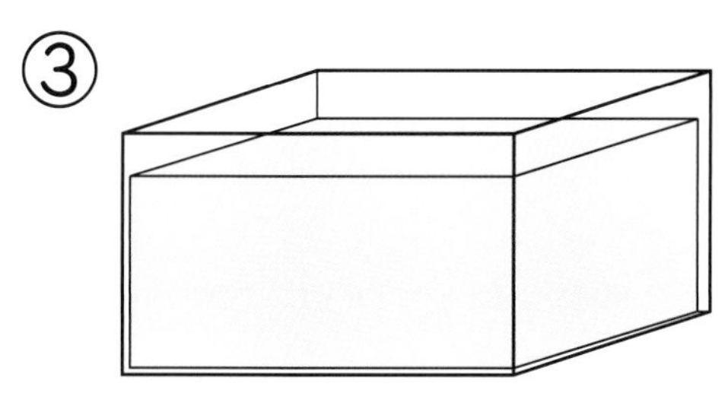

・すいそうの　ふかさ　（　　）

・すいそうの　はば　（　　）

2 テレビ（てれび）の　たてと　よこの　ながさを　テープで　はかりました。どちらが　ながいでしょうか。

きょうかしょ61ページ2

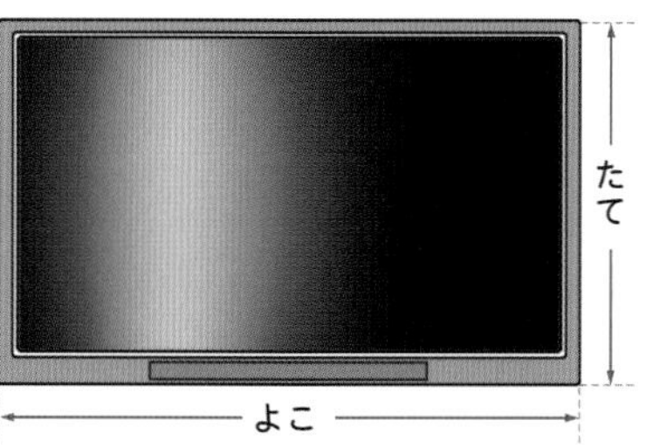

たて
よこ

（　　　　）の　ほうが　ながい。

3 いちばん　ながい　ものに　○を　つけましょう。

きょうかしょ63ページ4

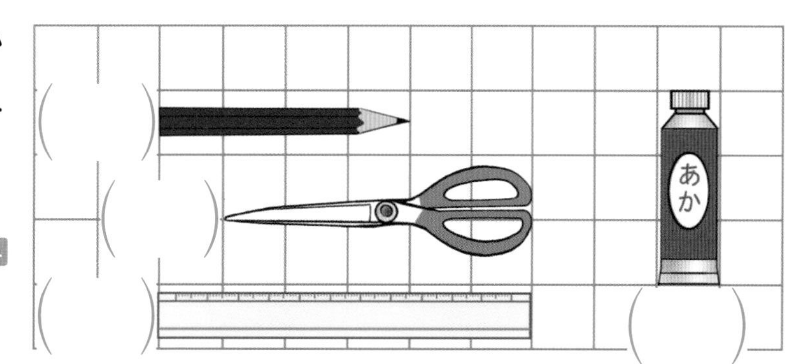

（　　）
（　　）
（　　）
（　　）

ひんと

2 ながさを　くらべる　ときは、はしを　そろえて　くらべよう。
おおきな　ものは　テープを　つかって　くらべると　いいよ。

11 ながさくらべ

きょうかしょ 2 59～64ページ　こたえ 18ページ

知識・技能　／55てん

1 よくでる　いちばん　ながいのは　あ、い、うの　どれですか。

1つ10てん(20てん)

① あ　い　う　(　　)

② あ　い　う　(　　)

2 よくでる　えを　みて、こたえましょう。

①②1つ5てん/③ぜんぶできて10てん(35てん)

① あ、い、う、えは、めもり　いくつぶんの　ながさですか。

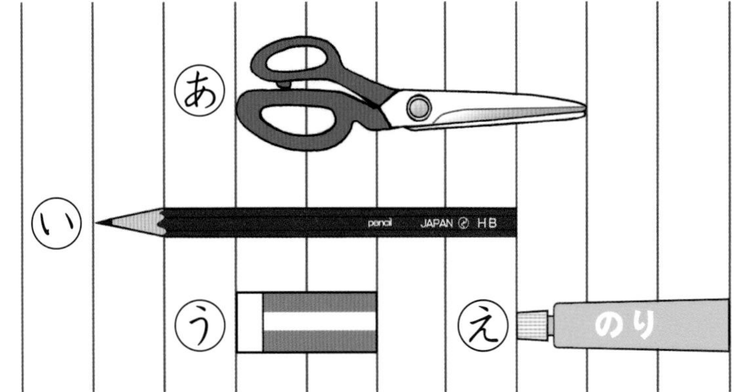

あ(　　)つぶん

い(　　)つぶん

う(　　)つぶん

え(　　)つぶん

できたらすごい!

② いは　うより　めもり　(　　)つぶん　ながい。

③ ながい　じゅんに　あ、い、う、えを　かきましょう。

(　　)➡(　　)➡(　　)➡(　　)

思考・判断・表現　　／45てん

3 えを　みて、ⓐ、ⓘ、ⓤ、ⓔで　こたえましょう。

1つ10てん(20てん)

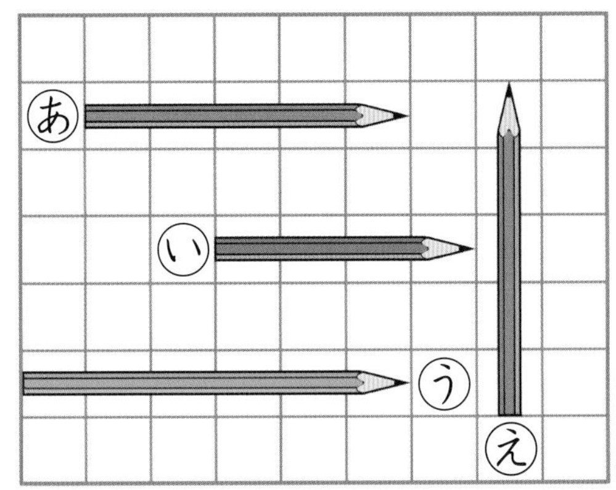

① ⓐより　ながい　えんぴつは　どれですか。

(　　　)

② ⓐと　おなじ　ながさの　えんぴつは　どれですか。

(　　　)

できたらすごい！

4 ひもの　ながさを　くらべます。□に　かずを　かきましょう。

1つ10てん(20てん)

あ

い

う

① ⓘは　ⓐより　ますの　□　こぶん　ながいです。

② ⓤは　ⓐより　ますの　□　こぶん　ながいです。

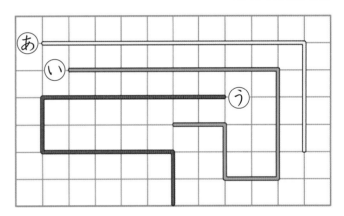

できたらすごい！

5 どちらが　どれだけ　ながいでしょうか。(　)に　きごうを、□に　かずを　かきましょう。

(ぜんぶできて5てん)

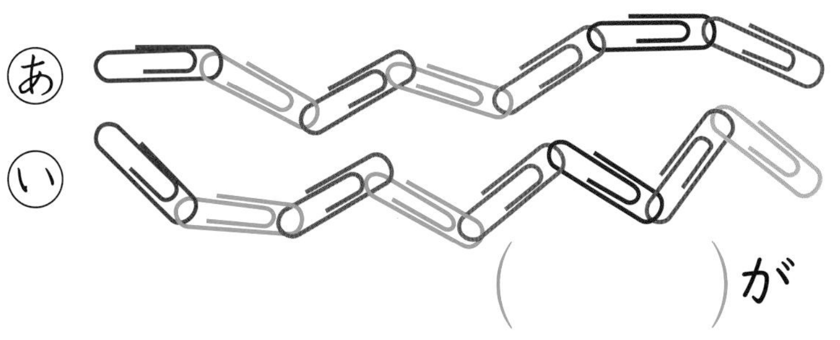

(　　　)が　□　こぶん　ながい。

ふりかえり　**1**が　わからない　ときは、58ページの　**1**に　もどって　かくにんして　みよう。

⑫ たしざん

がくしゅうび　　月　　日

きょうかしょ ②66～75ページ　こたえ 19ページ

ねらい
くり上がりのあるたし算ができるようにします。　れんしゅう ①→

1 けいさんの　しかたを　かんがえましょう。

① 9＋3

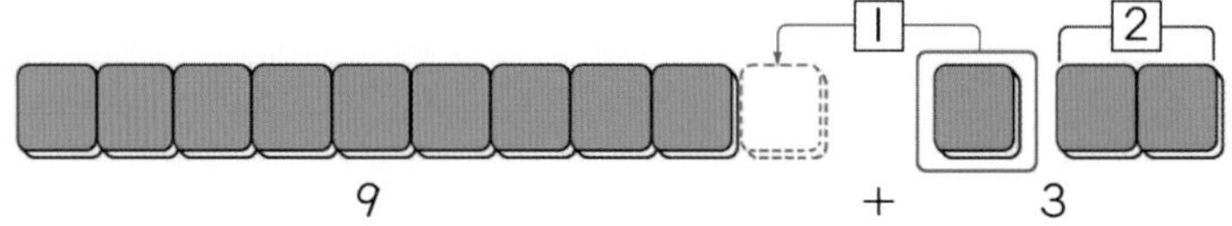

9＋3の　けいさんの　しかた

❶ 9に　3の　なかの　[1]を　たして　10

❷ 10と　[2]で　[　]

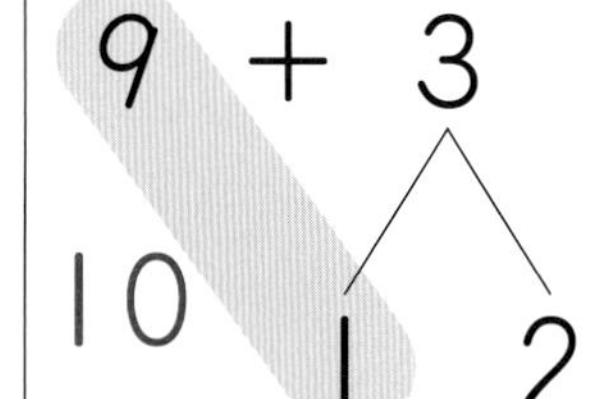

9は、あと いくつで 10に なるか かんがえよう。

② 3＋8

3＋8の　けいさんの　しかた

❶ 8に　3の　なかの　[2]を　たして　10

❷ 10と　[　]で　[　]

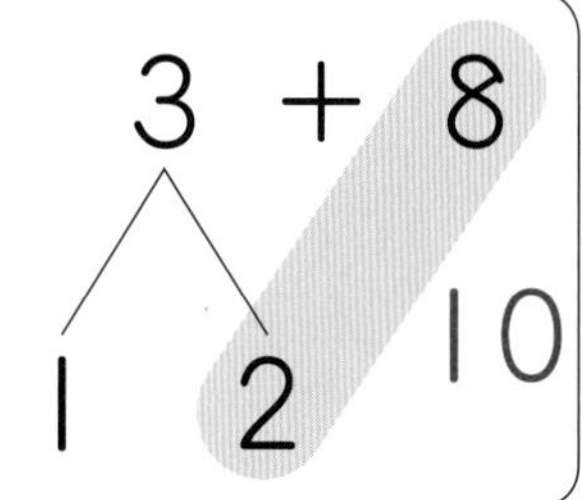

3＋8では、8の ほうが 10に しやすいね。

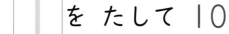

ねらい
カードを使って、くり上がりのあるたし算の練習をします。　れんしゅう ②→

よくよんで

2 こたえが　11に　なる　カード(かーど)を　2つ みつけて、○を　つけましょう。

6＋8	9＋2	7＋5	5＋6
(　)	(　)	(　)	(　)

ぴったり2

れんしゅう

がくしゅうび　月　日

★できた　もんだいには、「た」を　かこう！★

できた ❶ できた ❷

きょうかしょ　2 66～75ページ　こたえ　19ページ

よくよんで

1 けいさんの　しかたを　かんがえながら、□に　かずを　かきましょう。

きょうかしょ73～74ページ2～4

① 9＋5 ➡ 9に [1] を　たして　10　10と [4] で [14]

② 7＋4 ➡ 7に □ を　たして　10　10と □ で □

③ 8＋7 ➡ 8に □ を　たして　10　10と □ で □

④ 2＋9 ➡ 9に □ を　たして　10　10と □ で □

⑤ 4＋8 ➡ 8に □ を　たして　10　10と □ で □

2 カードの　おもてと　うらを　せんで　むすびましょう。

おもて　4＋7　　うら　11

きょうかしょ75ページ1

おもて		うら
9＋8 ・		・ 13
8＋5 ・		・ 17
6＋9 ・		・ 15

まず　けいさんを
ぜんぶ　して、よこに
こたえを　かこう。
つぎに　あう　こたえと
せんで　むすぶよ。

ひんと　**2** まず、10の　まとまりを　つくる　ことを　かんがえよう。たしざんの　カードを　つかって、なんども　れんしゅうする　ことが　たいせつだよ。

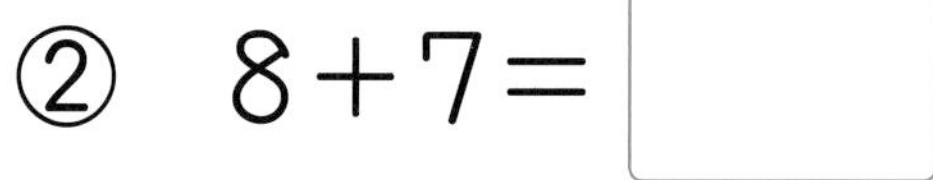

知識・技能 ／72てん

1 よくでる たしざんを　しましょう。 1つ4てん(32てん)

① 9＋6＝□　② 8＋7＝□

③ 5＋8＝□　④ 4＋7＝□

⑤ 7＋6＝□　⑥ 9＋9＝□

⑦ 7＋9＝□　⑧ 6＋8＝□

2 まんなかの　かずに
まわりの　かずを
たしましょう。

1つ4てん(24てん)

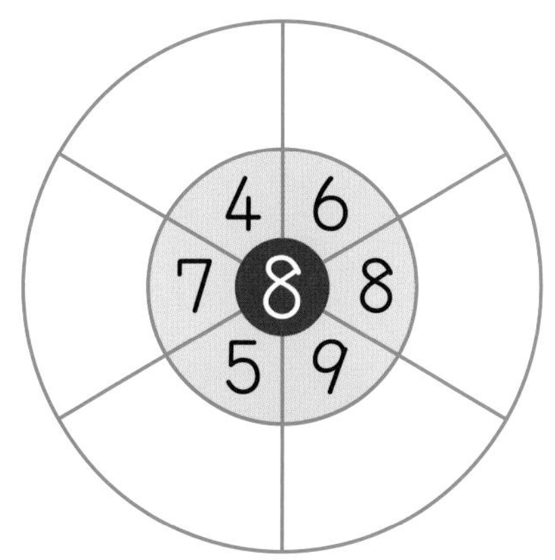

3 こたえが　12に　なる　カード(かーど)を　2つ
みつけて、○を　つけましょう。 1つ4てん(8てん)

3＋8	6＋6	9＋7
(　　)	(　　)	(　　)
7＋7	4＋9	5＋7
(　　)	(　　)	(　　)

4 こたえの　おおきい　ほうに　○を　つけましょう。

1つ4てん(8てん)

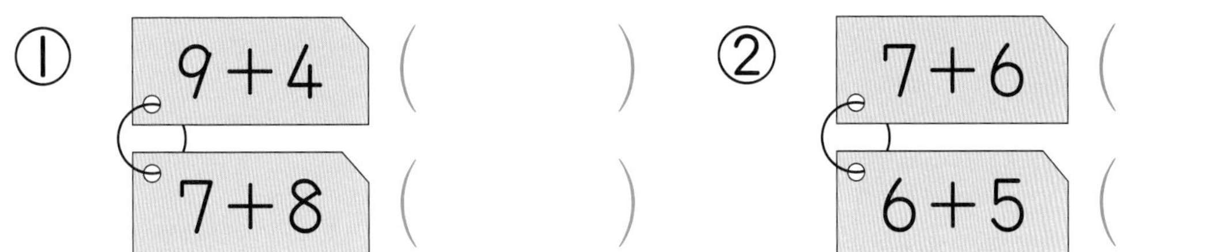

①　9＋4（　　　）　7＋8（　　　）

②　7＋6（　　　）　6＋5（　　　）

思考・判断・表現　　／28てん

5 よくでる　りかさんは　シール（しーる）を　8まい　もって　います。ともだちから　3まい　もらうと、ぜんぶで　なんまいに　なりますか。

しき5てん、こたえ5てん(10てん)

しき

こたえ（　　　）まい

6 よくでる　バス（ばす）ていに　おとなが　6にん、こどもが　7にん　います。みんなで　なんにん　いますか。

しき5てん、こたえ5てん(10てん)

しき

こたえ（　　　）にん

7 えを　みて、7＋5の　しきに　なる　もんだいを　つくりましょう。

1つ4てん(8てん)

すいそうに　きんぎょが
7ひき　います。あと　□　ひき
いれると、（　　　　　）
なんびきになりますか。

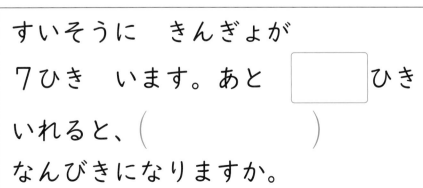

ふろくの「けいさんせんもんドリル」15～21も　やって　みよう！

ふりかえり　1が　わからない　ときは、62ページの　1に　もどって　かくにんして　みよう。

ぴったり1 じゅんび
ぴったり2 れんしゅう

3分でまとめ

⑬ひろさくらべ

がくしゅうび　月　日

できた 1 2

きょうかしょ 2 78～79ページ　こたえ 20ページ

ねらい
ものの広さを、直接比較や任意単位を使って比較できるようにします。　れんしゅう 1 2

1 ひろい　ほうに　○を　つけましょう。

① (　　)　(　　)

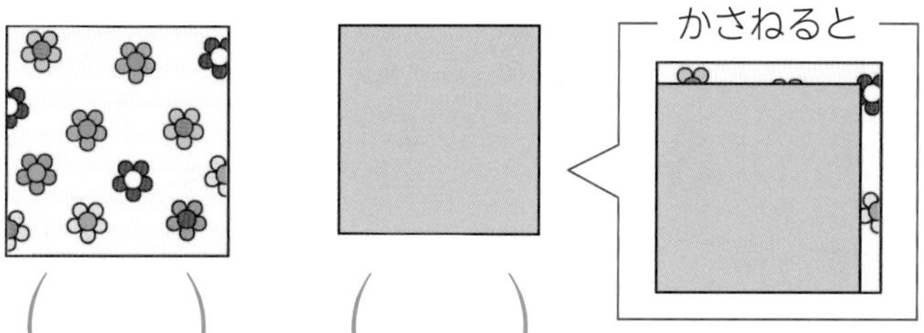

かさねると

かどを ぴったり そろえて かさねて いるね。

② □ (　　)　□ (　　)

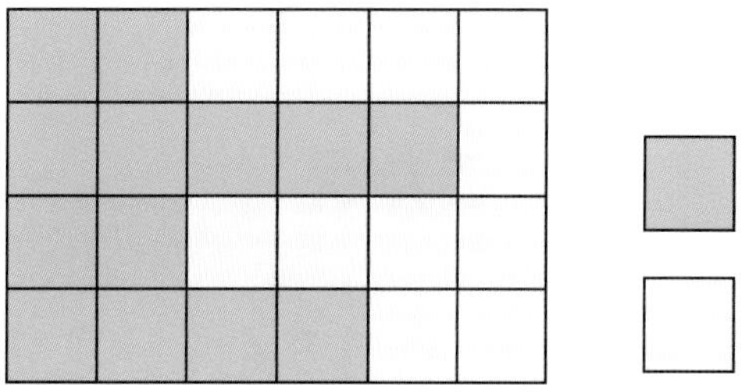

□が　なんこ あるかで くらべるよ。

1 ひろい　じゅんに　1、2、3を　かきましょう。

きょうかしょ78ページ1

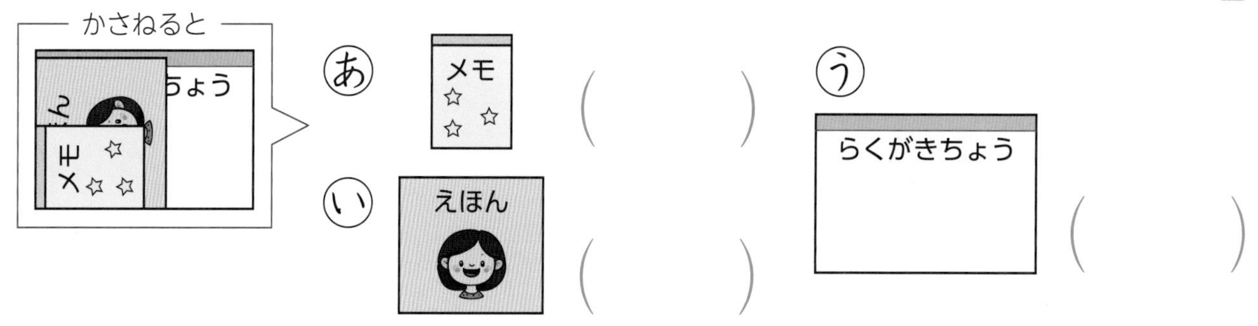

Ⓐ (　　)　Ⓘ (　　)　Ⓤ (　　)

よくよんで

2 □には　かずを、(　)には　Ⓐ、Ⓘを　かきましょう。

きょうかしょ79ページ2

Ⓐは　□が　□こぶん

Ⓘは　□が　□こぶん

▶(　　)の　ほうが　ひろい。

ひんと
2 Ⓐと　Ⓘの　どちらが　どれくらい　ひろいか、ながさと　おなじように、□が　いくつぶんかで　くらべるよ。

⑬ ひろさくらべ

きょうかしょ ２ 78〜79ページ　こたえ 20ページ

知識・技能　／100てん

1 よくでる ひろい　ほうに　○を　つけましょう。

1つ20てん(40てん)

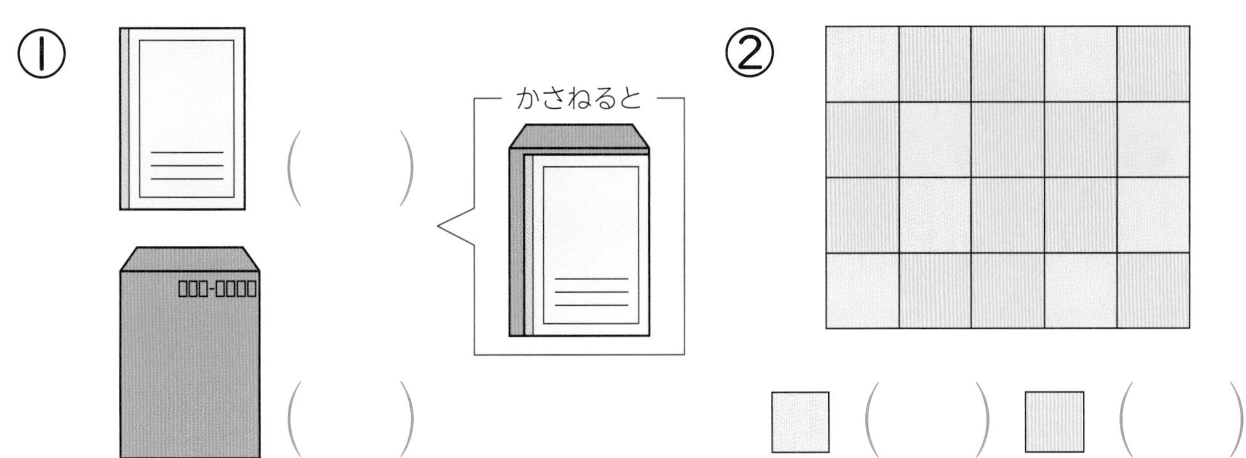

①（　　）（　　）

②（　　）（　　）

2 ばしょとりゲームを　します。じゃんけんを　して、かったら　□を　１つ　ぬります。ひろく　ぬった　ひとが　かちです。どちらが　かちましたか。

1つ20てん(60てん)

□は（　　　）こ

□は（　　　）こ

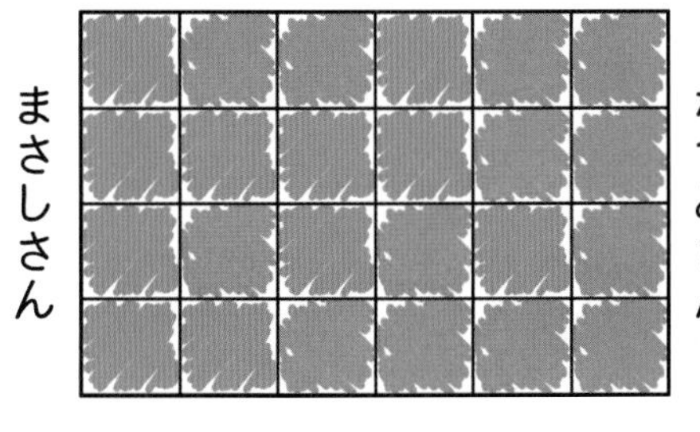

□の　かずが　おおい　ほうが　ひろいので、かったのは

（　　　　）さん

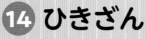

がくしゅうび　　月　　日

⑭ ひきざん

きょうかしょ ② 80～86ページ　こたえ 20ページ

ねらい
くり下がりのあるひき算ができるようにします。　れんしゅう ①→

1 けいさんの　しかたを　かんがえましょう。

① 12－9　➡ 10－9＋2 ➡ 1＋2

12－9の　けいさんの　しかた

❶ 12の なかの 10から 9を ひいて [1]

❷ [　] と 2で [　]

12－9
10 2

2から　9は
ひけないので、
10の　まとまり
から　ひくんだよ。

② 11－3　➡ 11－1－2 ➡ 10－2

ひくかず(3)が　ちいさい
ときは、このように
しても　いいよ。

11－3の　けいさんの　しかた

❶ 3を [1] と 2に わける

❷ 11から [　] を ひいて 10

❸ 10から 2を ひいて [　]

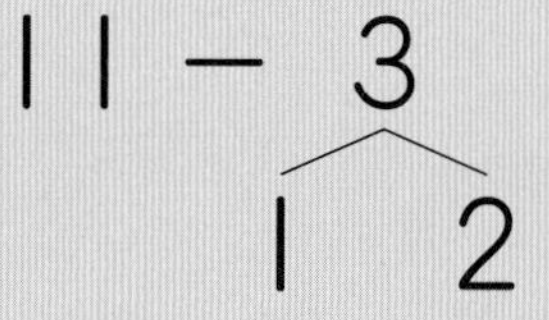

ねらい
カードを使って、くり下がりのあるひき算の練習をします。　れんしゅう ②→

2 こたえが　7に　なる　カード(かーど)を　2つ　みつけて、○を　つけましょう。

12－4	14－8	13－6	16－9
(　)	(　)	(　)	(　)

ぴったり2
れんしゅう

がくしゅうび　月　日

★できた　もんだいには、「た」を　かこう！★

きょうかしょ ２ 80～86ページ　こたえ 20ページ

よくよんで

1 けいさんの　しかたを　かんがえながら、□に　かずを　かきましょう。

きょうかしょ83～85ページ２～４

① 14－9 ➡ 10から　9を　ひいて　□ □と　4で　□

② 16－8 ➡ 10から　8を　ひいて　□ □と　6で　□

③ 12－7 ➡ 10から　7を　ひいて　□ □と　2で　□

④ 13－4 ➡ 13から　□を　ひいて　10 10から　□を　ひいて　□

⑤ 11－2 ➡ 11から　□を　ひいて　10 10から　□を　ひいて　□

2 カードの　おもてと　うらを　せんで　むすびましょう。

きょうかしょ86ページ１

おもて：17－8　13－9　15－7　12－6

うら：8　9　6　4

ひんと

1 まず、ひかれるかずを　「10と　いくつ」に　わけて、10の　まとまりから　ひく　しかたを　おぼえよう。

⑭ ひきざん

きょうかしょ ② 80～87 ページ　こたえ 21 ページ

知識・技能　／72てん

1 よくでる ひきざんを　しましょう。　1つ4てん(32てん)

① 14−6＝□　② 11−5＝□

③ 12−7＝□　④ 16−7＝□

⑤ 18−9＝□　⑥ 13−8＝□

⑦ 14−7＝□　⑧ 15−8＝□

2 まんなかの　かずから　まわりの　かずを　ひき　ましょう。　1つ4てん(24てん)

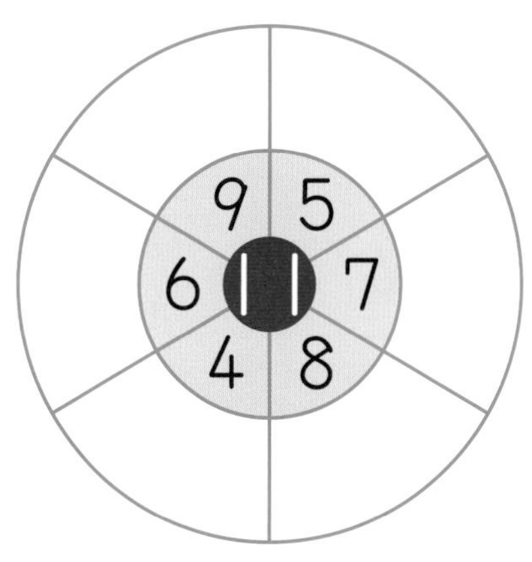

3 よくでる こたえが　6に　なる　カード(かーど)を　2つ　みつけて、○を　つけましょう。　1つ4てん(8てん)

11−2	13−6	15−9
(　)	(　)	(　)
13−7	12−5	15−6
(　)	(　)	(　)

4 こたえの　おおきい　ほうに　○を　つけましょう。

1つ4てん(8てん)

① 17−9（　　）
12−3（　　）

② 14−5（　　）
15−7（　　）

思考・判断・表現　／28てん

5 よくでる　かきが　13こ　あります。5こ　たべると、のこりは　なんこに　なりますか。　しき4てん、こたえ4てん(8てん)

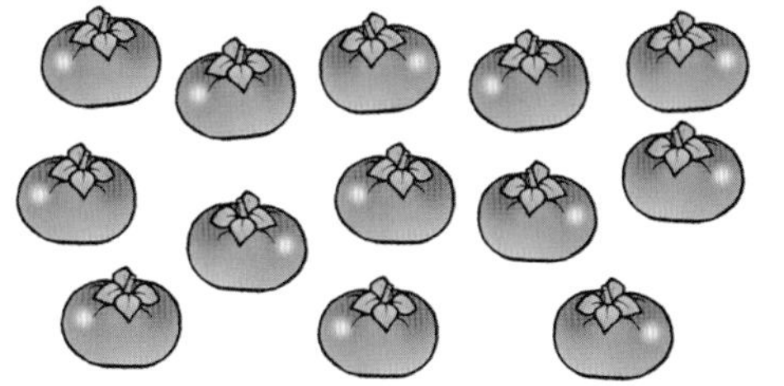

しき

こたえ（　　）こ

できたらすごい!

6 なわとびで、はるかさんは　8かい、たくやさんは　12かい　とびました。

どちらが　なんかい　おおく　とびましたか。

しき5てん、こたえ5てん(10てん)
(こたえはりょうほうできて5てん)

しき

こたえ（　　）さんが（　　）かい　おおく　とんだ。

7 えを　みて、13−9の　しきに　なる　もんだいを　つくりましょう。

1つ5てん(10てん)

りんごが　9こ、みかんが　□こ　あります。りんごと　みかんの　かずの（　　）は　なんこですか。

1が　わからない　ときは、68ページの　1に　もどって　かくにんして　みよう。

ふろくの「けいさんせんもんドリル」22〜28も　やって　みよう!

がくしゅうび　　月　　日

⑮ かさくらべ

きょうかしょ ②88〜90ページ　こたえ 21ページ

ねらい
かさを、直接比較することができるようにします。　れんしゅう ①→

1 おおく　はいるのは　あ、いの　どちらですか。

① 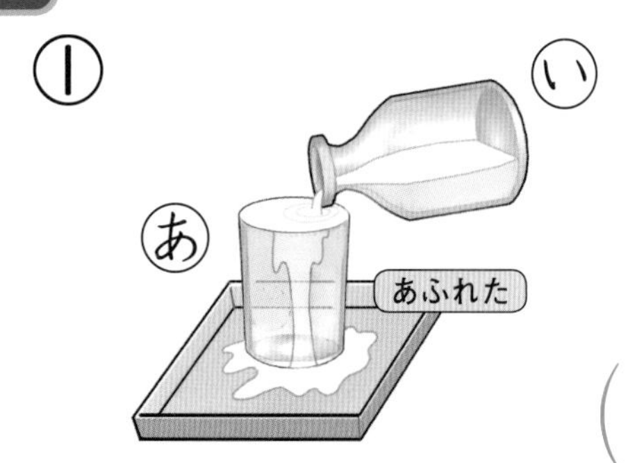

（　　　）

② 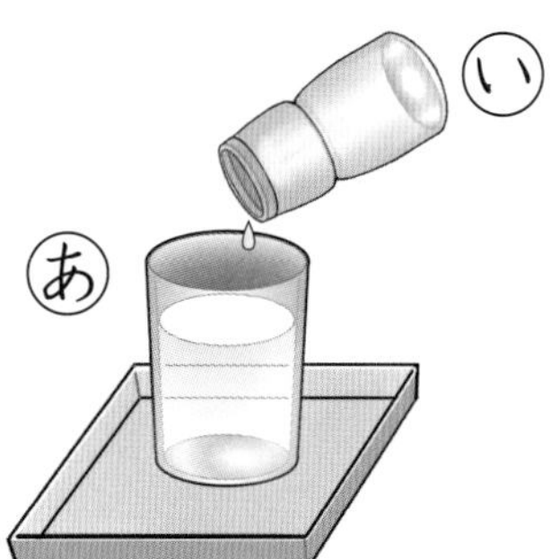

（　　　）

ねらい
かさを、間接比較することができるようにします。　れんしゅう ①→

2 おおい　ほうに　○を　つけましょう。

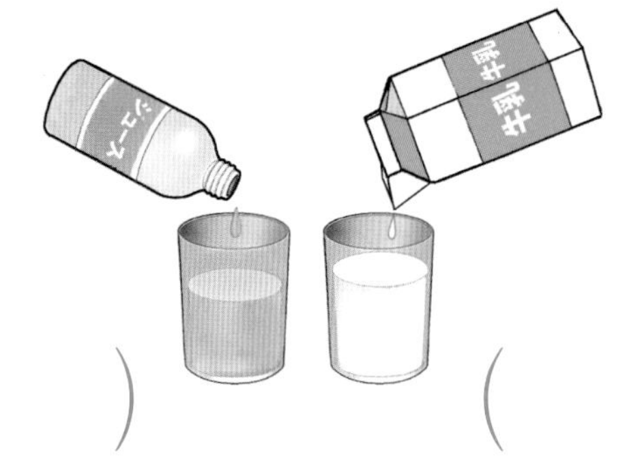

（　　　）　（　　　）

おなじ　おおきさの
コップに　のみものを
いれて　くらべるよ。

ねらい
かさを、任意単位を使って比較することができるようにします。　れんしゅう ②→

3 おおく　はいる　ほうに　○を　つけましょう。

で　8ぱいぶん　　　で　9はいぶん

（　　　）　（　　　）

がくしゅうび　月　日

★できた　もんだいには、「た」を　かこう！★

できた ❶　できた ❷

きょうかしょ 2 88～90ページ　こたえ 21ページ

❶ おおく　はいるのは　㋐、㋑の　どちらですか。

きょうかしょ88ページ1

①

（　　）

②

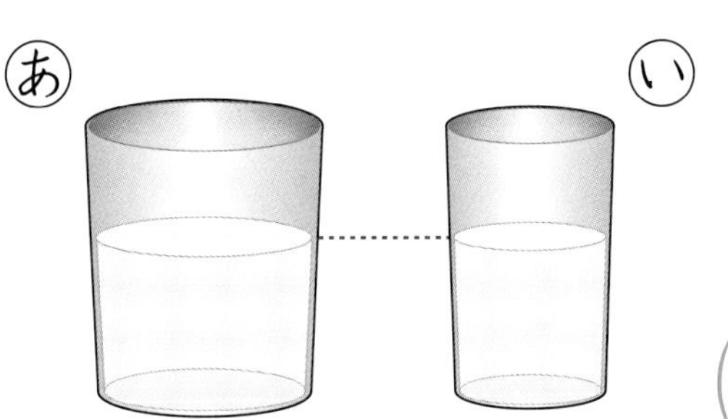

（　　）

②は　みずの
たかさが
おなじに
なって　いるよ。

よくよんで

❷ ㋐と　㋑の　すいとうに　はいる　みずの　かさを　くらべます。

きょうかしょ89ページ2

㋐

㋑

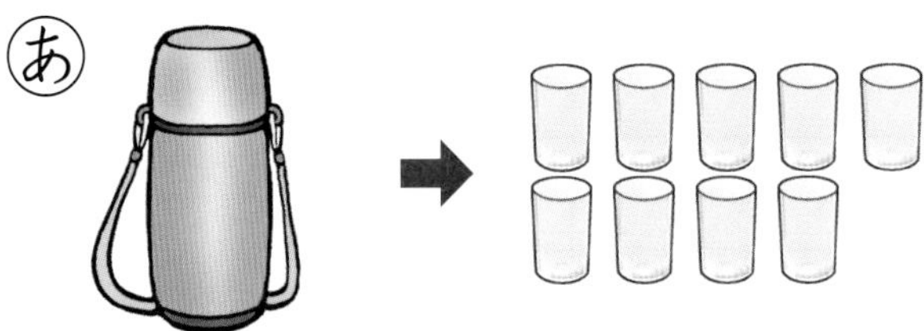

① それぞれ　コップで　なんばい　はいりますか。

㋐　コップで（　　）はい

㋑　コップで（　　）ぱい

② どちらが　どれだけ　おおく　はいりますか。

（　　）が　コップで（　　）ぱいぶん　おおく　はいる。

㋐、㋑を　かこう。　　すうじを　かこう。

ひんと ❷ ながさや　ひろさと　おなじように、かさも　いくつぶんで　くらべられるね。

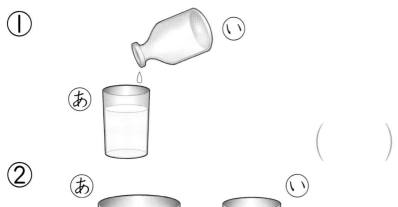

⑮ かさくらべ

きょうかしょ 2 88〜90ページ　こたえ 22ページ

知識・技能　／90てん

1 よくでる　おおく　はいる　ほうに　○を　つけましょう。

1つ10てん(40てん)

①

（　　）（　　）

②

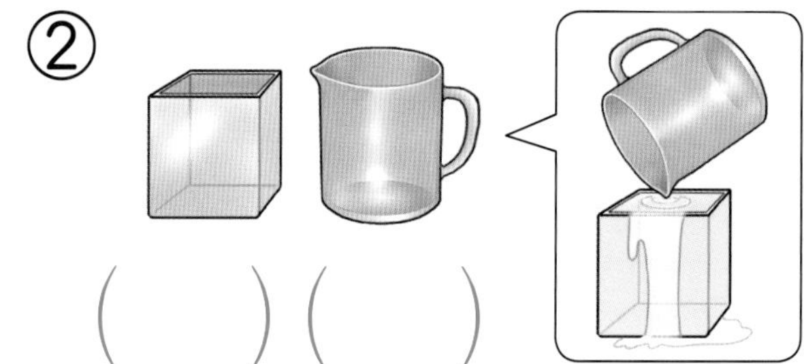

（　　）（　　）

③

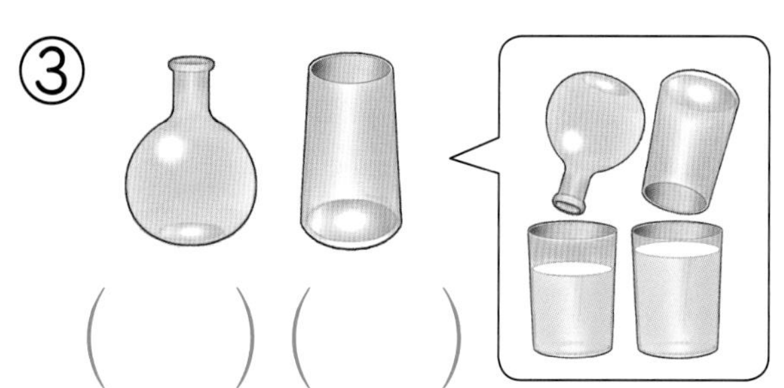

（　　）（　　）

④

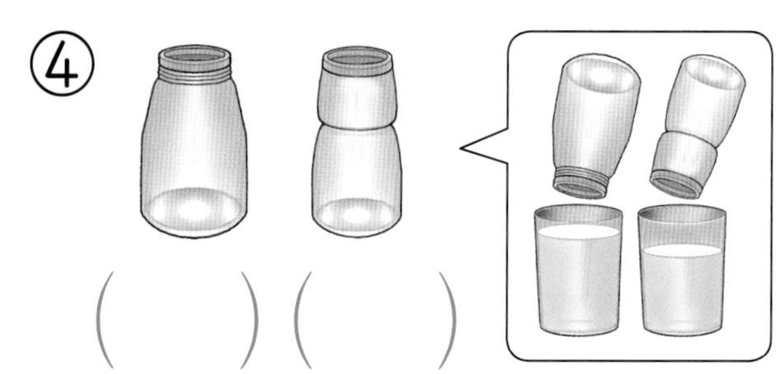

（　　）（　　）

2 おおく　はいる　じゅんに、1、2、3、4を　かきましょう。

(ぜんぶできて10てん)

（　　）（　　）（　　）（　　）

! まちがいちゅうい

3 いちばん　おおく　はいって　いる　ものに　○を　つけましょう。

(10てん)

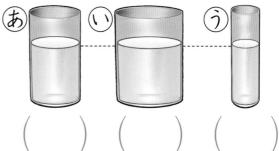

あ　い　う

（　　）（　　）（　　）

4 はいって　いる　みずを、おなじ　いれものに　いれました。おおく　はいって　いた　じゅんに　1、2、3を　かきましょう。

(ぜんぶできて10てん)

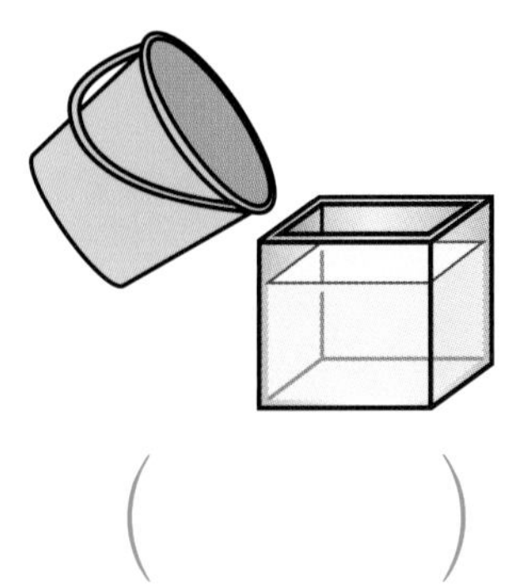

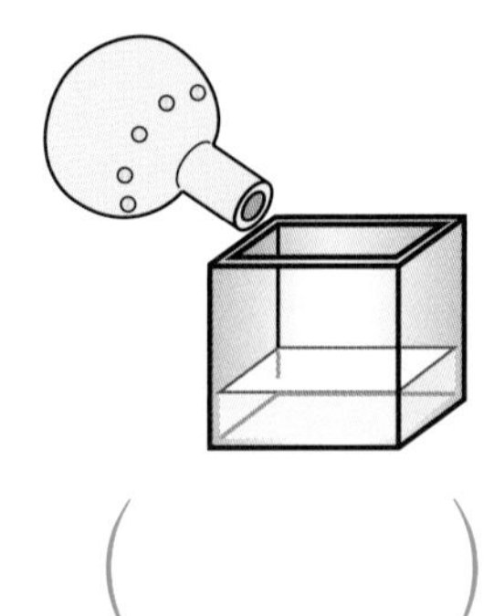

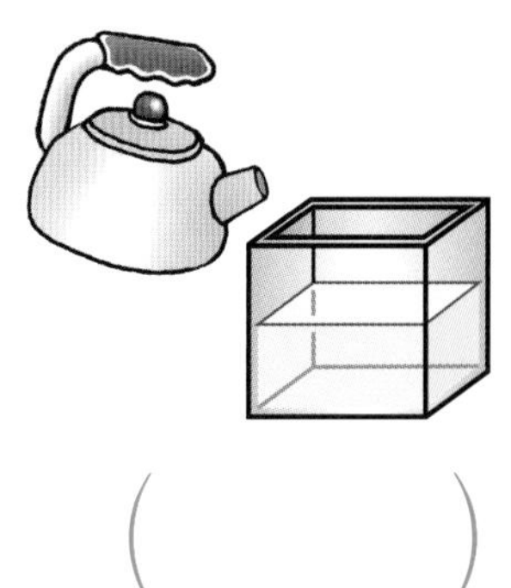

(　　)　(　　)　(　　)

5 みずが　はいるぶんだけ　コップ(こっぷ)に　いろを　ぬりましょう。

1つ10てん(20てん)

① コップで　4はいぶん　はいる

②

思考・判断・表現　　／10てん

できたらすごい！

6 どちらに　みずが　おおく　はいって　いるか、みただけで　わかる　ものに　○を　つけましょう。

(10てん)

あ

い

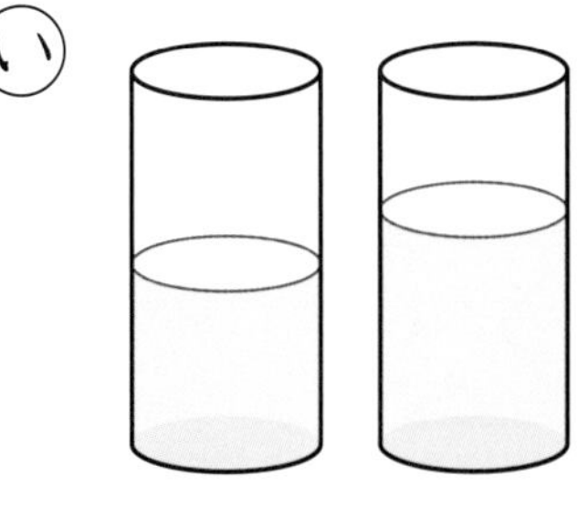

う

(　　)　(　　)　(　　)

ふりかえり　1が　わからない　ときは、72ページの　1 2に　もどって　かくにんして　みよう。

がくしゅうび　　月　　日

16 いろいろな　かたち

きょうかしょ 2 91～95ページ　こたえ 22ページ

ねらい

立体図形を仲間分けして、その図形の特徴がわかるようにします。 れんしゅう 1→

1 にている　かたちを　せんで　むすびましょう。

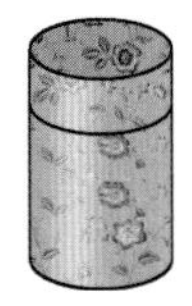   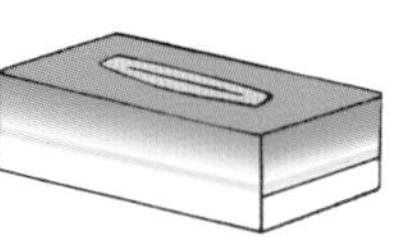

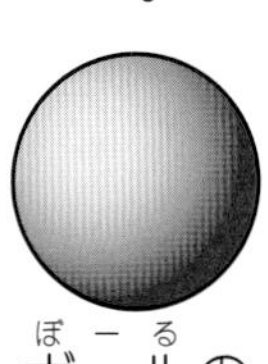
ボールの
かたち

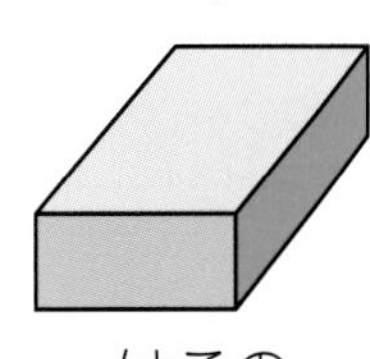
はこの
かたち

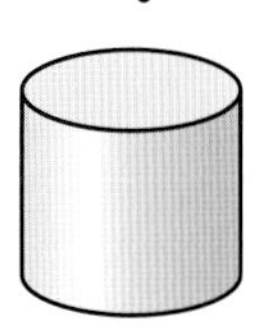
つつの
かたち

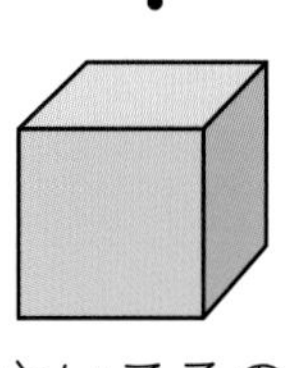
さいころの
かたち

おおきさや　いろは
ちがっても、おなじ
なかまに　なるよ。

ねらい

立体からとれる平面図形の分類ができ、その特徴がわかるようにします。 れんしゅう 2→

よくよんで

2 したの　かたちは、あから　えの　どの　つみきの　そこの　かたちと　にていますか。

あ 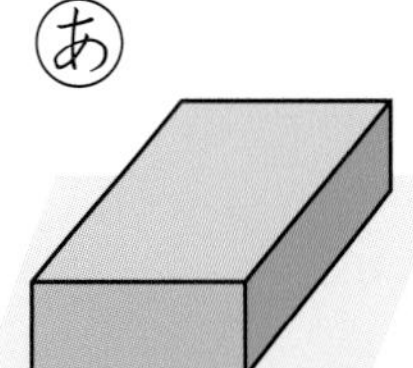
い 
う 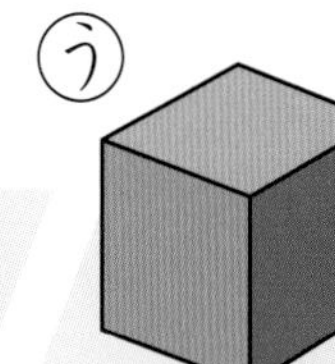
え 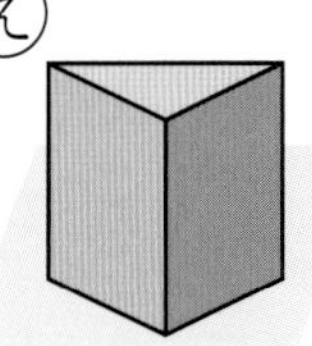

①
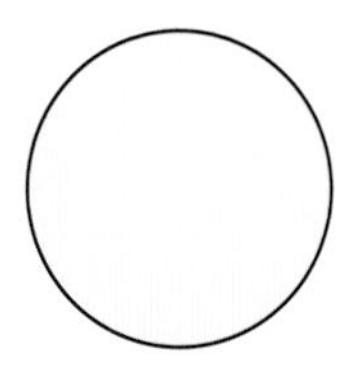
ま　る

②
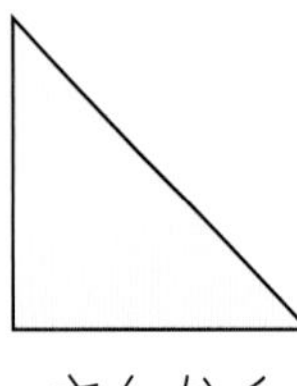
さんかく

③

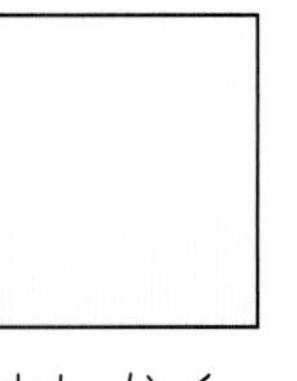

ましかく

④

ながしかく

ぴったり2

れんしゅう

がくしゅうび　月　日

★できた　もんだいには、「た」を　かこう！★

1 でき　2 でき

きょうかしょ 2 91～95ページ　こたえ 22ページ

よくよんで

1 Ⓐ、Ⓘ、Ⓤ、Ⓔの　どの　かたちの　ことですか。ぜんぶ　えらんで、Ⓐから　Ⓔで　こたえましょう。

Ⓐ　Ⓘ　Ⓤ　Ⓔ

きょうかしょ93ページ2

① たいらな　ところと、まるい　ところが　あります。（　　　）

② どこも　たいらで、たかく　つむのに　よいです。（　　　）

③ どこから　みても　まるくて、どの　むきにも　ころがります。（　　　）

よくみて

2 Ⓐ、Ⓘ、Ⓤの　つみきを　つかって　かいた　えは　どれですか。せんで　むすびましょう。

きょうかしょ94ページ3

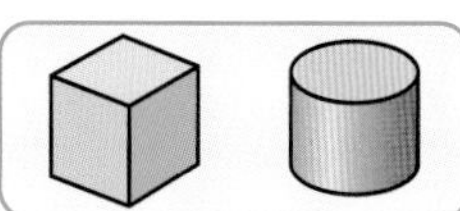

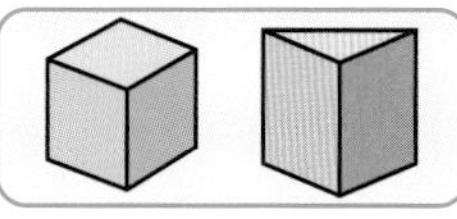
Ⓤ
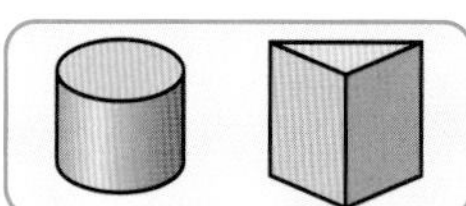

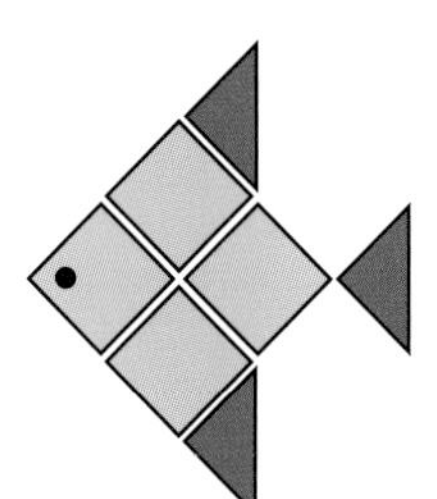
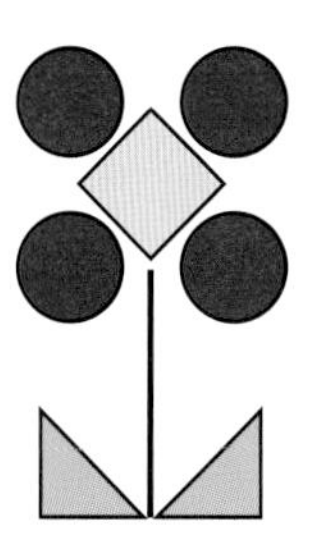
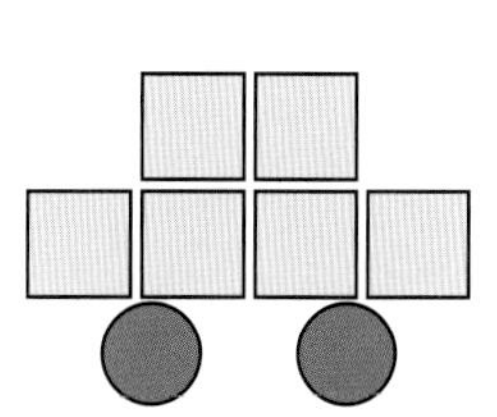

ひんと

1 よく　ころがる　かたちや、ころがりにくい　かたちは　どれかを　かんがえて　みよう。つみきで　ためして　みると　いいね。

16 いろいろな　かたち

きょうかしょ ② 91～95ページ　こたえ 23ページ

知識・技能　／80てん

1 よくでる　つぎの　4つの　つみきと　にている　かたちを　□の　なかから　ぜんぶ　みつけて、Ⓐから　Ⓕで　こたえましょう。　1つ10てん(40てん)

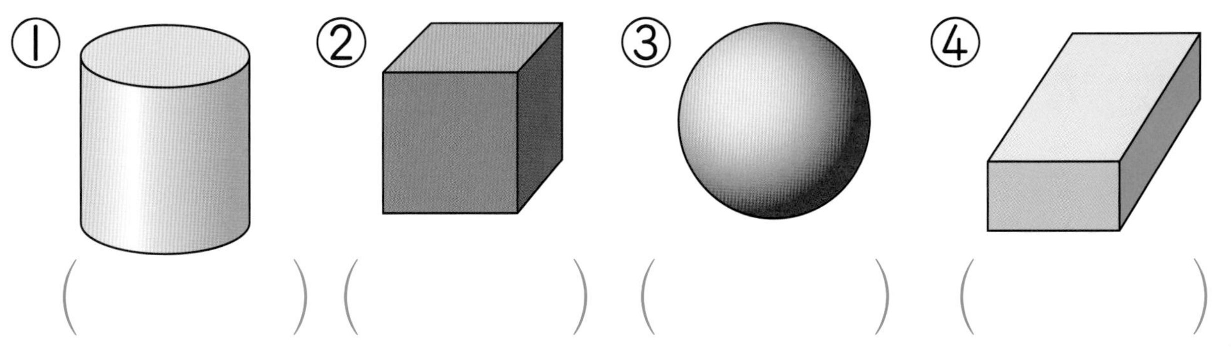

(　　　)(　　　)(　　　)(　　　)

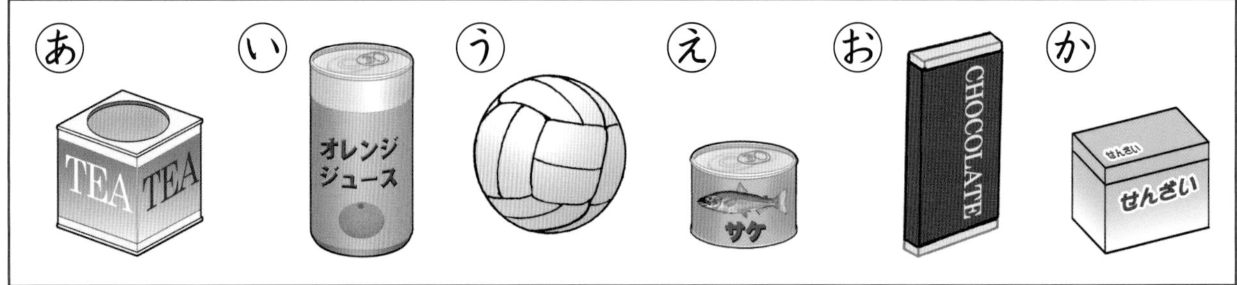

できたらすごい！

2 にている　かたちを　あつめましたが、1つだけ　ちがう　なかまの　かたちが　あります。ちがう　なかまの　かたちに　○を　つけましょう。　(10てん)

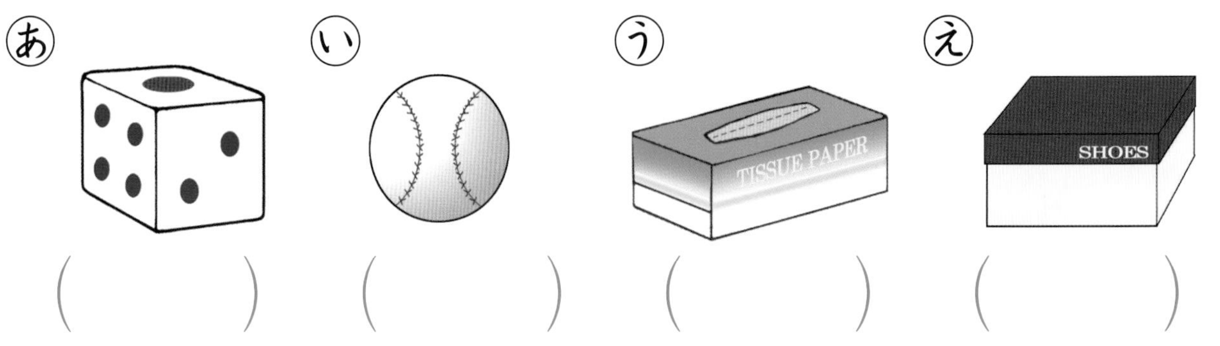

(　　　)(　　　)(　　　)(　　　)

3 よくでる　つかって　いる　つみきの　かずを　かきましょう。

1つ5てん(15てん)

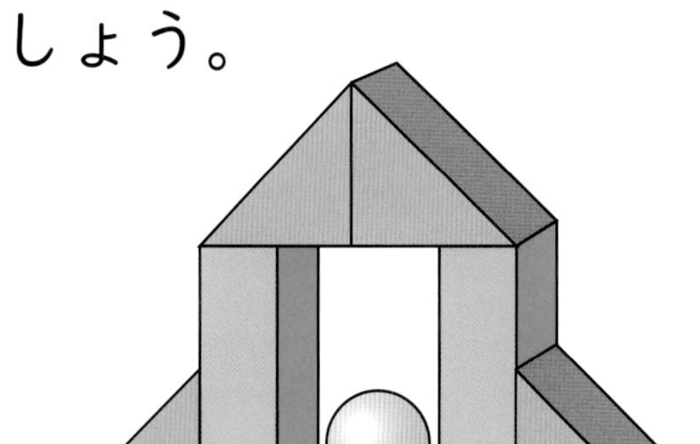

① 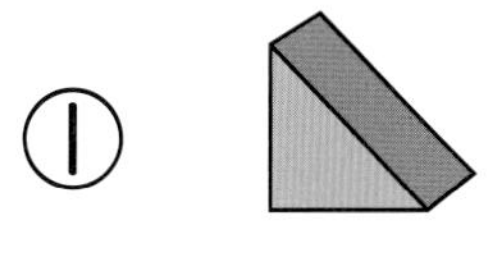 （　　）こ

② （　　）こ

③ 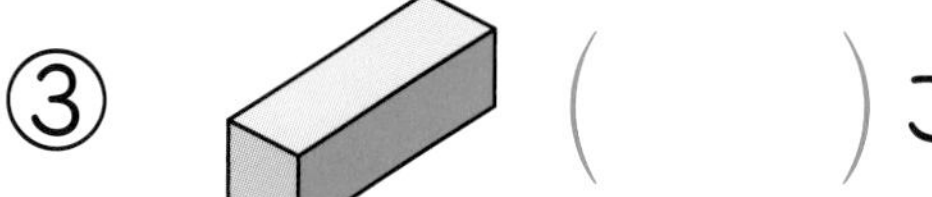（　　）こ

4 おなじ　かたちに　おなじ　いろを　ぬりましょう。

1つ5てん(15てん)

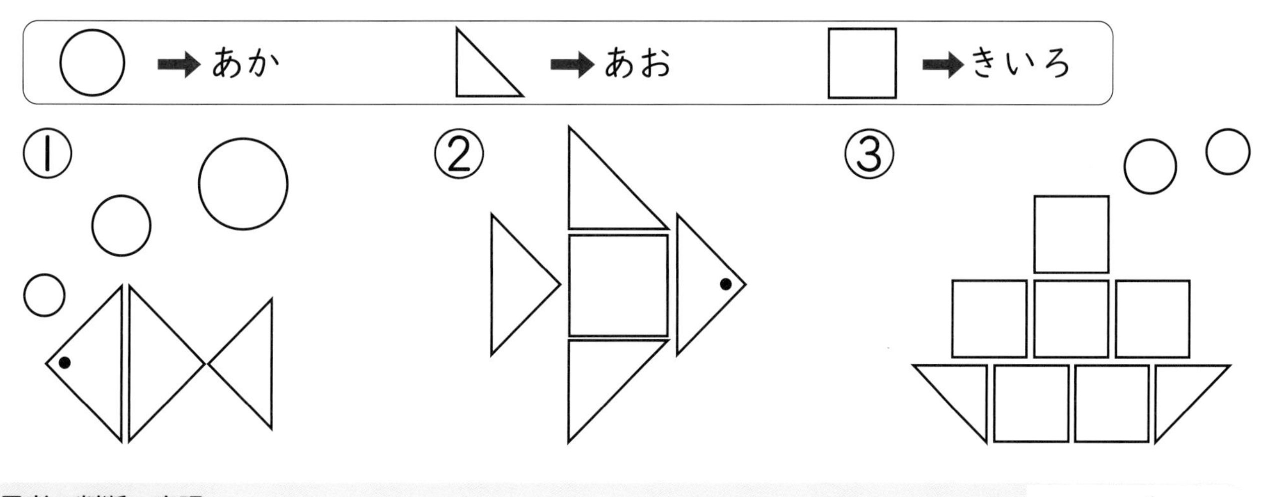

思考・判断・表現　　／20てん

できたらすごい！

5 つぎの　つみきを　まうえから　みると　どの　かたちですか。せんで　むすびましょう。

1つ5てん(20てん)

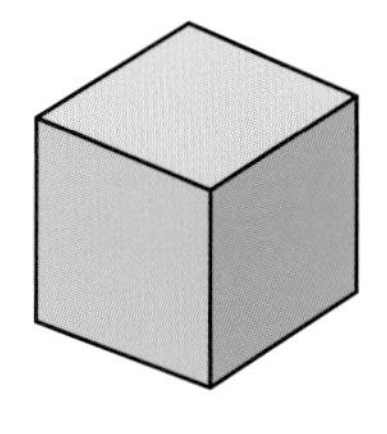 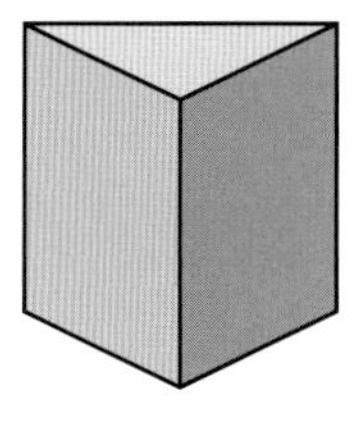 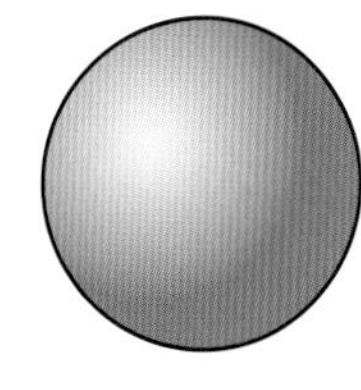 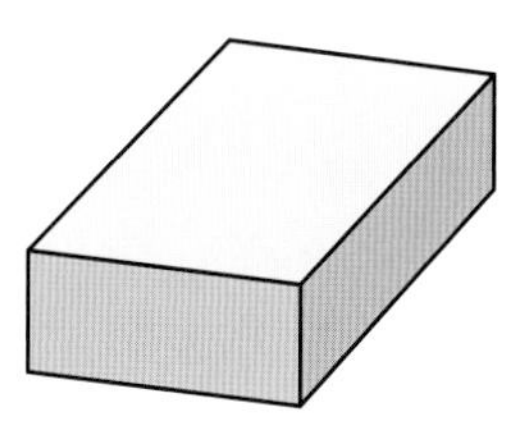

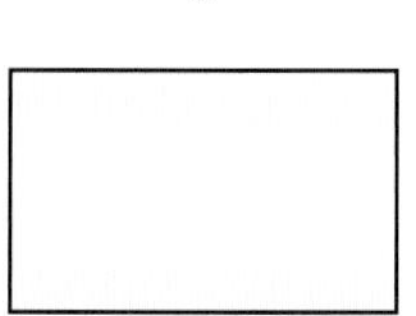 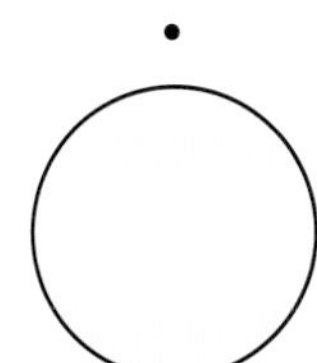 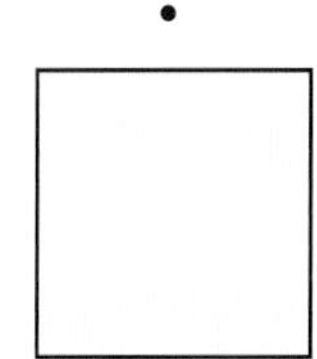 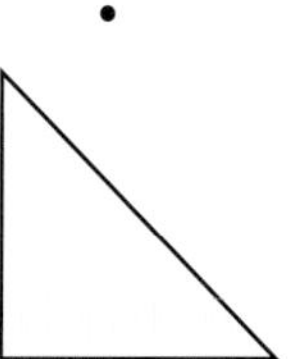

ふりかえり　1が　わからない　ときは、76ページの　1に　もどって　かくにん　して　みよう。

この　ほんの　おわりに　ある「ふゆの　チャレンジテスト」を　やって　みよう！

がくしゅうび　月　日

17 大(おお)きな　かず
(100 までの　かず)

きょうかしょ ②97〜104 ページ　こたえ 23 ページ

ねらい

100 までの数を数え、数字で表すことができるようにします。　れんしゅう ❶❷❸→

1 おはじきは　なんこ　ありますか。

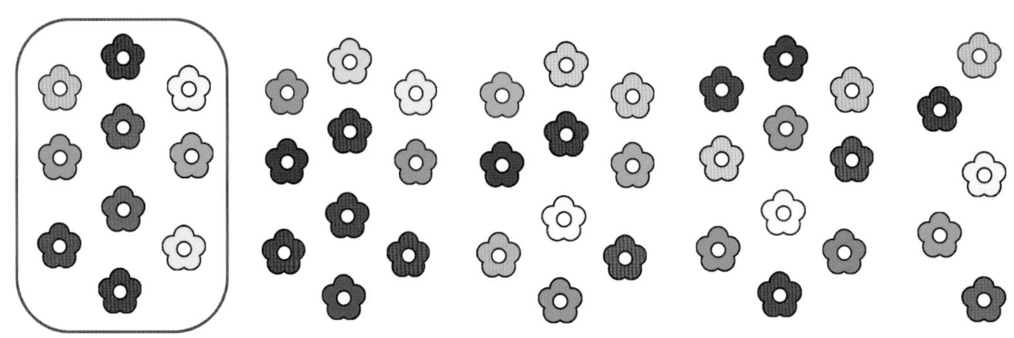

① 10 こずつ □で　かこみましょう。

② 10 の　まとまりが □ こと、
| が □ こで
よんじゅうごです。

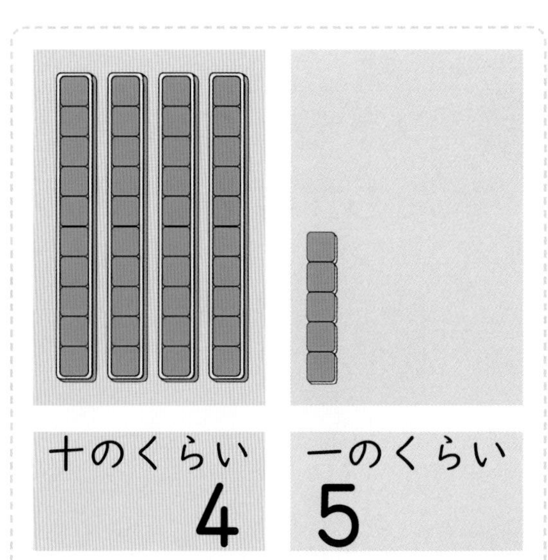

③ おはじきの　かずを
すうじで　かきましょう。

十(じゅう)のくらい……□

一(いち)のくらい……□

④ おはじきの　かずは
□□ こです。

45の　4は　十のくらい、
5は　一のくらいの
すうじだよ。

がくしゅうび　月　日

★できた　もんだいには、「た」を　かこう！★

きょうかしょ 2 97～104ページ　こたえ 23ページ

! まちがいちゅうい

1 かずを　かぞえて、すうじで　かきましょう。

きょうかしょ97ページ 1

① (　　　)こ

② (　　　)ほん

③ (　　　)まい

2 □に　かずを　かきましょう。

きょうかしょ97～100ページ 1・2・3

① 70の　十のくらいの　すうじは □で、一のくらいの　すうじは □です。

② 10を　8こと、1を　3こ　あわせた　かずは □です。

③ 90は　10を □こ　あつめた　かずです。

3 なん円（えん）ですか。

きょうかしょ101ページ 4

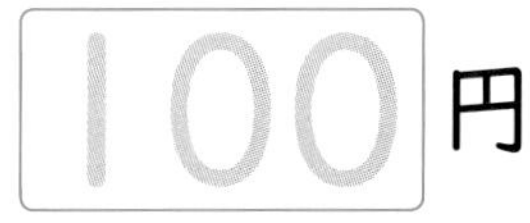

100円

10を　10こ
あつめると……。

ヒント

1 大きな　かずは、10の　まとまりが　なんこと、1が　なんこと　かぞえて、2つの　すうじを　つかって　かくよ。

がくしゅうび　　月　　日

17 大(おお)きな　かず (100より　大きい　かず)

きょうかしょ ② 105〜107ページ　こたえ 24ページ

ねらい
120までの数の並び方を理解できるようにします。　れんしゅう ① ② →

1 ①から　⑤の　かずを　(　)に　かきましょう。

① (42)
② (　　)
③ (　　)
④ (　　)
⑤ (　　)

0	1	2	3	4	5	6	7	8	9
10	11	12	13	14	15	16	17	18	19
20	21	22	23	24	25	26	27	28	29
30	31	32	33	34	35	36	37	38	39
40	41	①	43	44	45	46	47	48	49
50	51	52	53	54	55	②	57	58	59
60	61	62	63	64	65	66	67	68	69
70	71	72	③	74	75	76	77	78	79
80	81	82	83	84	85	86	87	88	89
90	91	92	93	④	95	96	97	98	99
100	⑤	102	103	104	105	106	107	108	109
110	111	112	113	114	115	116	117	118	119
120									

2 一(いち)のくらいが　5の　かずを　ぜんぶ　かきましょう。

(　　　　　　　　　　　　　　　　)

ねらい
100より大きい数を数えることができるようにします。　れんしゅう ③ →

3 いくつ　ありますか。

①

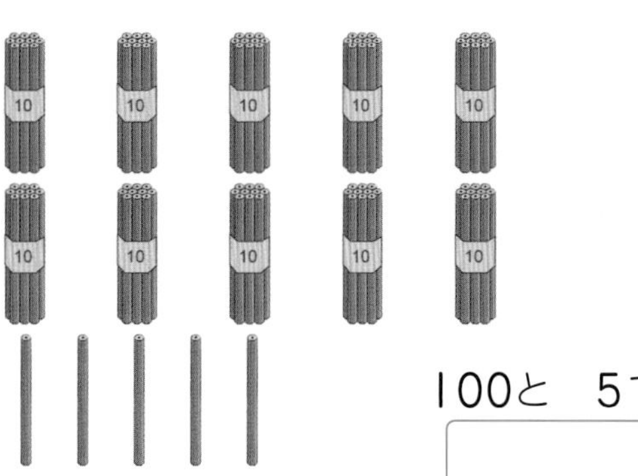

②

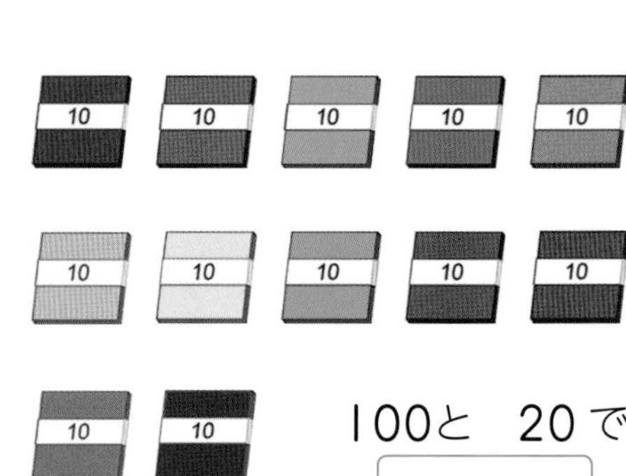

ぴったり2
れんしゅう

がくしゅうび　月　日

★できた　もんだいには、「た」を　かこう！★

できた ❶　できた ❷　できた ❸

きょうかしょ ② 105～107ページ　こたえ 24ページ

❶ かずのせんを　みて、□に　かずを　かきましょう。

きょうかしょ106ページ 7

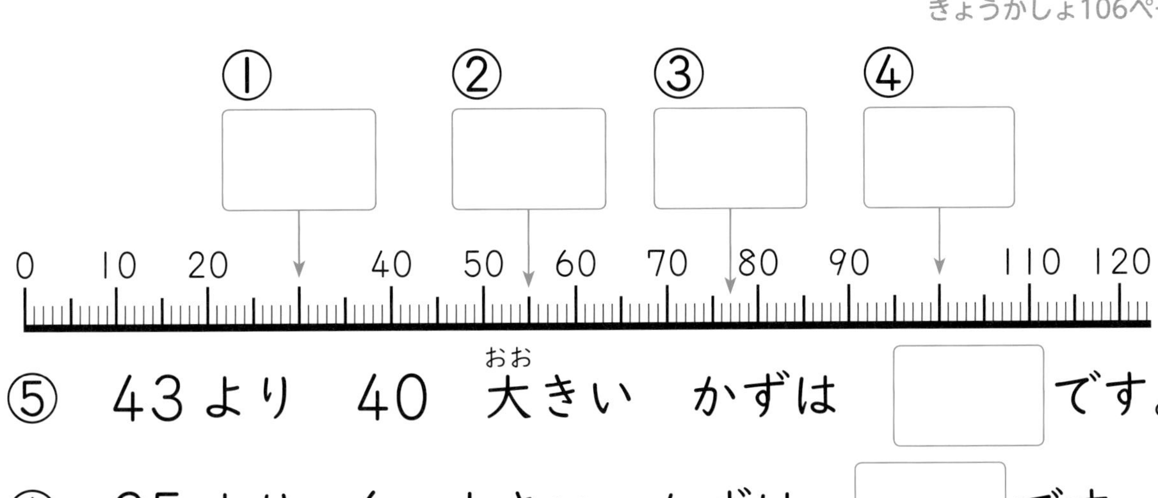

⑤ 43より　40　大(おお)きい　かずは　□　です。

⑥ 95より　6　大きい　かずは　□　です。

⑦ 120より　3　小(ちい)さい　かずは　□　です。

❷ 大きい　ほうに　○を　つけましょう。

きょうかしょ106ページ 7

①
②

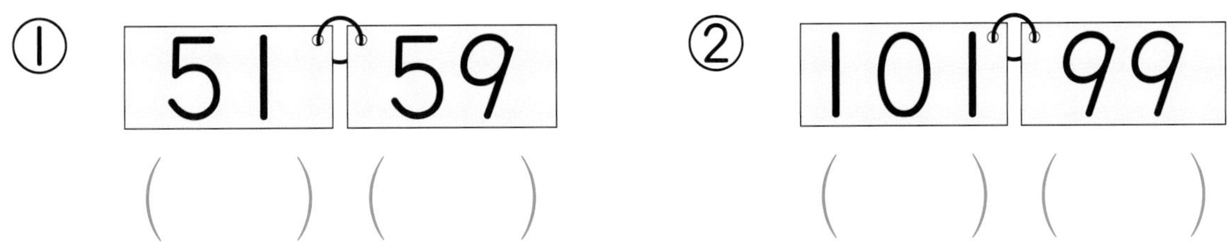

( )( )　( )( )

! まちがいちゅうい

❸ □に　かずを　かきましょう。

きょうかしょ105ページ 6

① 100と　8で　□

② 100と　10と　1で　□

③ 100と　20で　□

ヒント

❶ かずのせんの　1目(め)もりは　いくつかな。10までの　あいだに　目もりが　10こ　あるよ。

ぴったり1 じゅんび

がくしゅうび　月　日

17 大きな かず

たしざんと ひきざん かずの みかた

3分でまとめ

きょうかしょ 2 108～110ページ　こたえ 24ページ

ねらい

何十＋何十や何十－何十など、100までの数の計算ができるようにします。 れんしゅう 1 2 →

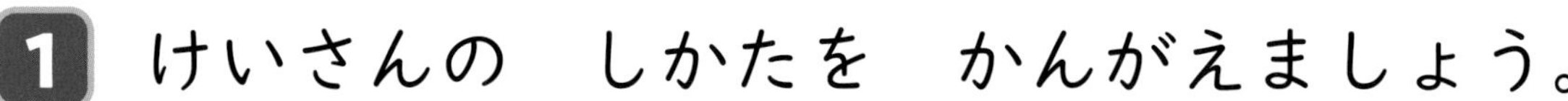

1 けいさんの しかたを かんがえましょう。

① 30＋20

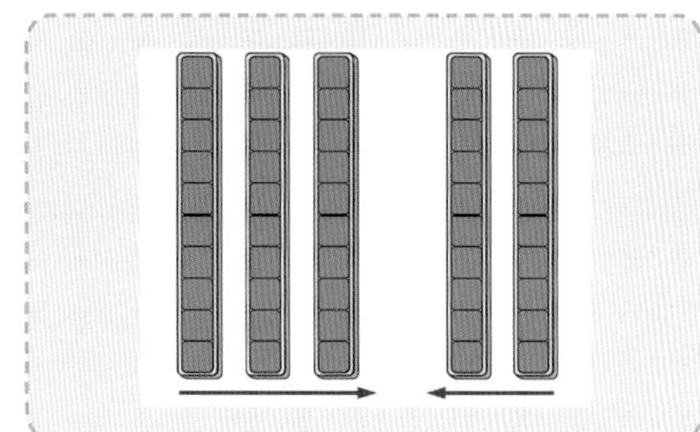

10が 3＋ 2 ＝ □

10が □ つで □

30＋20＝ □

② 34－4

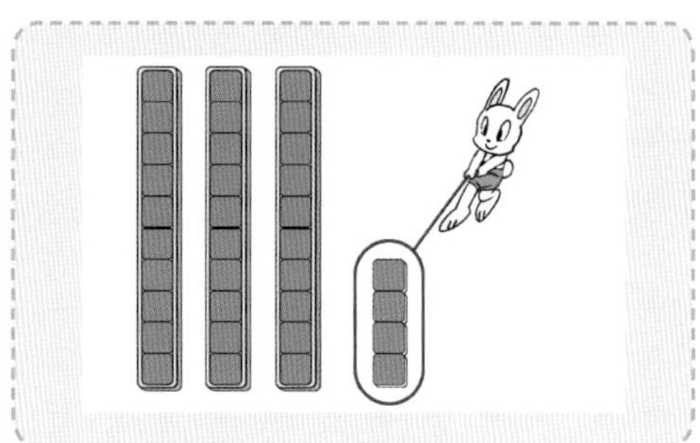

34は 30と 4

一のくらいの けいさんは

4－ □ ＝ □

30と 0で 30

34－4＝ □

40－10のような ひきざんも、
10の まとまりが 4－1で 3こと、
10の いくつぶんで かんがえよう。

ねらい

ある数をいろいろな見方で表すことができるようにします。 れんしゅう 3 →

2 □に かずを かきましょう。

▶62は 10を □ こと、1を □ こ

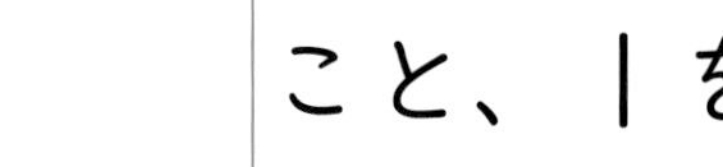

あわせた かずです。60＋ □ と あらわす

ことも できます。

62は 60より
2 大きい かず
でも あるよ。

ぴったり2

れんしゅう

がくしゅうび　月　日

★できた　もんだいには、「た」を　かこう！★

きょうかしょ　2 108～110ページ　こたえ　24ページ

1 けいさんを　しましょう。

きょうかしょ108～109ページ 1・2

① 40＋50＝□　② 30＋70＝□

③ 3＋80＝□　④ 56＋2＝□

⑤ 60－40＝□　⑥ 100－90＝□

⑦ 79－9＝□　⑧ 85－3＝□

2 まみさんは　どんぐりを　40こ　ひろいました。かなさんは　30こ　ひろいました。

どんぐりは　ぜんぶで　なんこ　ありますか。

きょうかしょ108ページ 1

しき □

こたえ（　　　）こ

3 つぎの　3人（にん）が　あらわす　かずは　いくつですか。

きょうかしょ110ページ 1

90より　3　小（ちい）さい　かずです。

86の　つぎの　かずです。

7＋80と　あらわす　ことが　できます。

（　　　）

ヒント

1 ⑦ 79－9＝7と　しないように　きを　つけよう。7は　十（じゅう）のくらいの　すうじだね。

17 大(おお)きな　かず

きょうかしょ ② 97〜111 ページ　こたえ 25 ページ

知識・技能　／100てん

1 よくでる　かずを　かぞえて、すうじで　かきましょう。

1つ5てん(20てん)

① 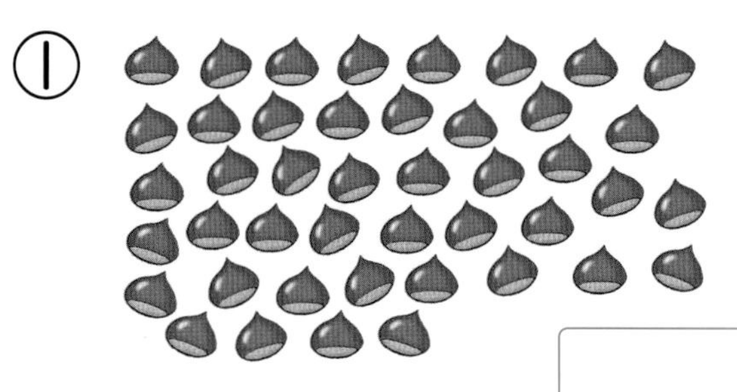

② 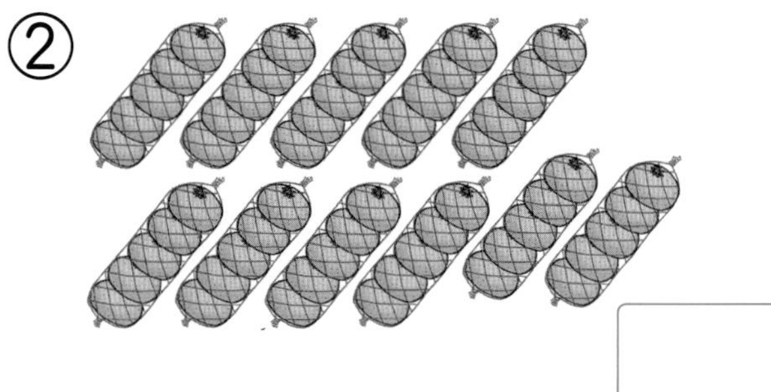

③ 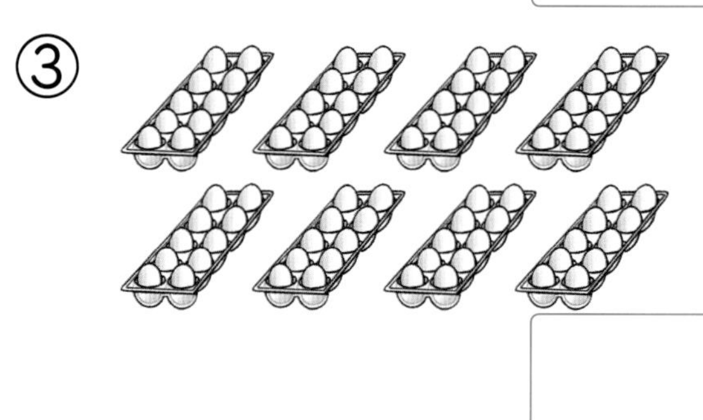

④ 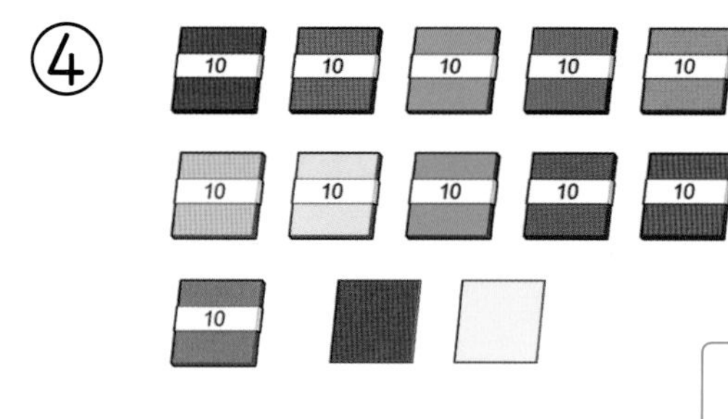

2 よくでる　□に　かずを　かきましょう。

1つ5てん(30てん)

① 48の　十(じゅう)のくらいの　すうじは　□で、一(いち)のくらいの　すうじは　□です。

② 92は　10を　□こと、1を　□こ　あわせた　かずです。

③ 100より　70　小(ちい)さい　かずは　□です。

④ 100より　5　大(おお)きい　かずは　□です。

できたらスゴイ！

3 （　）の　なかで　いちばん　大きい　かずを ◯で　かこみましょう。　1つ5てん(10てん)

① （　66、 96、 69　）

② （　101、 91、 120　）

できたらスゴイ！

4 100までの　かずで、①、②の　かずを　ぜんぶ かきましょう。　1つ5てん(10てん)

① 十のくらいが　7の　かず

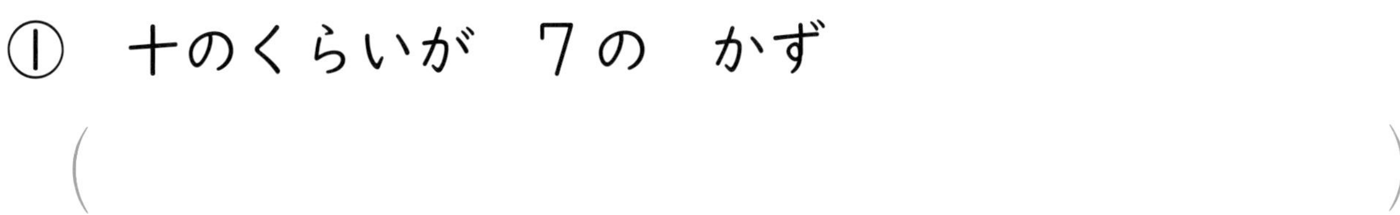

（　　　　）

② 一のくらいが　4の　かず

（　　　　）

！まちがいちゅうい

5 けいさんを　しましょう。　1つ5てん(30てん)

① 30+50=□　② 50+7=□

③ 84+3=□　④ 100−10=□

⑤ 48−8=□　⑥ 77−6=□

ふろくの「けいさんせんもんドリル」29〜32も　やって　みよう！

ふりかえり　1が　わからない　ときは、80ページの　1に　もどって　かくにん して　みよう。

がくしゅうび　月　日

18 なんじなんぷん

きょうかしょ 2 112～116ページ　こたえ 25ページ

ねらい

時計で、何時何分を読めるようにします。　れんしゅう 1

1 なんじなんぷんですか。

①

みじかい　はり	⟶	なんじ
ながい　はり	⟶	なんぷん

・みじかい　はりが　4を　すぎた　ところ → 4じ
・ながい　はりが　2を　さす ⟶ 5とびで
かぞえる ⟶ 10ぷん

（ 4 ）じ（ 10 ）ぷん

②

（　　）じ（　　）ぷん

③

（　　）じ（　　）ぷん

まちがいちゅうい

1 ながい　はりを　かきましょう。

きょうかしょ115ページ 2

①6じ47ふん　②11じ9ふん　③1じ15ふん

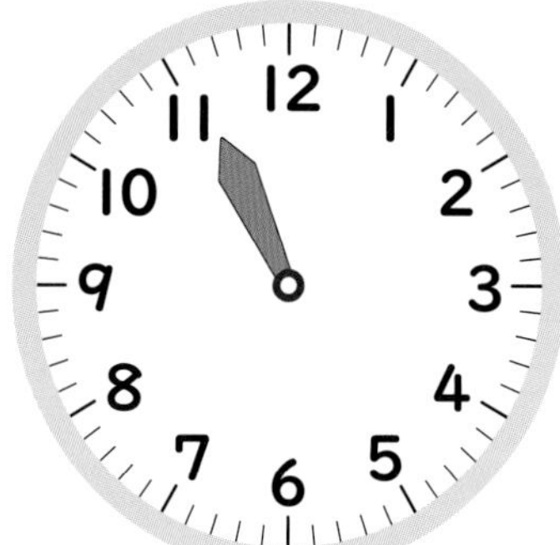

ヒント 1 ながい　はりを　かくので、なんぷんかを　かんがえよう。

18 なんじなんぷん

きょうかしょ 2 112〜116ページ　こたえ 25ページ

知識・技能　／100てん

1 よくでる　なんじなんぷんですか。　1つ10てん(30てん)

①

(　　　)

②

(　　　)

③

(　　　)

2 よくでる　ながい　はりを　かきましょう。　1つ10てん(30てん)

① 5じ　② 9じ 30ぷん　③ 10じ 39ふん

3 おなじものに　○を　つけましょう。　1つ20てん(40てん)

①

㋐ 4：46 (　　)　㋑ 5：46 (　　)

②

㋐ 2：00 (　　)　㋑ 12：12 (　　)

がくしゅうび　　月　　日

19 ずを　つかって　かんがえよう
(ずを　みて　かんがえよう)

きょうかしょ 2 117〜121 ページ　こたえ 26 ページ

ねらい
順番を数に置きかえて、問題を解くことができるようにします。 れんしゅう 1→

1 あかりさんは　まえから　4ばん目(め)に　います。
うしろには　5人(にん)　います。
みんなで　なん人　いますか。

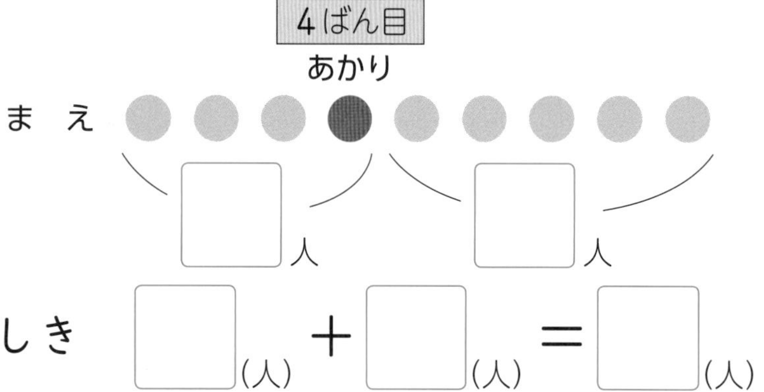

まえから　あかりさん
までは、なん人
いるかな。

しき　□(人)＋□(人)＝□(人)

こたえ（　　　）人

ねらい
人とものを1対1対応させて、問題を解くことができるようにします。 れんしゅう 2→

2 ケーキが　9こ　あります。6人に　1こずつ
くばると、なんこ　のこりますか。

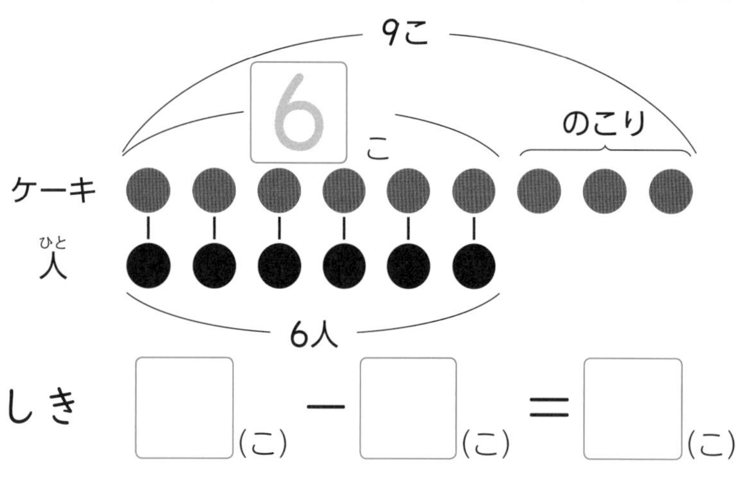

6人に　くばる
ケーキの　かずは、
なんこかな。

しき　□(こ)－□(こ)＝□(こ)

こたえ（　　　）こ

ぴったり2

れんしゅう

がくしゅうび　月　日

★できた　もんだいには、「た」を　かこう！★

でき 1　でき 2

きょうかしょ 2 117〜121ページ　こたえ 26ページ

よくよんで

1 バスていに　ならんで　います。
　さゆりさんの　まえには　3人　います。うしろには　5人　います。みんなで　なん人　いますか。

きょうかしょ119ページ2

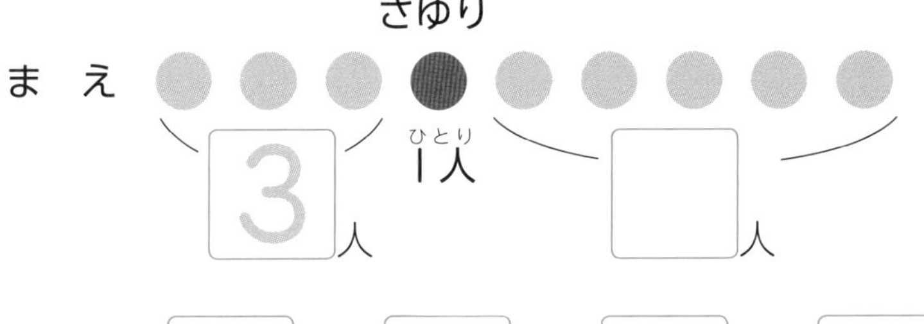

しき □＋□＋□＝□

こたえ（　　）人

よくみて

2 しゃしんを　とります。6この　いすに　1人ずつ　すわり、7人　たちます。
　なん人で　しゃしんを　とりますか。きょうかしょ121ページ3

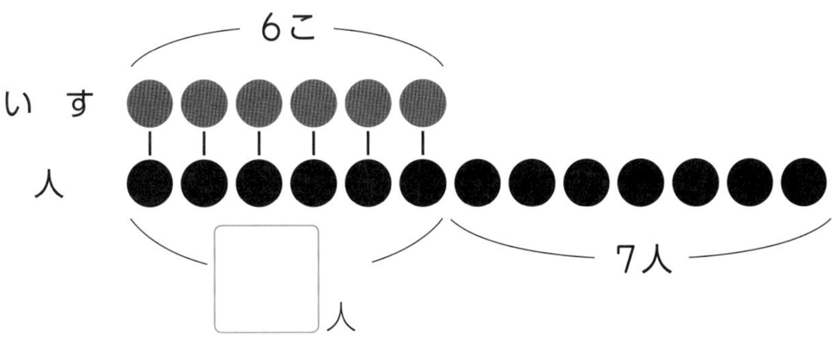

6この　いすに
すわる　人の　かずは、
なん人かな。

しき □(＋)□＝□

こたえ（　　）人

ヒント　もんだいを　よむだけでは　わかりにくいね。ばめんを　ずに　かいて　みると、どんな　けいさんに　なるか　わかりやすく　なるよ。

ぴったり1 じゅんび

19 ずを　つかって　かんがえよう
(たすのかな　ひくのかな)

きょうかしょ ② 122〜123ページ　こたえ 26ページ

ねらい

「○は△より多い」という場面は、たし算で答えを出すことを理解します。　れんしゅう 1→

1 りんごを　6こ　かいました。
みかんは　りんごより　2こ　おおく　かおうと　おもいます。
みかんは　なんこ　かえば　よいでしょうか。

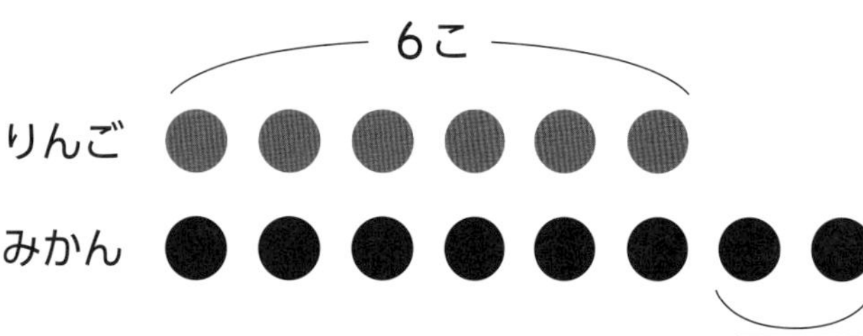

(みかんの　かず)
＝(りんごの　かず)＋2
と　いう　ことばの
しきに　なるよ。

2 こ　おおい

しき □(＋)□＝□　　こたえ (　　　)こ

ねらい

「○は△より少ない」という場面は、ひき算で答えを出すことを理解します。　れんしゅう 2→

2 いすが　9つ　あります。
つくえは　いすより、5つ　すくないそうです。
つくえは　いくつ　ありますか。

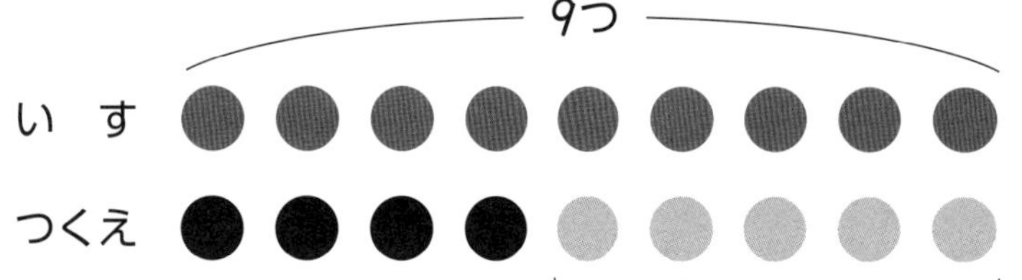

(つくえの　かず)
＝(いすの　かず)−5
と　いう　ことばの
しきに　なるよ。

□つ　すくない

しき □(−)□＝□　　こたえ (　　　)つ

ぴったり2 れんしゅう

がくしゅうび　月　日

★できた　もんだいには、「た」を　かこう！★

でき 1　でき 2

きょうかしょ 2 122～123ページ　こたえ 26ページ

よくよんで

1 赤い　ふうせんを　6こ　ふくらませました。青い　ふうせんは　赤い　ふうせんより、3こ　おおく　ふくらませようと　おもいます。

青い　ふうせんは　なんこ　ふくらませば　よいでしょうか。

きょうかしょ122ページ 4

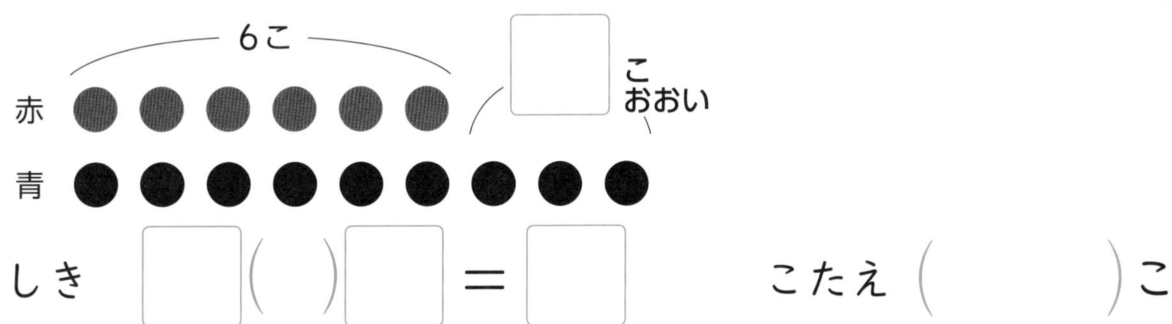

しき □（　）□＝□　　こたえ（　　）こ

2 カーネーションを　12本　かいました。ばらは　カーネーションより　4本　すくなく　かおうと　おもいます。

ばらは　なん本　かえば　よいでしょうか。

きょうかしょ123ページ 5

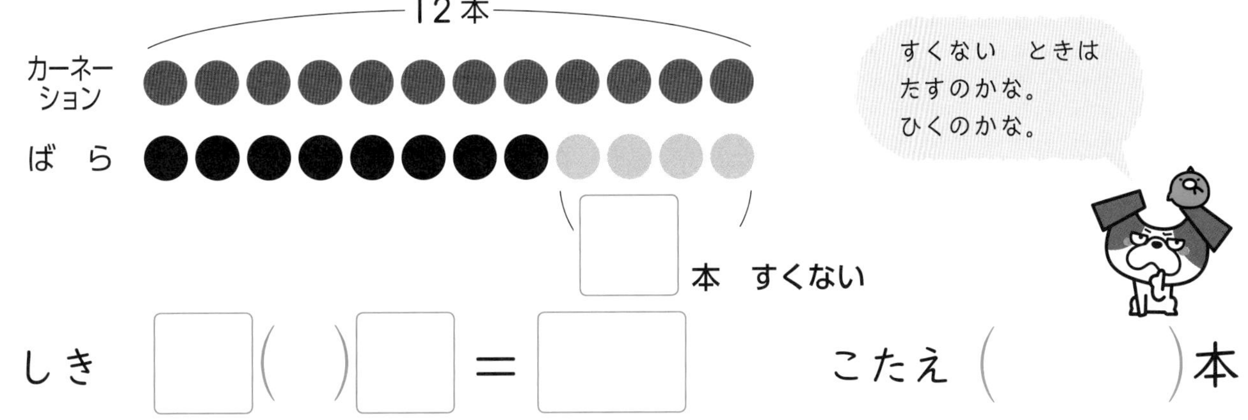

しき □（　）□＝□　　こたえ（　　）本

ヒント　もんだいの　なかに　でて　くる　「おおい」「すくない」の　ことばに　きを　つけて、しきを　かんがえよう。

19 ずを つかって かんがえよう

きょうかしょ 2 117～124ページ　こたえ 27ページ

思考・判断・表現　／100てん

1 よくでる あゆみさんの まえには 4人(にん) います。うしろには 3人 います。
みんなで なん人 いますか。　しき10てん、こたえ5てん(15てん)

まえ　あゆみ
□人　1人(ひとり)　□人

しき

こたえ（　　）人

2 よくでる 7人に バナナを 1本(ぽん)ずつ くばると、バナナが 3本(ぼん) あまりました。
バナナは ぜんぶで なん本 ありましたか。　しき10てん、こたえ5てん(15てん)

しき

こたえ（　　）本

3 よくでる なわとびを きのう 8かい つづけて とびました。きょうは きのうより 5かい おおく とぼうと おもいます。

きょうは なんかい とべば よいで しょうか。　しき10てん、こたえ5てん(15てん)

しき

こたえ（　　）かい

4 よくでる　9人で　しゃしんを　とります。4つの　いすに　1人(ひとり)ずつ　すわると、なん人　たつ　ことに　なりますか。

しき10てん、こたえ5てん（15てん）

しき

こたえ（　　　）人

5 すいそうに　めだかを　16ひき　いれました。きんぎょは　めだかより　7ひき　すくなく　いれようと　おもいます。

きんぎょは　なんびき　いれれば　よいでしょうか。

しき10てん、こたえ5てん（15てん）

しき

こたえ（　　　）ひき

できたらスゴイ!

6 子(こ)どもが　14人　ならんで　います。りかさんは　まえから　5ばん目(め)です。

①しき10てん、こたえ5てん／②10てん（25てん）

① りかさんの　うしろには　なん人　いますか。

しき

こたえ（　　　）人

② りかさんは、うしろから　なんばん目ですか。

（　　　）ばん目

ふりかえり　**1**が　わからない　ときは、90ページの　**1**に　もどって　かくにんして　みよう。

がくしゅうび　月　日

20 かたちづくり

3分でまとめ

きょうかしょ 2 126～130ページ　こたえ 28ページ

ねらい

色板を使って、いろいろな形を作れるようにします。

れんしゅう 1 →

1 つぎの　かたちは　いろいたが　なんまいで できて　いますか。

① 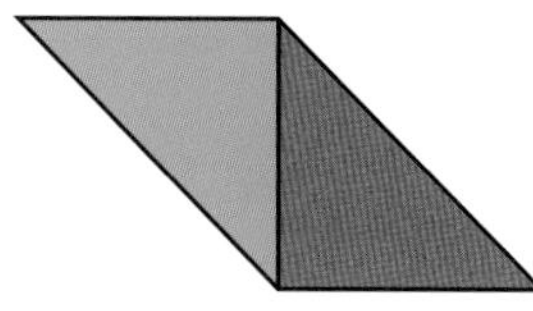

（　　　　）まい

② 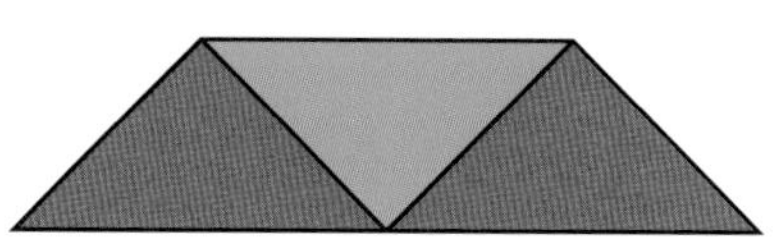

（　　　　）まい

③ 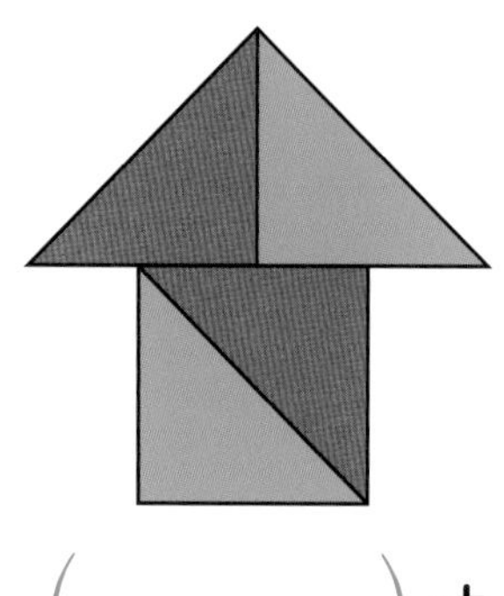

（　　　　）まい

④ 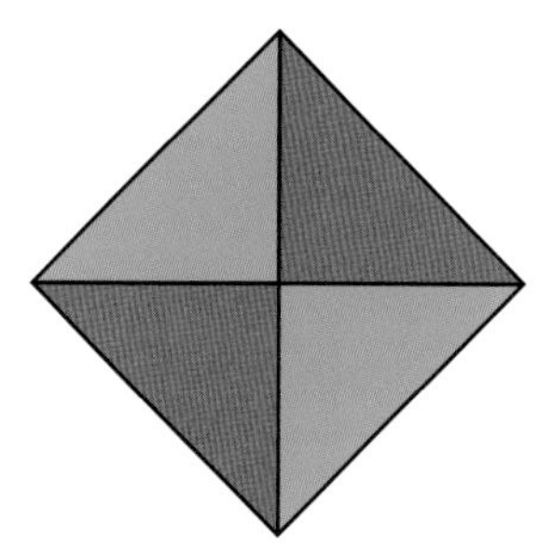

（　　　　）まい

いろいたを　どの　むきで　ならべたのか　かんがえよう。

ねらい

数え棒を使って、いろいろな形を作れるようにします。

れんしゅう 2 3 →

2 つぎの　かたちは　かぞえぼうが　なん本（ぼん）で できて　いますか。

① 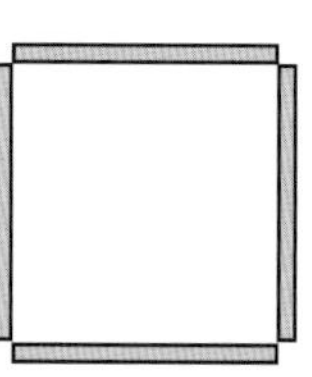

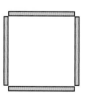

（　　　　）本

② 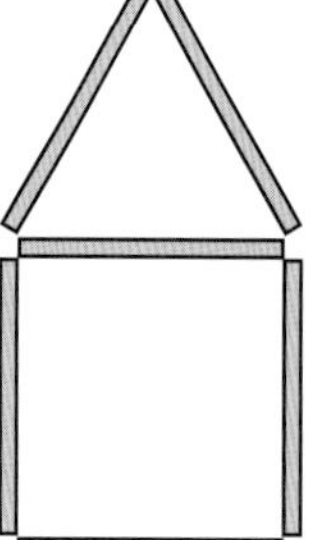

（　　　　）本

③ 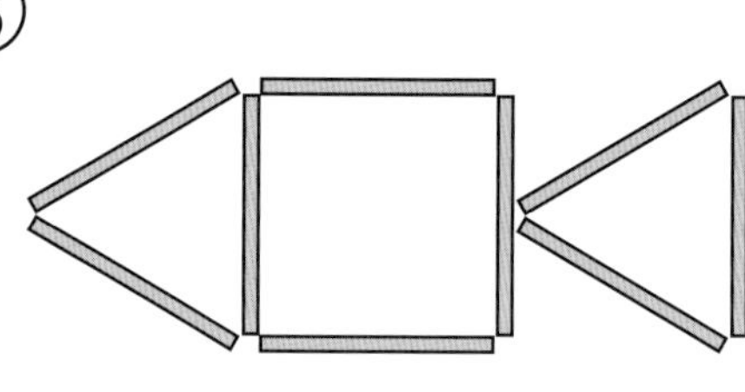

（　　　　）本

がくしゅうび　　月　　日

★できた　もんだいには、「た」を　かこう！★

1 でき　2 でき　3 でき

きょうかしょ 2 126〜130ページ　こたえ 28ページ

よくみて

1 いろいたを　１まい　うごかして　かたちを　かえました。うごかした　いろいたに　○を　つけましょう。
きょうかしょ128ページ 2

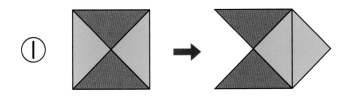

①

②

うごかして　できた
かたちの　ほうに　○を
つけよう。

（れい）

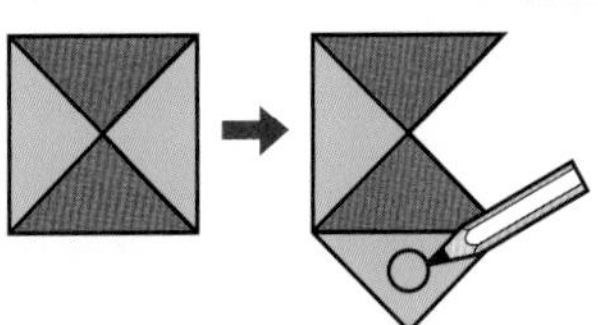

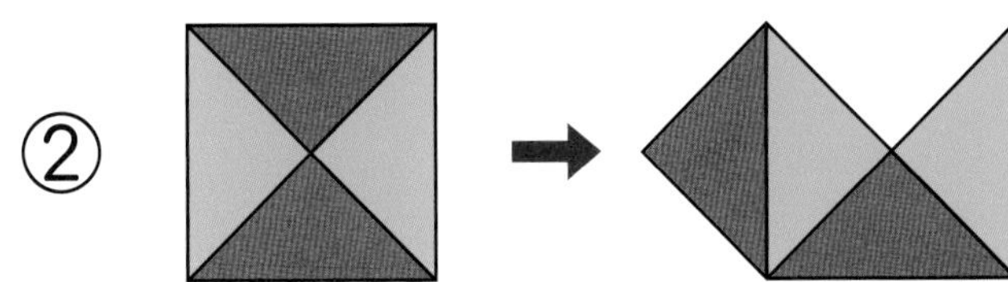

2 かぞえぼうを　なん本　つかって　いますか。
きょうかしょ129ページ 3

①

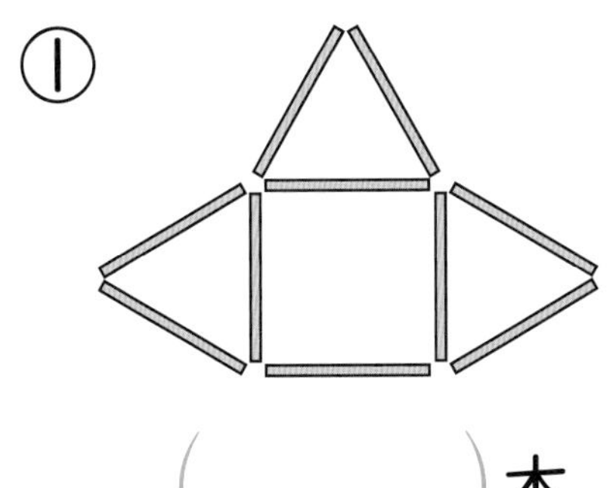

（　　　）本

②

（　　　）本

③

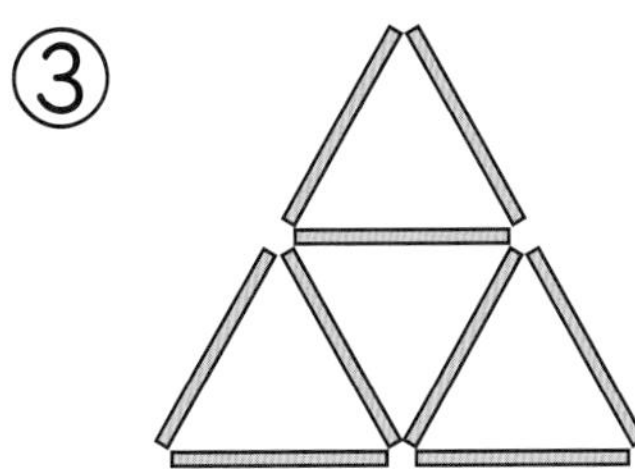

（　　　）本

3 ・と　・を　せんで　つないで、㋐の　ずと　おなじ　かたちを　つくりましょう。　きょうかしょ130ページ 4

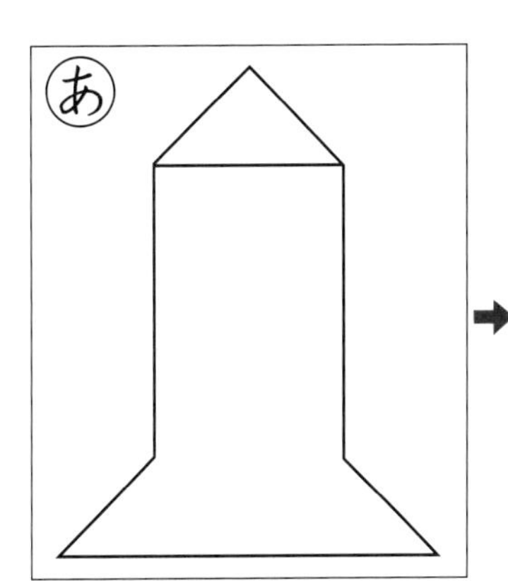

ヒント　2 かぞえぼう　3本で　さんかく、4本で　しかくが　できるね。

20 かたちづくり

知識・技能 ／80てん

1 よくでる つぎの かたちは いろいたが なんまいで できて いますか。

1つ5てん(25てん)

① 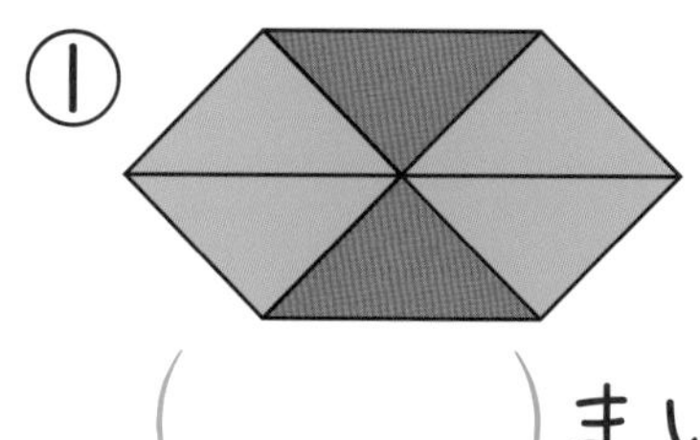 (　　　)まい

② 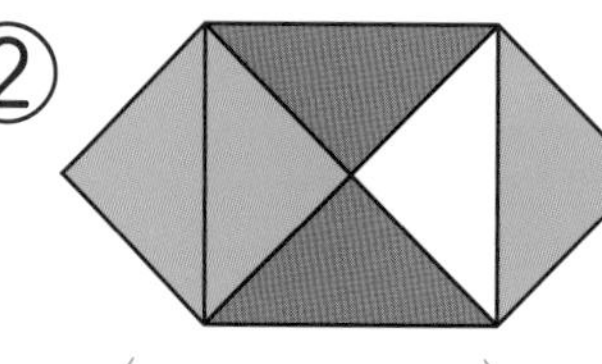 (　　　)まい

③ 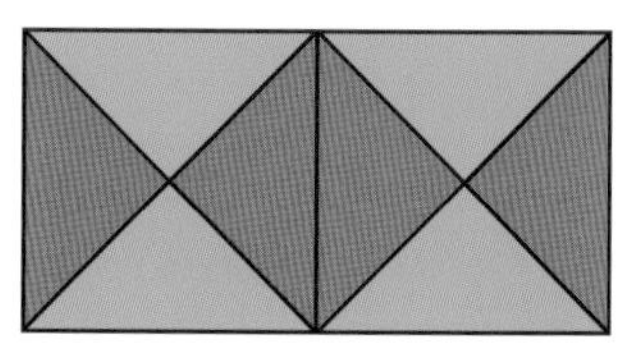 (　　　)まい

④ 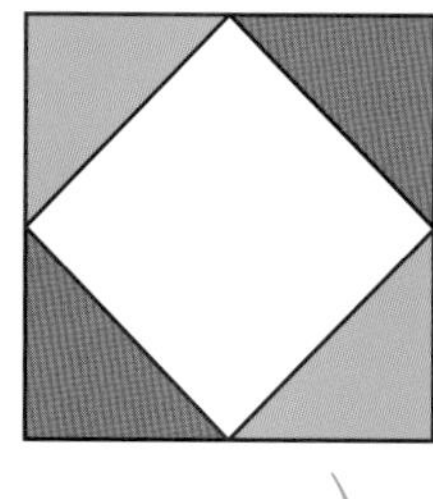 (　　　)まい

⑤ 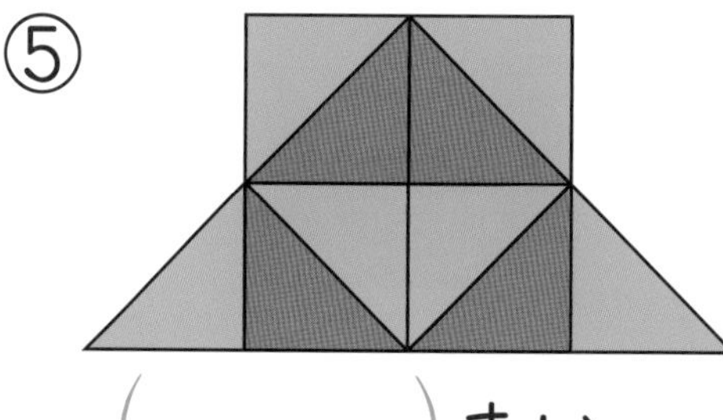 (　　　)まい

2 よくでる つぎの かたちは かぞえぼうが なん本(ぼん)で できて いますか。

1つ5てん(25てん)

①  (　　　)本

② 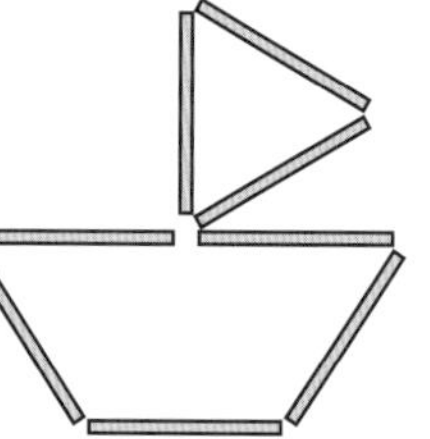 (　　　)本

③ 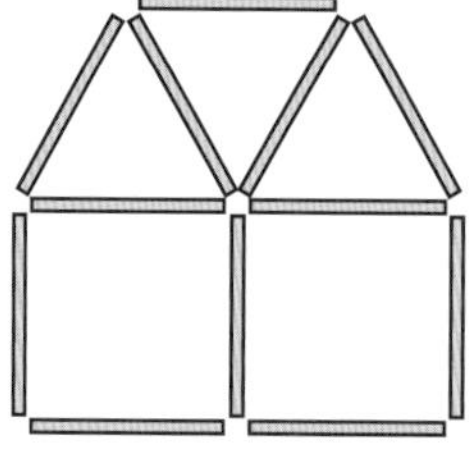 (　　　)本

④ 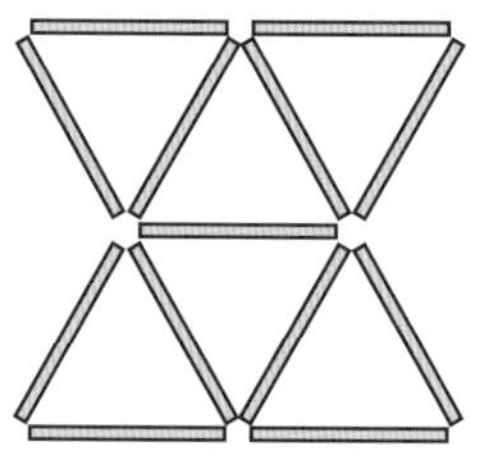 (　　　)本

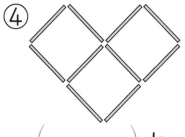

⑤ 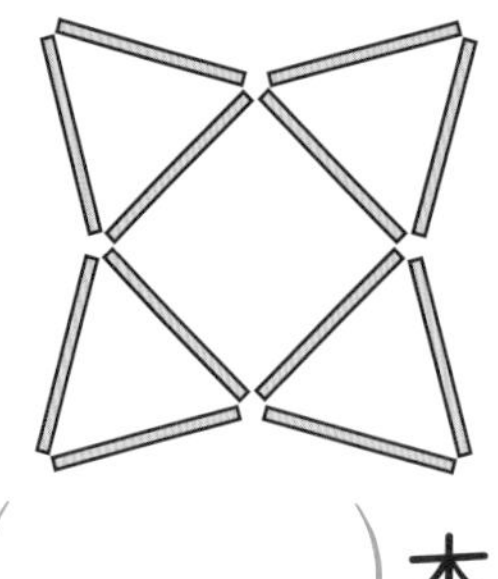 (　　　)本

このほんの　おわりに　ある「はるの　チャレンジテスト」を　やって　みよう！

できたらスゴイ！

3 ・と　・を　せんで　つないで、つぎの　かたちを　つくりましょう。

1つ15てん(30てん)

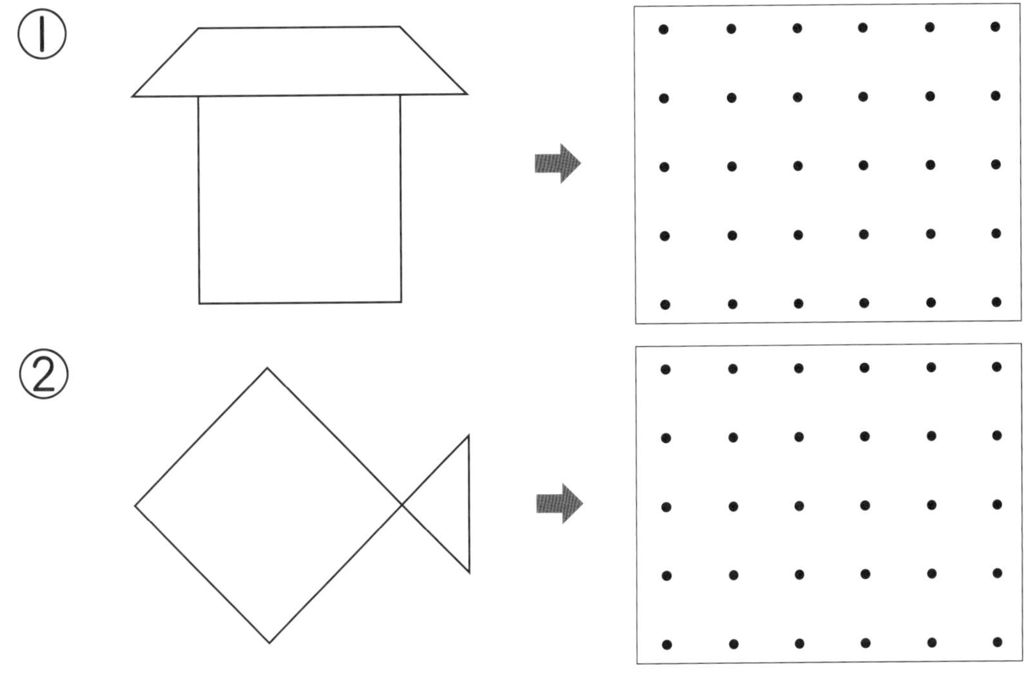

思考・判断・表現　／20てん

できたらスゴイ！

4 いろいたを　2まい　うごかして　かたちを　かえました。うごかした　いろいたに　○を　つけましょう。

1つ5てん(20てん)

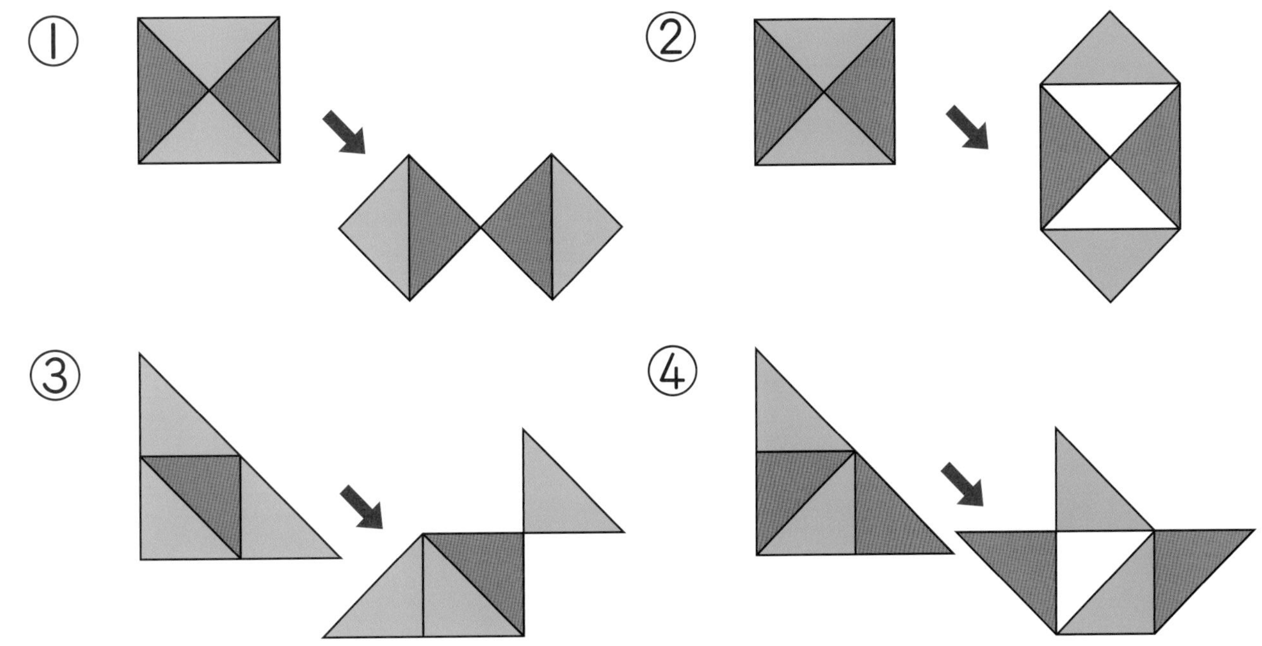

ふりかえり　❶が　わからない　ときは、96ページの　❶に　もどって　かくにんして　みよう。

プログラミングにちょうせん！

ゴールを　めざそう

きょうかしょ ②132〜133ページ　こたえ 29ページ

1 カードを　つかって　かめを　うごかす　めいれいを　つくり、ゴールまで　すすめましょう。

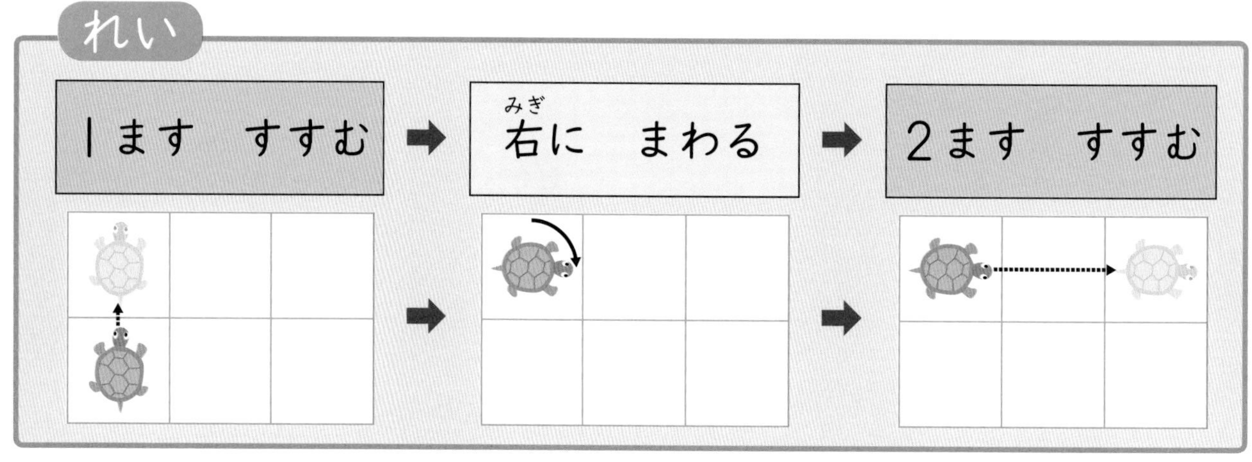

カードは ○ます　すすむ　右に　まわる　左（ひだり）に　まわる の 3しゅるいだよ。なんかい　つかっても　いいよ。

▶□には　かずを、（　）には　右か　左を　かいて、かめを　ゴールに　すすめましょう。

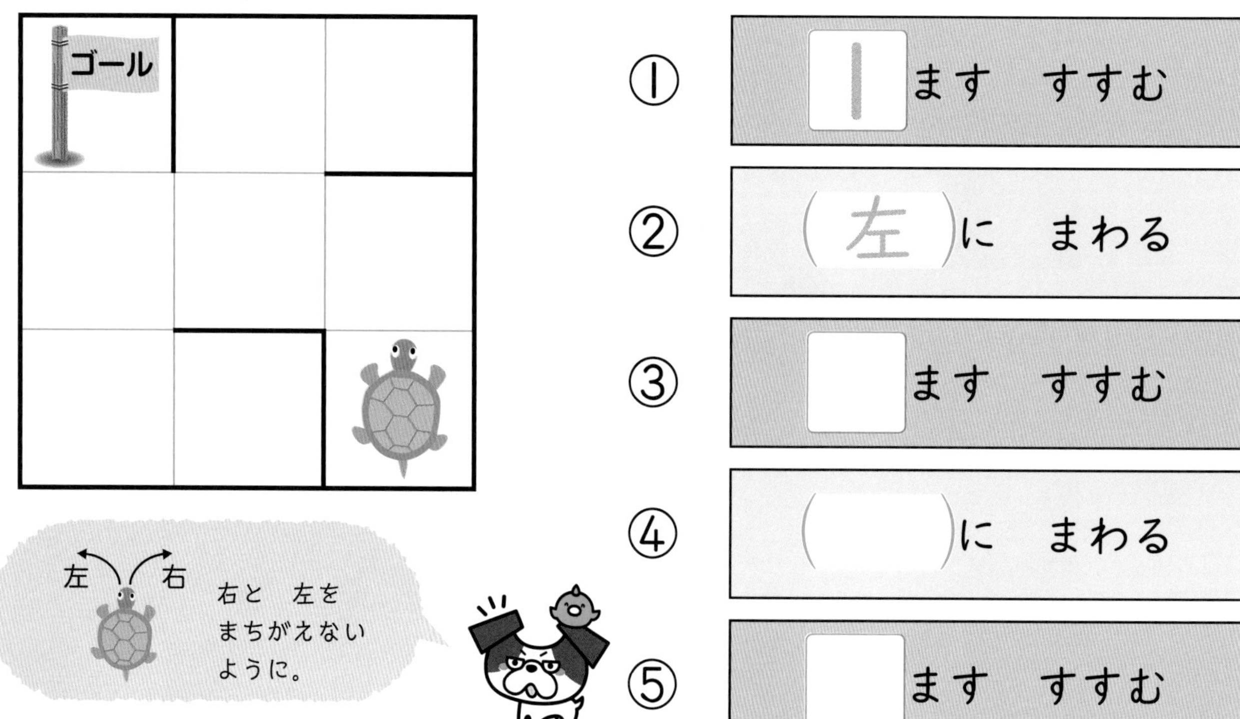

ゴール
① 1 ます　すすむ
② （左）に　まわる
③ □ます　すすむ
④ （　）に　まわる
⑤ □ます　すすむ
左　右
右と　左を　まちがえない　ように。

2 つぎの　めいろに　ちょうせんしましょう。□には　かずを、（　）には　右か　左を　かいて、かめを　ゴールに　すすめましょう。

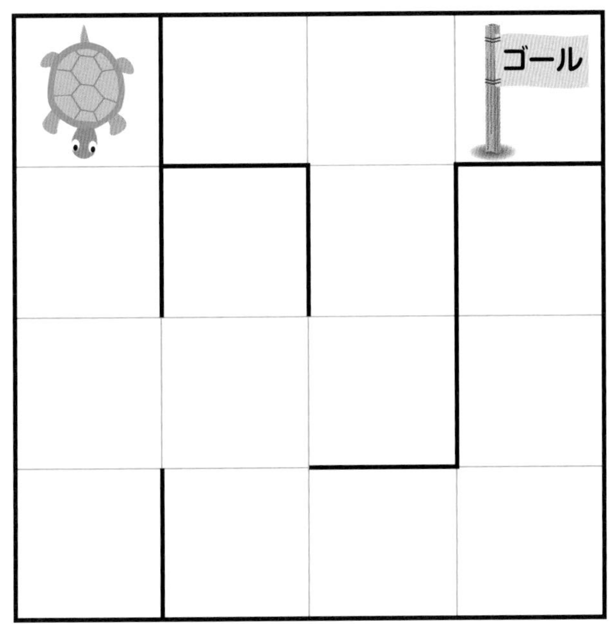

ながい　めいろだよ。
かめが　すすんだ　ますに
しるしを　つけると、
わかりやすく　なるよ。

① 2 ます　すすむ

②（　）に　まわる

③ □ ます　すすむ

④（　）に　まわる

⑤ □ ます　すすむ

⑥（　）に　まわる

⑦ □ ます　すすむ

がくしゅうび　月　日

1年の　ふくしゅう

じかん 20 ぷん
/100
ごうかく 80 てん

きょうかしょ ② 134 ページ　こたえ 29 ページ

1 いくつ　ありますか。　1つ10てん(30てん)

①

こ

②

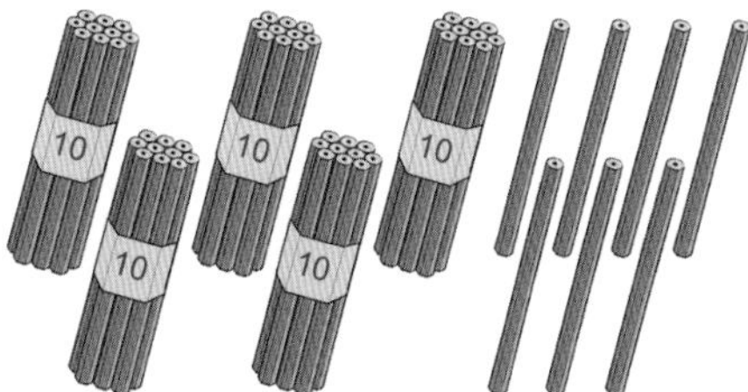

本（ほん）

③

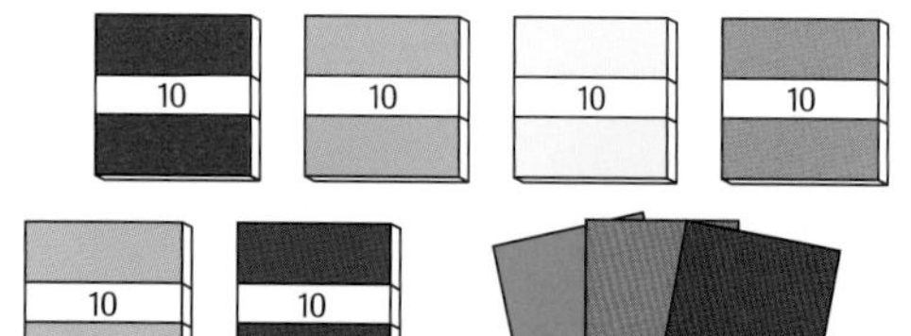

まい

2 大（おお）きい　ほうに　○を　つけましょう。　1つ10てん(20てん)

①　②

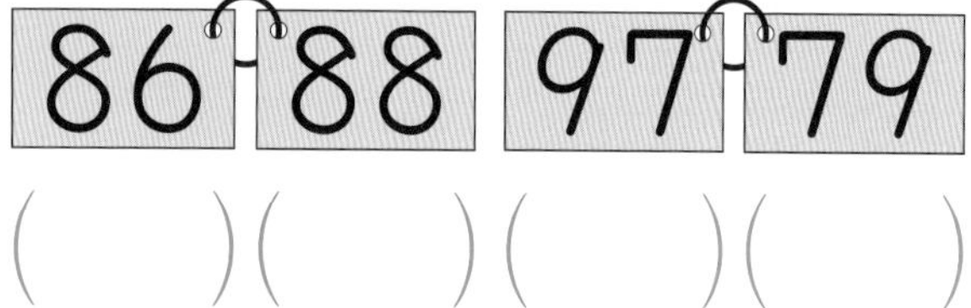

(　　)(　　)(　　)(　　)

3 94に　ついて　かんがえて、□に　かずを　かきましょう。　1つ10てん(30てん)

① 94は　10を　9こと、1を　□こ　あわせた　かずです。

② 94は　□の　つぎの　かずです。

③ 94は　100より　□　小（ちい）さい　かずです。

4 80から　110まで、じゅんに　せんで　むすびましょう。　(20てん)

1年の　ふくしゅう

じかん 20 ぷん
/100
ごうかく 80 てん

きょうかしょ 2 135〜136 ページ　こたえ 30 ページ

1 けいさんを　しましょう。

1つ5てん(40てん)

① 4＋6－3＝□

② 10－9＋6＝□

③ 7＋8＝□

④ 18－9＝□

⑤ 20＋70＝□

⑥ 51＋8＝□

⑦ 100－30＝□

⑧ 98－6＝□

2 ながい　じゅんに、あ、い、う、えを　かきましょう。

(ぜんぶできて10てん)

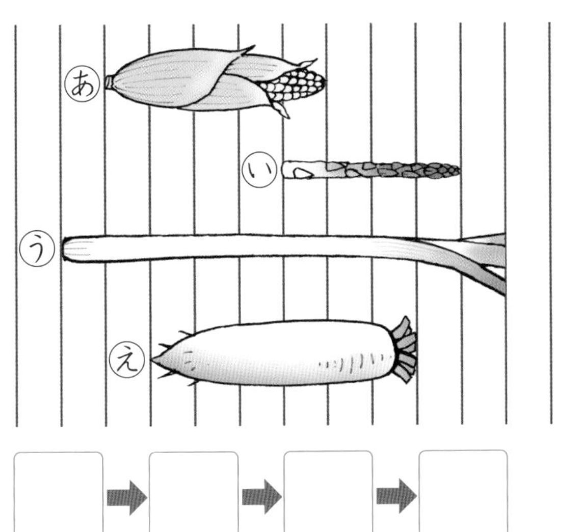

□ → □ → □ → □

3 なんじなんぷんですか。

1つ10てん(20てん)

①

(　　)じ(　　)ぷん

②

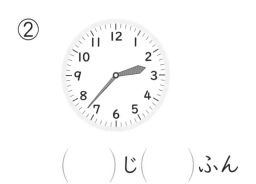

(　　)じ(　　)ふん

4 にている　かたちは　どれと　どれですか。あから　おで　こたえましょう。

1つ15てん(30てん)

あ
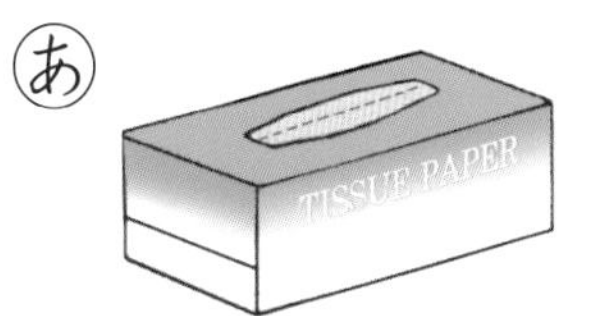

い

う

え
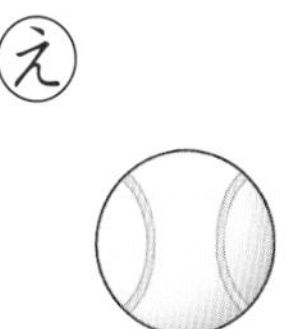

お

(　　と　　)(　　と　　)

1年の　ふくしゅう

がくしゅうび　　月　　日

じかん20ぷん　　／100　ごうかく80てん

きょうかしょ　2 135〜136ページ　こたえ　30ページ

1 8人(にん)に　あめを　1こずつ　くばると、3こ　あまりました。あめは　ぜんぶで　なんこ　ありましたか。

しき10てん、こたえ10てん(20てん)

しき

こたえ（　　　）こ

2 ハムスターが　7ひき、りすが　12ひき　います。
どちらが　なんびき　おおいでしょうか。

しき10てん、こたえ1つ5てん(20てん)

しき

こたえ（　　　）が
（　　　）ひき　おおい。

3 いちごが　13こ　あります。りかさんが　3こ、おとうとが　4こ　たべると、いちごは　なんこ　のこりますか。

しき10てん、こたえ10てん(20てん)

しき

こたえ（　　　）こ

4 きっぷうりばで、まさるさんは　まえから　3ばん目(め)に　います。

①しき5てん、こたえ5てん／②10てん(20てん)

① まさるさんの　うしろには　4人　います。
みんなで　なん人　いますか。

しき

こたえ（　　　）人

② まさるさんは、うしろから　なんばん目ですか。

（　　　）ばん目

5 あさがおの　たねを　9こ　まきました。ひまわりの　たねは、あさがおより　4こ　おおく　まこうと　おもいます。ひまわりの　たねは　なんこ　まけば　よいでしょうか。

しき10てん、こたえ10てん(20てん)

しき

こたえ（　　　）こ

この　ほんの　おわりに　ある　「学力しんだんテスト」を　やって　みよう！

ふゆのチャレンジテスト

きょうかしょ ②33〜95ページ

なまえ　　月　　日

じかん 40ぷん

ごうかく80てん　　／100

こたえ 33〜34ページ

知識・技能　　／72てん

1 かずを　かぞえて　すうじで　かきましょう。　1つ3てん(9てん)

①　□

②　□

③　□

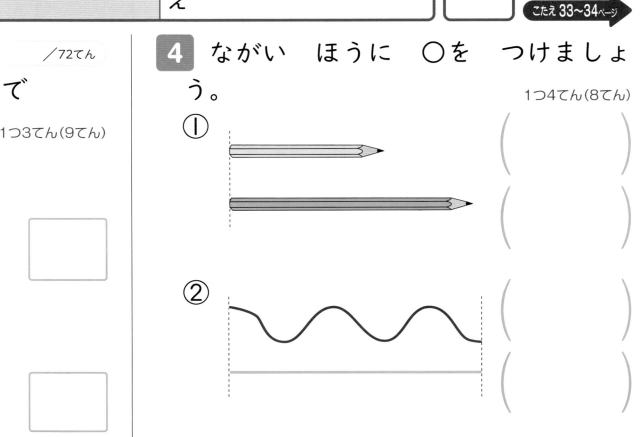

4 ながい　ほうに　○を　つけましょう。　1つ4てん(8てん)

①

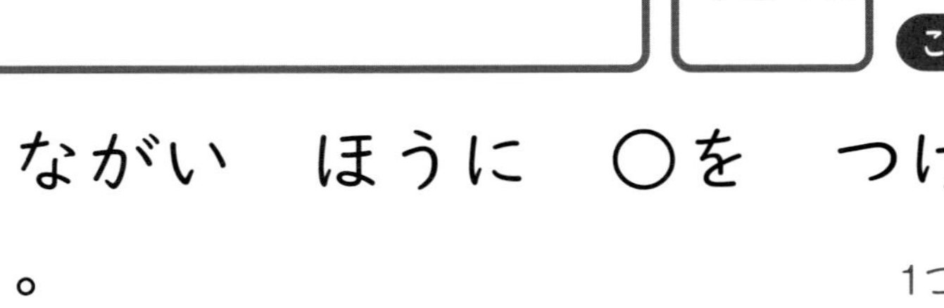

(　　)

(　　)

②

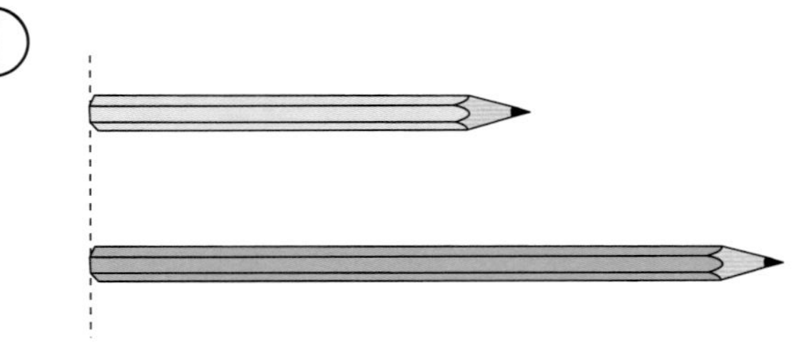

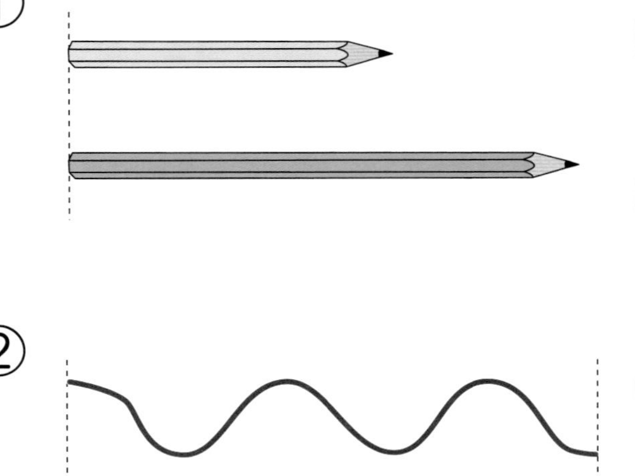

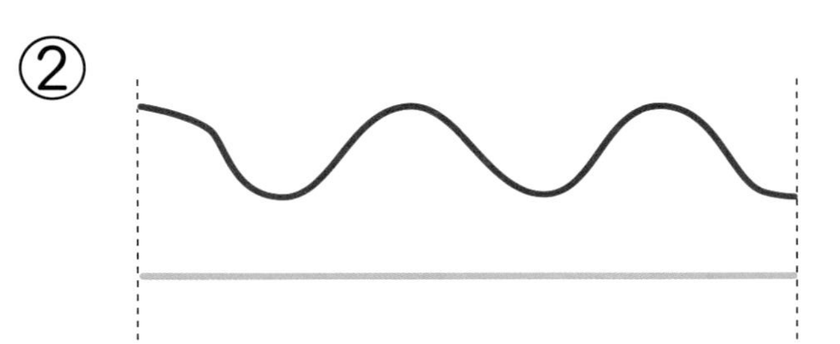

(　　)

(　　)

5 ひろい　ほうに　○を　つけましょう。　1つ4てん(8てん)

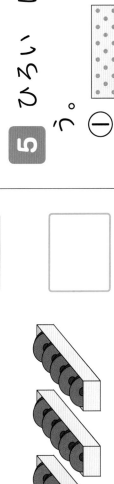

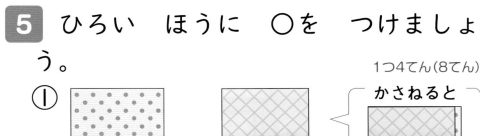

①

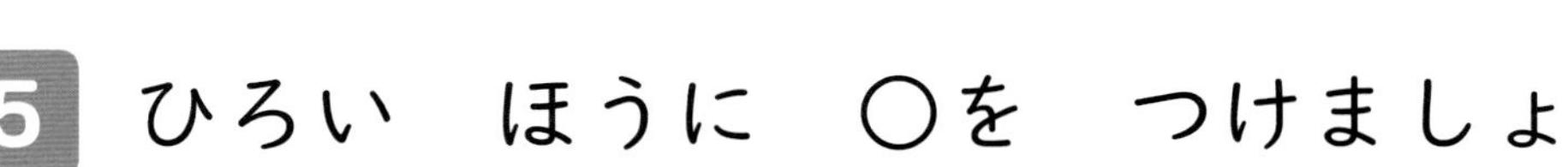

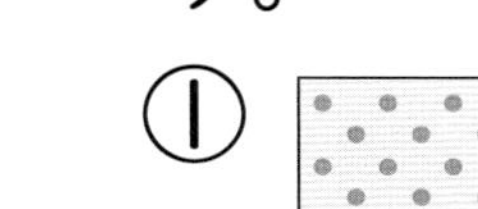

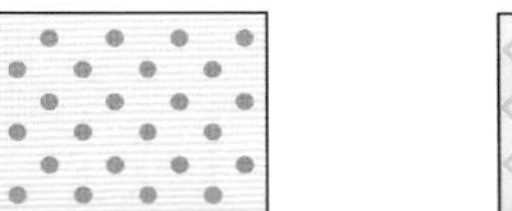

かさねると

2 と　にている　かたちを　みつけて、○を　つけましょう。（4てん）

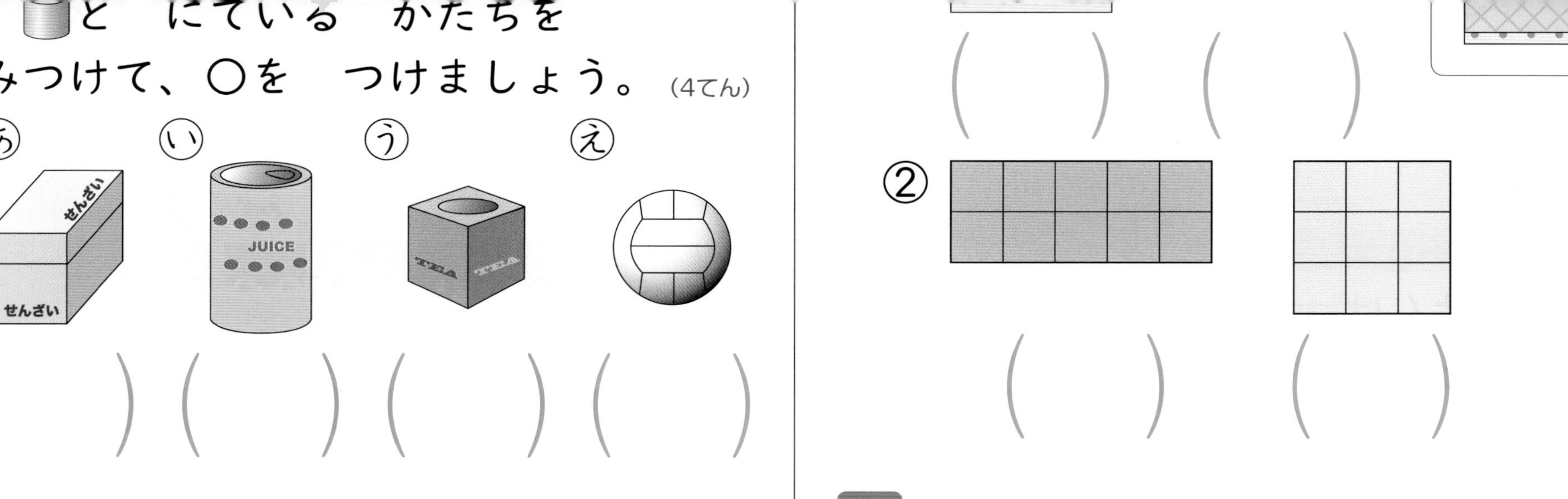

（　　）（　　）（　　）（　　）

3 なんじですか。または、なんじはんですか。 1つ4てん(8てん)

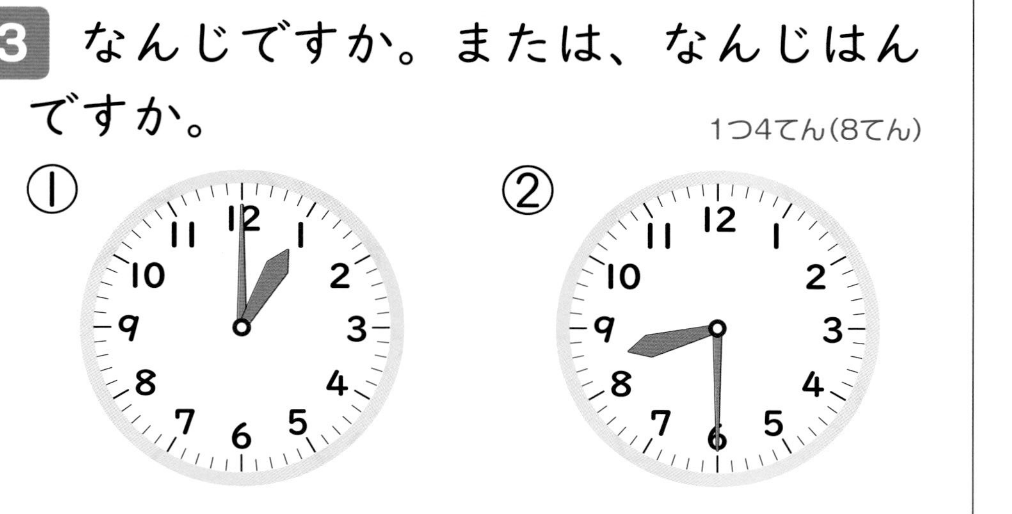

（　　）（　　）

②

（　　）（　　）

6 おおく　はいる　じゅんに、1、2、3を　かきましょう。（ぜんぶできて5てん）

（　　）（　　）（　　）

うらにも　もんだいが　あります。

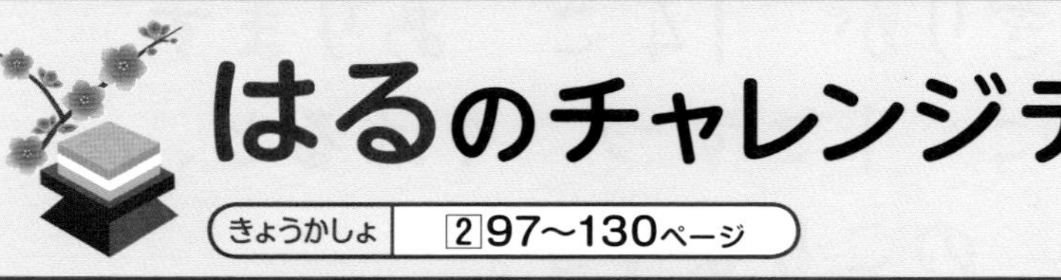

はるのチャレンジテスト

きょうかしょ　2 97〜130ページ

なまえ　　月　　日

じかん 40ぷん　ごうかく80てん　／100

こたえ 35〜36ページ

知識・技能　／73てん

1 かずを　かぞえて　すうじで　かきましょう。　1つ2てん(8てん)

①

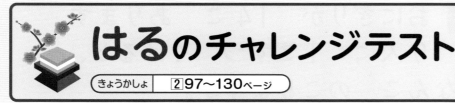

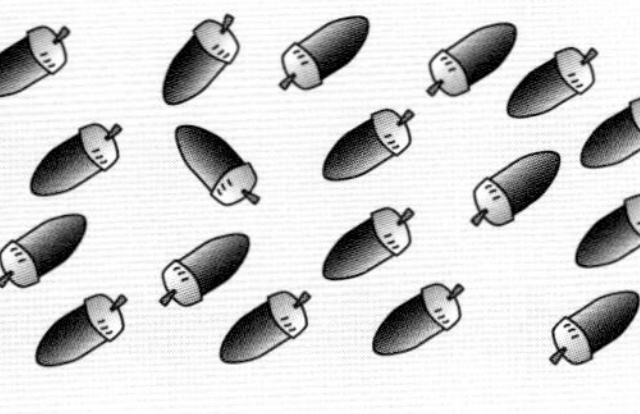
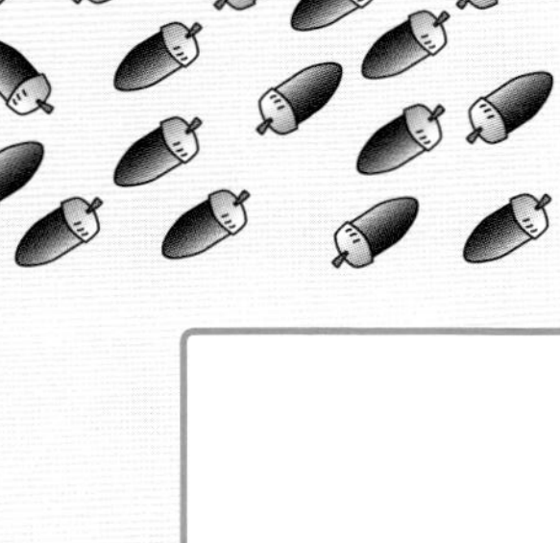

□

②

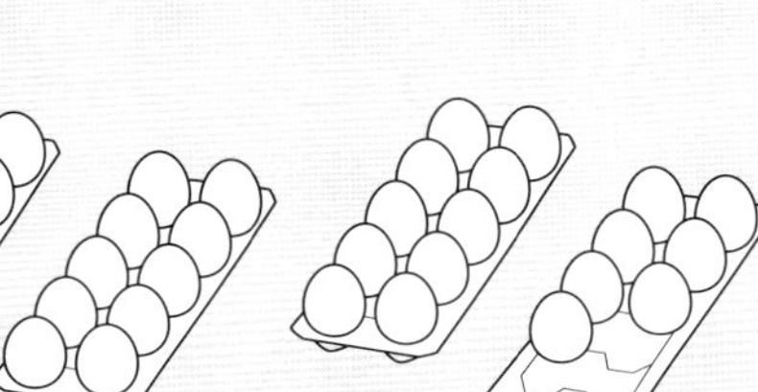

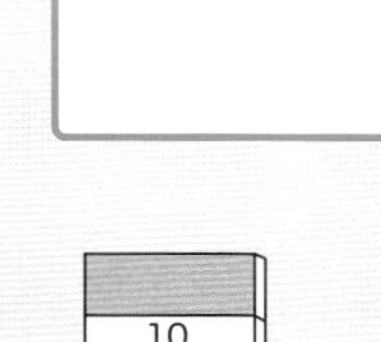

□

③

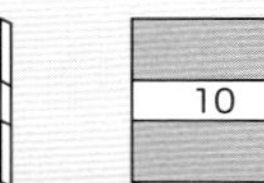
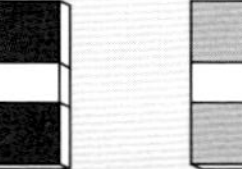
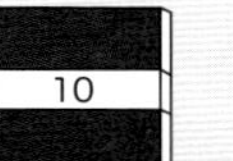
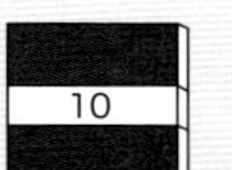
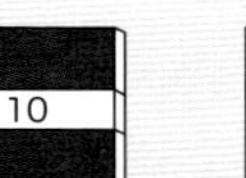
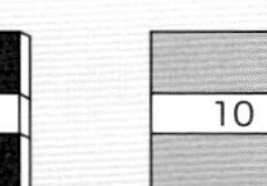
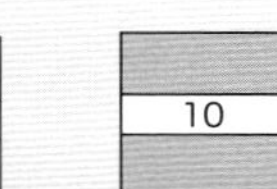

3 つぎの　かずを　かきましょう。　1つ3てん(21てん)

① 一(いち)のくらいが　5、十(じゅう)のくらいが　8の　かず　（　　）

② 十のくらいが　4、一のくらいが　0の　かず　（　　）

③ 10を　6こと、1を　3こ　あわせた　かず　（　　）

④ 10を　9こ　あつめた　かず　（　　）

⑤ 10を　10こ　あつめた　かず　（　　）

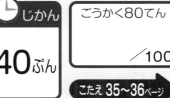

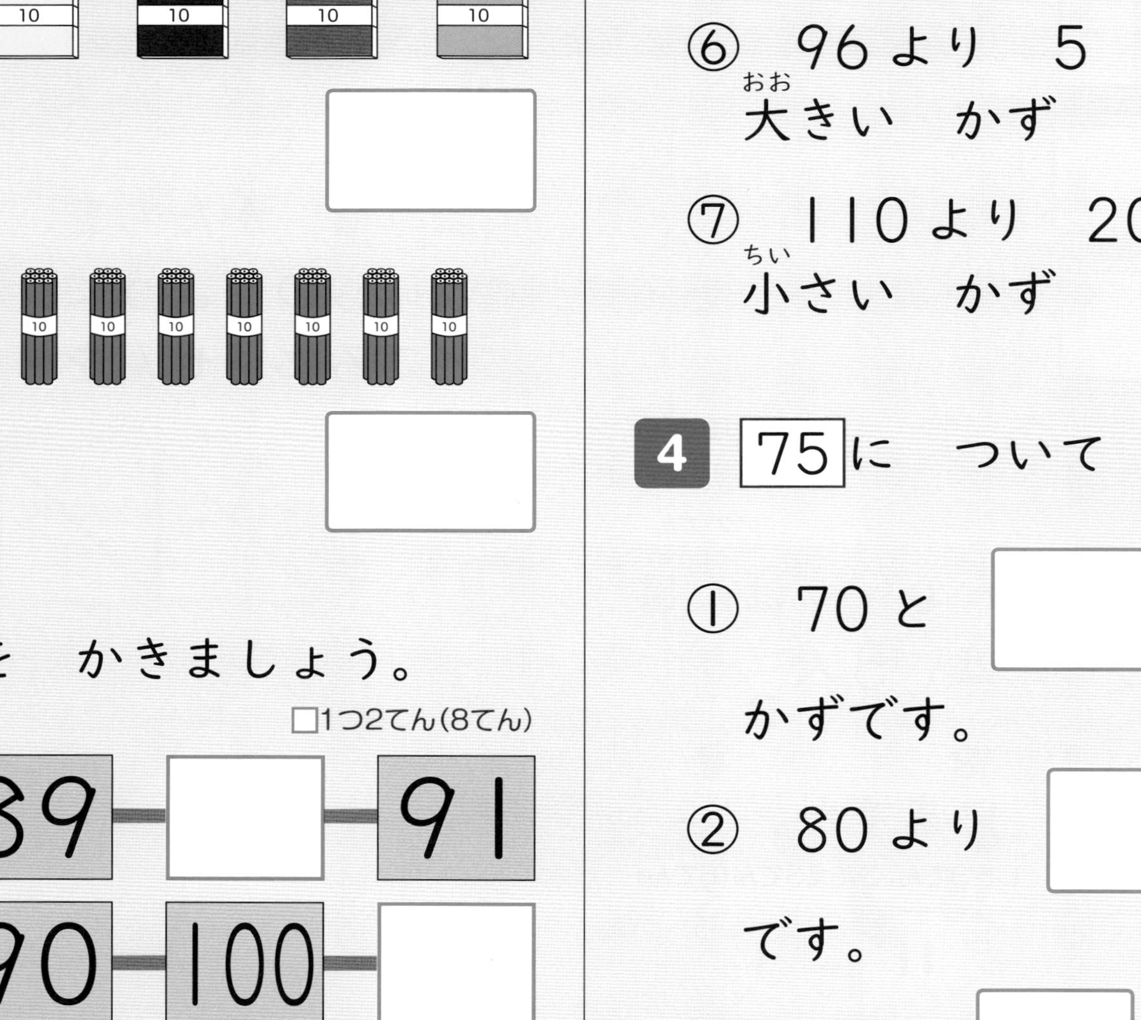

④

2 □に　かずを　かきましょう。

□1つ2てん(8てん)

① 88 － 89 － □ － 91

② □ － 90 － 100 － □

③ 105 － □ － 95 － 90

⑥ 96より　5
大(おお)きい　かず　（　　）

⑦ 110より　20
小(ちい)さい　かず　（　　）

4 75に　ついて　こたえましょう。

□1つ3てん(12てん)

① 70と　□を　あわせた
かずです。

② 80より　□　小さい　かず
です。

③ 10を　□こと、1を　□
こ　あわせた　かずです。

うらにも　もんだいが　あります。

(切り取り線)

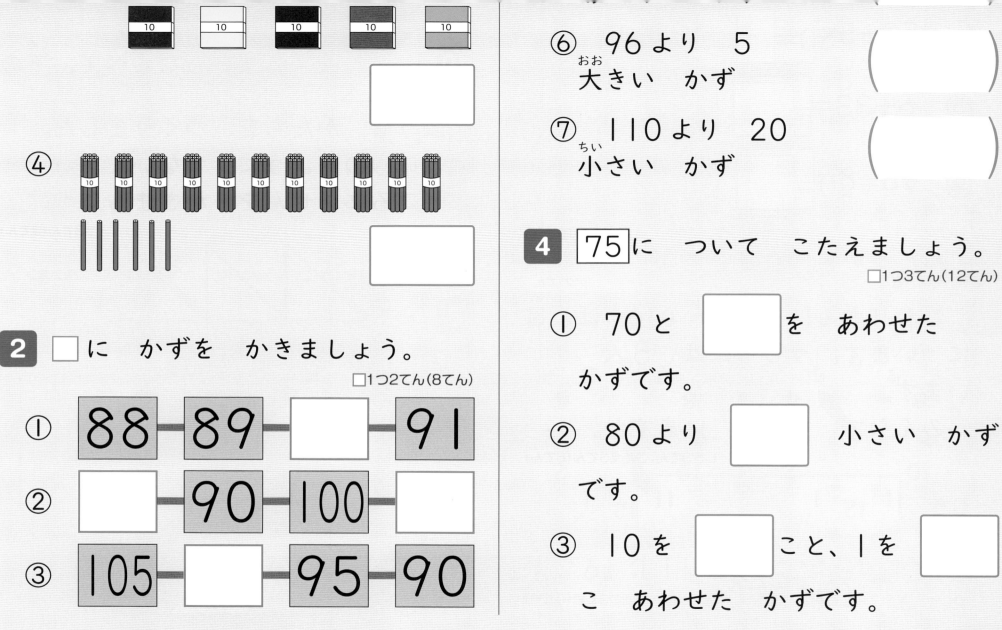

1年 さんすうのまとめ 学力しんだんテスト

なまえ　　月　　日

じかん 40ぷん　ごうかく80てん　／100

こたえ 37ページ

1 □に　かずを　かきましょう。 1つ2てん(4てん)

① 10が　3こと　1が　7こで　□

② 10が　10こで　□

2 □に　かずを　かきましょう。 □1つ3てん(12てん)

① □－46－48－□－52

② 100－90－□－□－60

5 なんじなんぷんですか。 (3てん)

（　　　　）

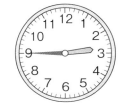

6 あ～えの　中(なか)から　たかく　つめる　かたちを　すべて　こたえましょう。 (ぜんぶできて　3てん)

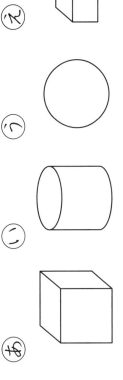

あ　い　う　え

（　　　　）

3 けいさんを　しましょう。1つ3てん(18てん)

① 8＋6＝□　② 14－9＝□

③ 0－0＝□　④ 30＋40＝□

⑤ 33＋4＝□　⑥ 29－7＝□

4 11人(にん)で　キャンプに　いきました。
その　うち　子(こ)どもは　7人です。
おとなは　なん人ですか。1つ3てん(6てん)

しき □

こたえ（　　　）人

7 下の　かたちは、㋐の　[illegible]
なんまいで　できますか。　1つ3てん(6てん)

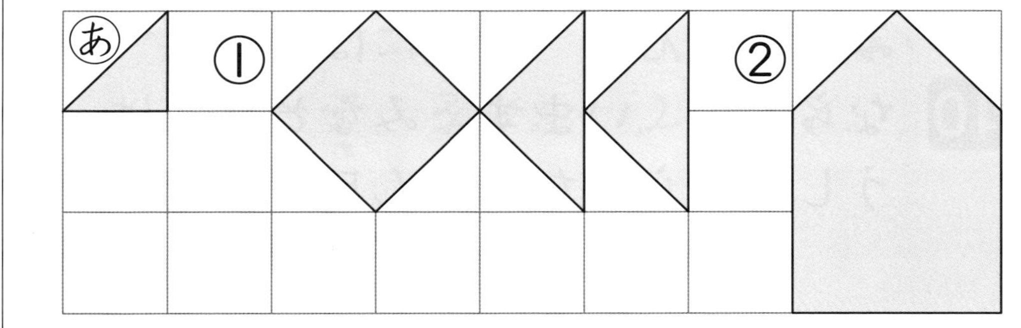

①（　　　）まい　②（　　　）まい

8 水(みず)の　かさを　くらべます。正(ただ)しい
くらべかたに　○を　つけましょう。
(4てん)

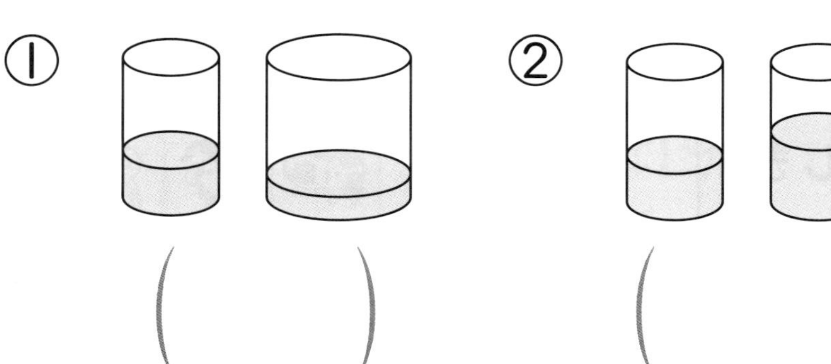

①（　　　）　②（　　　）

うらにも　もんだいが　あります。

教科書ぴったりトレーニング

まるつけラクラクかいとう

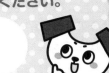

この「まるつけラクラクかいとう」は
とりはずしてお使いください。

大日本図書版
算数１年

「まるつけラクラクかいとう」では問題と同じ紙面に、赤字で答えを書いています。

てびきでは、次のようなものを示しています。
- 学習のねらいやポイント
- 他の学年や他の単元の学習内容とのつながり
- まちがいやすいことやつまずきやすいところ

お子様への説明や、学習内容の把握などにご活用ください。

見やすい答え

くわしいてびき

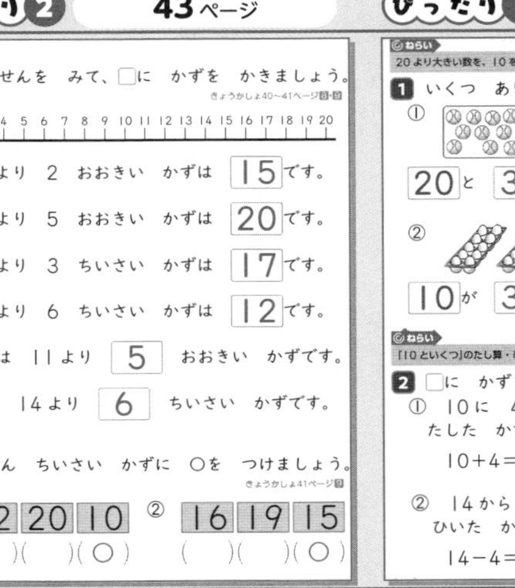

ぴったり1　42ページ

1 かずのせんを　みて、□に　かずを　かきましょう。
① 11より　3　おおきい　かずは 14
② 17より　5　ちいさい　かずは 12
③ 15より　4　おおきい　かずは 19 です。
④ 20より　6　ちいさい　かずは 14 です。

2 おおきい　ほうに　○を　つけましょう。
① 9 13　(　)(○)
② 20 18　(○)(　)

ぴったり2　43ページ

1 かずのせんを　みて、□に　かずを　かきましょう。
① 13より　2　おおきい　かずは 15 です。
② 15より　5　おおきい　かずは 20 です。
③ 20より　3　ちいさい　かずは 17 です。
④ 18より　6　ちいさい　かずは 12 です。
⑤ 16は　11より 5 おおきい　かずです。
⑥ 8は　14より 6 ちいさい　かずです。

2 いちばん　ちいさい　かずに　○を　つけましょう。
① 12 20 10　(　)(　)(○)
② 16 19 15　(　)(　)(○)

ぴったり1　44ページ

1 いくつ　ありますか。
① 20と 3で 23
② 10が 3こで 30

2 □に　かずを　かきましょう。
① 10に　4を　たした　かず　10+4=14
② 14から　4を　ひいた　かず　14−4=10

ぴったり2　45ページ

1 いくつ　ありますか。
① 20と 5で 25
② 20と 8で 28

2 なんえんですか。
① 19えん
② 26えん

3 けいさんを　しましょう。
① 10+5=15　② 18−8=10
③ 20+9=29　④ 14+4=18
⑤ 17−3=14　⑥ 26−5=21

ぴったり1

1 数の線（数直線）は、右へ進むほど数が大きくなり、左へ進むほど数が小さくなることを理解します。
また、数の0は「何もないこと」を表しますが、数の線（数直線）の0は、「始まり」の意味を持っていることにも気づかせましょう。

2 数の大きさが数字だけで比べられないときは、数の線（数直線）を使って考えるとよいでしょう。

ぴったり2

❶ ⑥は、8が14より、目もりがいくつ分小さいかを考えます。

8　9　10　11　12　13　14
6　5　4　3　2　1

目もりが6つ分小さいことを読み取りましょう。

❷ 慣れるまでは、3つの数を比べるときは、2つずつ比べて、いちばん小さい数を見つけるとよいでしょう。

ぴったり1

1 20より大きい数も、10のまとまりをつくって、「20といくつ」と見て数えます。

2 「10といくつ」をもとにして、20までの数の計算をします。

ぴったり2

❶ 数え落としや重なりがないように、数えたものに印をつけ、10ずつのまとまりをつくって数えます。

❷ お金の場合も、10のまとまりをつくって考えるとよいでしょう。

❸ くり上がり、くり下がりのない（2けた）+（1けた）や、（2けた）−（1けた）の計算です。
④の14+4は、「14を10と4に分けて、4+4=8、10と8で18」と考えます。
⑤の17−3は、「17を10と7に分けて、7−3=4、10と4で14」と考えます。

13

※紙面はイメージです。

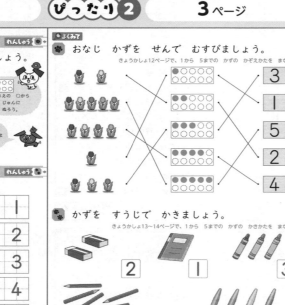

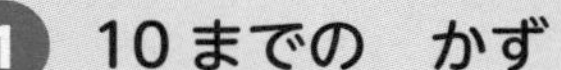

1 10までの かず

ぴったり1 2ページ

◎ねらい もの の集まりを○などに表し、1～5までの数を理解します。 れんしゅう

Ⅰ えの かずだけ ○に いろを ぬりましょう。

ひだりうえの ○から よこへ じゅんに いろを ぬろう。

うすい せんや ○は なぞろう。

◎ねらい 1～5までの数を数字で書くことができるようにします。 れんしゅう

Ⅱ 5までの すうじを かきましょう。

●	1	1	1	1	1	1
●●	2	2	2	2	2	2
●●●	3	3	3	3	3	3
●●●●	4	4	4	4	4	4
●●●●●	5	5	5	5	5	5

ぴったり2 3ページ

よくみて

おなじ かずを せんで むすびましょう。

きょうかしょ12ページで、1から 5までの かずの かぞえかたを まなぼう。

3　1　5　2　4

かずを すうじで かきましょう。

きょうかしょ13～14ページで、1から 5までの かずの かきかたを まなぼう。

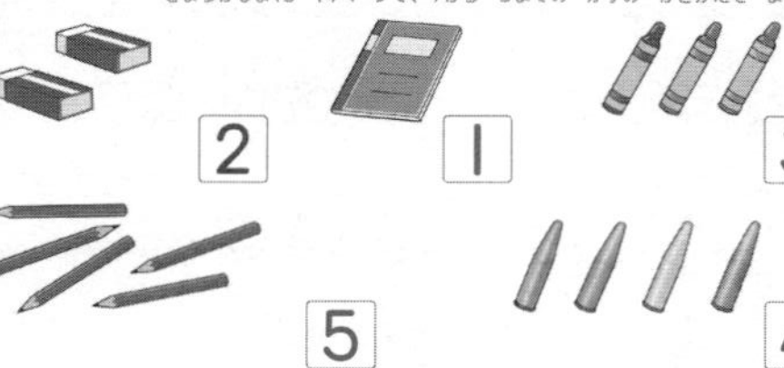

2　1　3　5　4

ぴったり1 4ページ

◎ねらい もの の集まりを○などに表し、6～10までの数を理解します。 れんしゅう

Ⅰ えの かずだけ ○に いろを ぬりましょう。

えに しるしを つけながら ○に いろを ぬって いこう。

◎ねらい 6～10までの数を数字で書くことができるようにします。 れんしゅう

Ⅱ 10までの すうじを かきましょう。

●●●●● ●	6	6	6	6	6	6
●●●●● ●●	7	7	7	7	7	7
●●●●● ●●●	8	8	8	8	8	8
●●●●● ●●●●	9	9	9	9	9	9
●●●●● ●●●●●	10	10	10	10	10	10

ぴったり2 5ページ

よくみて

おなじ かずを せんで むすびましょう。

きょうかしょ18ページで、6から 10までの かずの かぞえかたを まなぼう。

7　10　9　6　8

かずを すうじで かきましょう。

きょうかしょ19～20ページで、6から 10までの かずの かきかたを まなぼう。

8　6　7　10　9

ぴったり1

Ⅰ 1から5までのものの集まりについて、具体物(ここでは犬、りす、ねこ)を数えながら、半具体物(ここでは●)でその数を表すことができるようにします。

Ⅱ 1から5までの数字が、書き順も含めて正しく書けるようになるまで、くり返し練習させてください。また、4、5の書き順はまちがえやすいので、書き順もしっかり覚えさせましょう。

ぴったり2

1から5までの具体物(チューリップ)と半具体物(算数では、これを「数図」という。)と数字を対応させて、数の大きさを具体的に理解できるようにしましょう。

1から5までの具体物を直接数字で表します。指で差しながら、声に出して数えるとよいでしょう。

ぴったり1

Ⅰ ○をぬるとき、ばらばらにぬっていても、数があっていれば正解にしてあげてください。

Ⅱ 数字を書くときには、その書き順にも留意させてください。一度まちがえて覚えてしまうと、あとで正しく覚えなおすことが難しくなります。特に、「8、9」はつまずきやすい数字です。注意しましょう。

ぴったり2

1から5のときと同様に、6から10までのものの数(具体物)や●の数(数図)を数字と対応させることで、量感を持たせます。

6から10までの具体物を、直接数字で表します。数字は単なる文字ですが、具体物が示されると、量を表すことを理解させましょう。また、8、9は書き順をまちがえやすいので、正しく覚えさせましょう。

ぴったり1　6ページ

ねらい　数としての0の意味を理解し、数字に表すことができるようにします。　れんしゅう

Ⅰ いくつですか。

2　1　0

かきかたも おぼえよう！

1つも ない ときは 「0」と かきます。

ねらい　10までの数の大小が比べられるようにします。　れんしゅう

Ⅱ □に かずを かいて、かずの おおきい ほうの （　）に ○を つけましょう。

→ 7 （○）

→ 6 （　）

ねらい　10までの数の並び方がわかるようにします。　れんしゅう

Ⅲ □に かずを かきましょう。

0－1－2－3－4

6－7－8－9－10

かずは 1ずつ じゅんに おおきく なって いるね。

ぴったり2　7ページ

はいった たまの かずを □に かきましょう。

きょうかしょ24ページで、0の いみを まなぼう。

3　0　4

よくよんで

かずだけ ○に いろを ぬり、おおきい ほうに ○を つけましょう。

きょうかしょ25ページで、どちらが おおきいか かんがえて みよう。

5 （　）
9 （○）

8 （○）
7 （　）

かずと おなじだけ ○を ぬって、おおきさを くらべて みよう。それから おおきい ほうの かずの （　）に ○を つけよう。

□に かずを かきましょう。

きょうかしょ26～27ページで、かずの ならびかたを まなぼう。

5－4－3－2－1－0

10－9－8－7－6－5

ぴったり3　8～9ページ

知識・技能　／100てん

1 よくよんで かずを すうじで かきましょう。　1つ5てん(20てん)

① 8　② 6　③ 10　④ 7

2 きんぎょすくいを しました。きんぎょの かずを □に かきましょう。　1つ5てん(15てん)

① 2　② 3　③ 0

3 □に かずを かきましょう。　1つ5てん(35てん)

① 0－1－2－3－4－5

② 4－5－6－7－8－9

③ 10－9－8－7－6－5

4 よくよんで おおい ほうに ○を つけましょう。　1つ5てん(20てん)

① （○）（　）

② （　）（○）

③ 9 （　）　10 （○）

④ 5 （○）　3 （　）

5 なんこ ありますか。　1つ5てん(10てん)

① りんご （4）こ

② みかん （6）こ

ぴったり1

Ⅰ 「1つもない」ときは、「0(れい)」という数字で表すことを学びます。「1つずつ食べていくと、どうなるかな」のように問いかけて、時間的な経過の中で、0をとらえさせましょう。

Ⅱ 初めは具体物などといっしょに比べて量感を持たせ、じょじょに数字だけで大小を比べることができるように練習しましょう。

Ⅲ 数が1ずつ順に大きくなっていることに気づき、順に並べることができるようになることが目標です。

ぴったり2

真ん中のかごに、球は入っていません。「1つもない」場合、0という数で表すことを理解しているかを確かめます。

●の数(数図)に表すことで、数の大きさを視覚的にとらえます。

0から10までの数が、1ずつ順に小さくなっていることに気づかせましょう。この考え方は、あとで学習する「数の線(数直線)」へつながる内容です。

ぴったり3

1 数え落としや重複して数えることがないように、数えたものに印をつけるなどの工夫をするとよいでしょう。

2 1つもないことを「れい」といい、「0」と書くことをしっかりと理解させましょう。

3 ②のように途中から始まったり、③のように10から逆に並んでいたりすると、順序がわからなくなってしまうことがあります。声に出して数えさせたり、10から逆に言わせたりと、工夫して練習させてください。

4 数の大小比較がわからないときは、具体物を1つ1つ対応させて比べさせるとよいでしょう。

5 数えたものには印をつけさせます。違う種類のものを数えないように注意させてください。

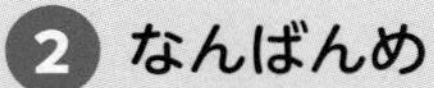

2 なんばんめ

ぴったり1　10ページ

◎ねらい　数を使って、順序や位置を表すことができるようにします。　れんしゅう①

1 えを　みて、□に　かずを　かきましょう。

（まえ）きつね　りす　うさぎ　たぬき　ぶた　ぞう（うしろ）

① りすは　まえから　2　ばんめです。
② うさぎは　うしろから　4　ばんめです。
③ ぶたは　まえから　5　ばんめです。

◎ねらい　順序を表す数と集まりを表す数の違いを理解できるようにします。　れんしゅう②

2 せんで　かこみましょう。
① ひだりから　4ばんめ
② ひだりから　4にん

ぴったり2　11ページ

1 えを　みて　こたえましょう。
きょうかしょ28～29ページで、なんばんめに　ついて　かんがえて　みよう。

（ひだり）りか　ゆうた　あかね　ひかる　ゆり（みぎ）

もんだいの　たいせつな　ことばに、せんを　ひこう。

① あかねさんは　ひだりから　なんばんめですか。　（ 3 ）ばんめ
② ゆうたさんは　みぎから　なんばんめですか。　（ 4 ）ばんめ
③ ひだりから　4ばんめは　だれですか。　（ ひかるさん ）

2 せんで　かこみましょう。
きょうかしょ31ページで、なんだいめと　なんだいの　ちがいに　ついて　かんがえて　みよう。
① まえから　2だいめ
② うしろから　2だい

ぴったり3　12～13ページ

知識・技能　／60てん

1 よくよめば　えを　みて、□には　かずを、（　）には　ことばを　かきましょう。　1つ5てん(15てん)

（まえ）ねこ　くま　いぬ　きりん　さる　うさぎ（うしろ）

① きりんは　まえから　4　ばんめです。
② いぬは　うしろから　4　ばんめです。
③ くまは　（ まえ ）から　2ばんめです。

2 よくよめば　えを　みて、□には　かずを、（　）には　ことばを　かきましょう。　1つ5てん(15てん)

（うえ）いちご　みかん　りんご　ぶどう　もも（した）

① みかんは　うえから　2　ばんめです。
② ももは　したから　1　ばんめです。
③ ぶどうは　（ うえ ）から　4ばんめです。

3 よくよめば　せんで　かこみましょう。　1つ10てん(30てん)
① ひだりから　5わめ
② まえから　3びき
③ うしろから　4ひきめ

思考・判断・表現　／40てん

4 えを　みて　こたえましょう。　1つ10てん(4は　ぜんぶ　できて　10てん)(40てん)

（うえ）すずめ　からす　ふくろう　にわとり（した）

① うえから　2ばんめは　なんですか。　（ からす ）
② からすは　したから　なんばんめですか。　（ 3 ）ばんめ
③ したから　4ばんめは　なんですか。　（ すずめ ）
④ したから　2わの　なまえを　かきましょう。　（ にわとり ）（ ふくろう ）

ぴったり1

1 この単元の目標は、数が順序を表すことがあることを、理解することです。順序を表すときは、「前から」「後ろから」という基準を表す言葉に着目させましょう。

2 「左から4番目」などのように、順序や位置を表す数を「順序数」、「左から4人」などのように集合の要素の個数を表す数を「集合数」といいます。この2つの数の違いを理解するのは子どもには難しいですが、具体的な場面を通して練習させましょう。

ぴったり2

1 順番を答える問題では、どこを基準にするかで順番が変わります。左から数えるのか右から数えるのかに気をつけましょう。

2 「2台目」と「2台」の違いをしっかり理解することが大切です。「○番目」は1つだけということを覚えさせるとよいでしょう。

ぴったり3

1 「前から」「後ろから」という基準を表す言葉に気をつけて、順序を表します。どこから数えるかが大切なので、まずは問題をよく読むことを心がけましょう。

2 「上から」「下から」という基準を表す言葉に気をつけて、順序を表します。

3 ①の「左から5羽目」は順序数なので、線で囲むのは1つだけです。それに対して、②の「前から3匹」は集合数なので、3つを線で囲みます。

4 ①②では、からすの位置は、「上から2番目」と「下から3番目」の2つの方向から表すことができます。このように、順序を表すときは基準を表す言葉が重要になってきます。
④は、答える順番は違っていてもかまいません。

3 いくつと　いくつ

ぴったり1　14ページ

◎ねらい　5～8までの数の構成を、数の分解や合成を通して理解します。　れんしゅう ❶❷❸

1 5は　いくつと　いくつですか。

① → 1 と 4
② → 2 と 3
③ → 3 と 2
④ → 4 と 1

おはじきを　みて　かんがえよう。◎の　かずを　ここに　かこう。

2 せんで　むすんで、6に　しましょう。

3 □に　かずを　かきましょう。

① 8は　1と 7　② 7は　2と 5
③ 8は　2と 6　④ 7は　3と 4

ぴったり2　15ページ

❶ あわせて　8に　なるように、◯を　ぬりましょう。
きょうかしょ37ページで、8の　いくつと　いくつを　かんがえて　みよう。

❷ あと　いくつで　7に　なりますか。
きょうかしょ36ページで、7の　いくつと　いくつを　かんがえて　みよう。

① あと 4
② 6 あと 1
③ 4 あと 3

□が　3つ　あるから、3と　あと　いくつで　7に　なるか　かんがえよう。その　すうじを　ここに　かくよ。

よくみて
❸ わけると　いくつと　いくつですか。
きょうかしょ34～37ページで、5、6、7、8の　いくつと　いくつを　かんがえて　みよう。

① 3 2　② 3 5　③ 3 3
④ 8 → 6 2　⑤ 7 → 5 2

④、⑤のように、すうじだけで　わかりにくいときは、おはじきで　しらべて　みよう。

ぴったり1　16ページ

◎ねらい　9の数の構成を、数の合成を通して理解します。　れんしゅう ❶

1 せんで　むすんで、9に　しましょう。

◎ねらい　10の数の構成を、数の分解を通して理解します。　れんしゅう ❷❸

2 10は　いくつと　いくつですか。

① → 1 と 9
② → 4 と 6
③ → 7 と 3
④ → 5 と 5
⑤ → 9 と 1
⑥ → 6 と 4
⑦ → 2 と 8

ぴったり2　17ページ

❶ 9は　いくつと　いくつですか。
きょうかしょ38ページで、9の　いくつと　いくつを　かんがえて　みよう。

すうじだけで　わからない　ときは、を　みて　かんがえよう。

① 5 と 4　② 7 と 2
③ 3 と 6　④ 1 と 8

❷ せんで　むすんで、10に　しましょう。
きょうかしょ39～40ページで、10の　いくつと　いくつを　かんがえて　みよう。

❸ あと　いくつで　10に　なりますか。
きょうかしょ40ページで、あと　いくつで　10に　なるかを　かんがえて　みよう。

① 2　あと（ 8 ）
② 6　あと（ 4 ）

ぴったり1

1 数の分解・合成を使って、5という数の構成を順に理解させましょう。おはじきなどの具体物を使うと、理解しやすいでしょう。

2 「6は2と4」のような分解的な見方と、「2と4で6」のような合成的な見方は表裏の関係になっています。この関係は、これから学ぶたし算やひき算の基礎になります。

3 わからないときは、絵をヒントにして、答えを考えましょう。

ぴったり2

❶ 数図に合わせて、合計で8になるように、○に色をぬります。

❷ ②と③は、なるべくおはじきなどを使わなくても、数字だけを見て答えがわかるようにしていきましょう。

❸ ①～③は、●の数を2つに分けます。④⑤は、数字だけでそれぞれを2つに分けられるようにしましょう。考え方を理解させるために、「8は3といくつ？」などの問いかけに、すぐに答える遊びをやってみるのも効果的です。

ぴったり1

1 実際に線で結んだ数を、おはじきなどの具体物を使って、9になることを確認させましょう。

2 10を2つに分けたり、2つの数で10をつくったりする作業は、あとで学ぶ、くり上がりやくり下がりのあるたし算やひき算をする上でとても重要です。くり返し練習して、すぐに数を答えられるようにしましょう。

ぴったり2

❶ 数字だけを見て、9を分解できるように、くり返し練習していきましょう。

❷ 10をつくる2つの数は、1と9、2と8、3と7、…のように、すらすらと言えるようにしておくことが、これから習うくり上がりのあるたし算、くり下がりのあるひき算で必要になります。根気よく取り組みましょう。

❸ 「あといくつで」という表現もきちんと理解しておきましょう。合成的な見方を問う問題の1つです。

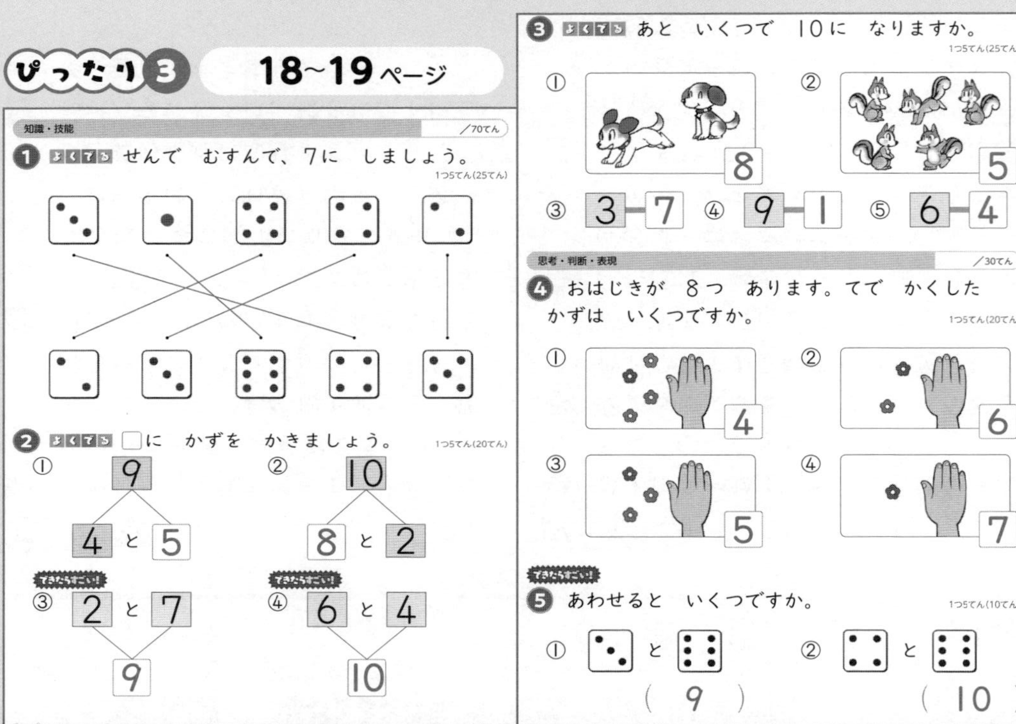

ぴったり3　18～19ページ

知識・技能　／70てん

1 よくよんで　せんで　むすんで、7に　しましょう。　1つ5てん(25てん)

2 よくよんで　□に　かずを　かきましょう。　1つ5てん(20てん)

① 9　4 と 5

② 10　8 と 2

③ 2 と 7　9

④ 6 と 4　10

3 よくよんで　あと　いくつで　10に　なりますか。　1つ5てん(25てん)

① 8　② 5

③ 3－7　④ 9－1　⑤ 6－4

思考・判断・表現　／30てん

4 おはじきが　8つ　あります。てで　かくした　かずは　いくつですか。　1つ5てん(20てん)

① 4　② 6　③ 5　④ 7

5 あわせると　いくつですか。　1つ5てん(10てん)

① (9)　② (10)

ぴったり3

1 さいころの目の数を使って、合わせて7になる数の組み合わせを考えます。5～10の数について、それぞれの数を構成する数の組み合わせがすぐに答えられるように、繰り返し練習しましょう。

2 ①②は、数の分解、③④は、数の合成の問題です。どちらの形の問題もきちんと理解しておきましょう。数字だけを見てわからないときは、おはじきなどの具体物を使って、もう一度確認しましょう。

3 数字などを見て、すぐに□の数を答えることができるように、10はいくつといくつで構成されているかの練習をしましょう。わからないときは、一度数図におきかえて考えるとよいでしょう。

「あといくつで10になるか」は、たし算やひき算のもとになる考え方です。10をつくる2つの数を、1と9、2と8、3と7、…のように、すらすらと言えるようになっていると、これから学習するくり上がりのあるたし算、くり下がりのあるひき算のときに、楽に考えられるようになります。

4 見えているおはじきの数を確認して、かくれた数を見つけます。どれも合計が8であることを意識しながら解きましょう。

5 「あわせるといくつですか」とたずねていますが、ここではまだたし算を学習していません。なので、「3と6でいくつ」と考えて、答えを導き出しましょう。合成的な見方は、これから学ぶたし算の基礎になるので、理解できているかしっかりと確認しておきましょう。

4 あわせて　いくつ　ふえると　いくつ

ぴったり1　20ページ

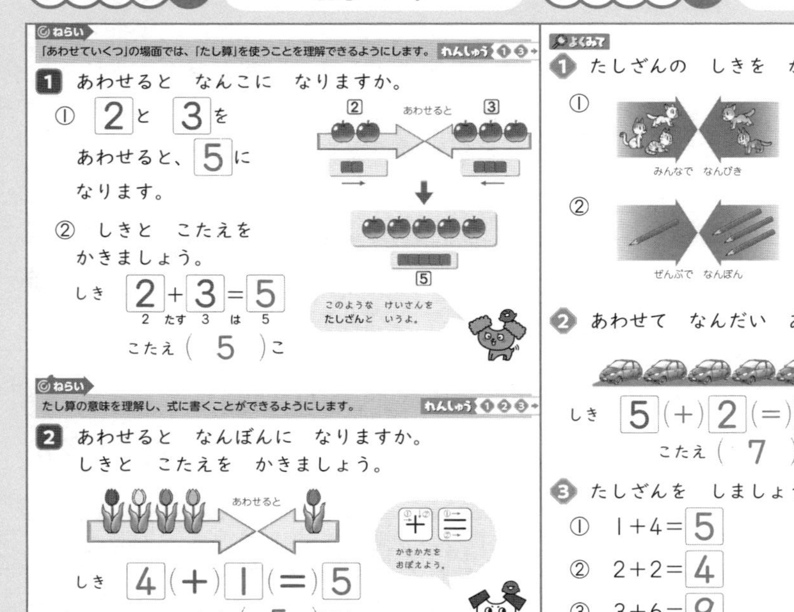

「あわせていくつ」の場面では、「たし算」を使うことを理解できるようにします。

1 あわせると　なんこに　なりますか。

① 2 と 3 を あわせると、5 に なります。

② しきと　こたえを　かきましょう。

しき 2＋3＝5　こたえ（5）こ

たし算の意味を理解し、式に書くことができるようにします。

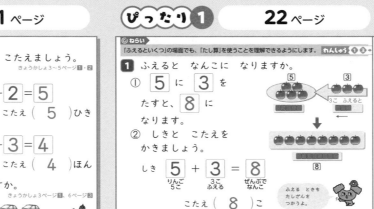

2 あわせると　なんぼんに　なりますか。しきと　こたえを　かきましょう。

しき 4（＋）1（＝）5　こたえ（5）ほん

ぴったり2　21ページ

1 たしざんの　しきを　かいて　こたえましょう。

① しき 3＋2＝5　こたえ（5）ひき

② しき 1＋3＝4　こたえ（4）ほん

2 あわせて　なんだい　ありますか。

しき 5（＋）2（＝）7　こたえ（7）だい

3 たしざんを　しましょう。

① 1＋4＝5　② 2＋2＝4　③ 3＋6＝9

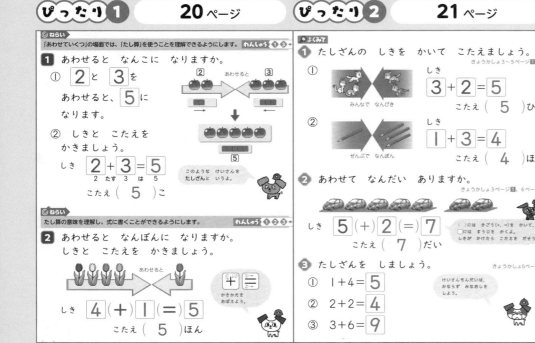

ぴったり1　22ページ

「ふえるといくつ」の場面でも、「たし算」を使うことを理解できるようにします。

1 ふえると　なんこに　なりますか。

① 5 に 3 を たすと、8 に なります。

② しきと　こたえを　かきましょう。

しき 5＋3＝8　こたえ（8）こ

「ふえるといくつ」の場面をたし算の式に表し、答えを出せるようにします。

2 かびんに　はなが　4ほん　あります。そこに　2ほん　いれると　なんぼんに　なりますか。

しき 4（＋）2（＝）6　こたえ（6）ぼん

ぴったり2　23ページ

1 しきを　かいて　こたえましょう。

① しき 5＋4＝9　こたえ（9）にん

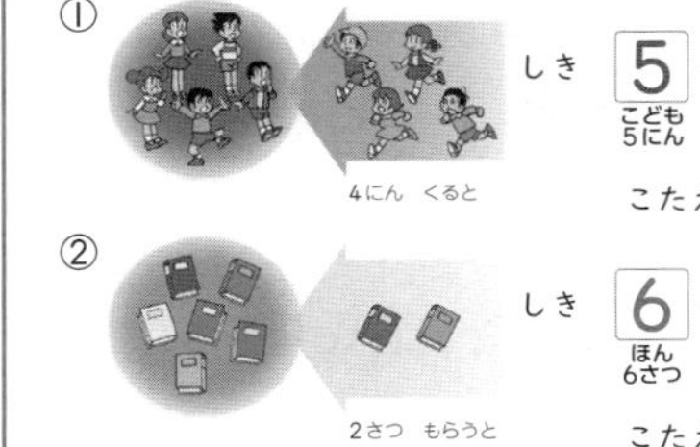

② しき 6＋2＝8　こたえ（8）さつ

2 ふえると　なんばに　なりますか。

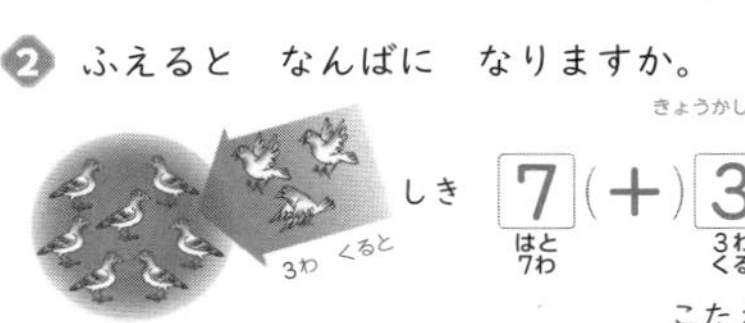

しき 7（＋）3（＝）10　こたえ（10）わ

3 たしざんを　しましょう。

① 4＋3＝7　② 3＋6＝9　③ 6＋4＝10　④ 2＋8＝10

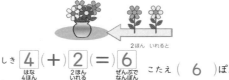

ぴったり1（20ページ）

1 式ができたら、声に出して読ませましょう。

2 1年生でたし算が使われる場面には、大きく分けて「合わせる」場面と「増える」場面があります。ここでは、「合わせる」場面でのたし算を学びます。初めてたし算を学習するので、＋（たす）や＝（は）の記号の使い方や読み方、書き順も覚えさせましょう。

ぴったり2（21ページ）

1 「合わせる」場面のたし算なので、①、②の式はそれぞれ、①2＋3＝5、②3＋1＝4でもかまいません。また、「みんなで」「ぜんぶで」という言葉がキーワードになって、たし算になることも理解させてください。

2 ここも「合わせる」場面のたし算なので、式は2＋5＝7でもかまいません。
「合わせる」場面では、たし算で答えを求めることを、しっかりおさえてください。

ぴったり1（22ページ）

1 「増える」場面でもたし算をすることを、具体物を使って理解させてください。

2 ここでは、「増える」場面のたし算を学びます。「増える」とは、もとからあるものに、増加分をたすことを表すので、たし算で答えを求めます。
「増える」場面では、式を2＋4＝6とすると式の意味が違ってしまうので、注意が必要です。
「合わせる」場面との式の意味の違いを理解させることが大切です。

ぴったり2（23ページ）

1 ①「4人来ると」、②「2冊もらうと」のどちらも「増える」場面なので、たし算で答えを求めます。

2 「増える」場面のたし算なので、式を3＋7＝10とすると意味が違ってしまいます。「ふえるといくつ」の式は、たされる数とたす数を入れかえないように気をつけましょう。

ぴったり1　24ページ　ぴったり2　25ページ

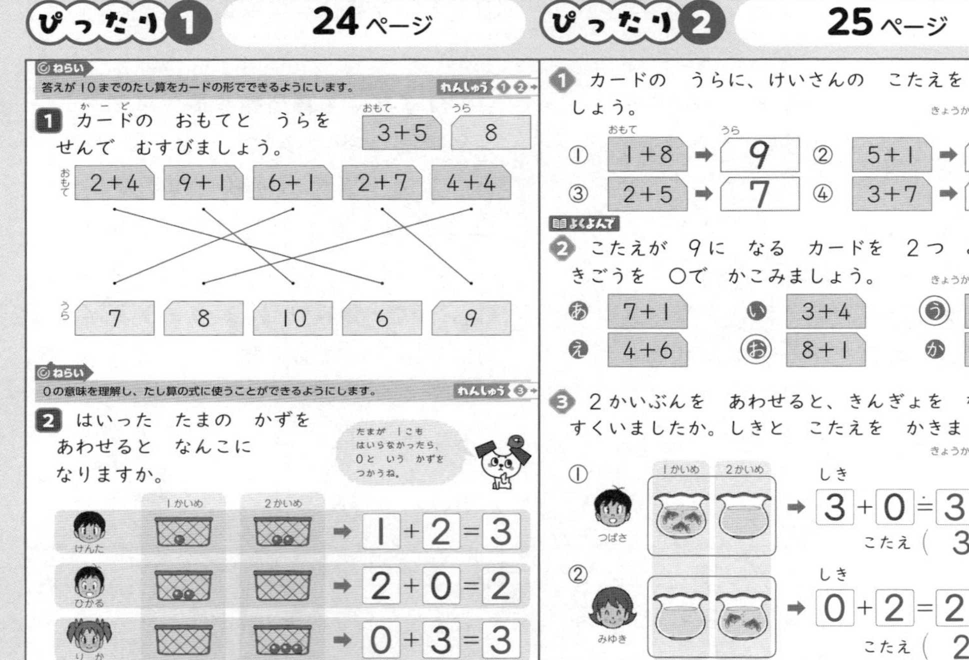
ねらい　答えが10までのたし算をカードの形でできるようにします。　れんしゅう①②

1 カードの　おもてと　うらを　せんで　むすびましょう。

おもて　3+5　うら　8

おもて：2+4　9+1　6+1　2+7　4+4

うら：7　8　10　6　9

ねらい　0の意味を理解し、たし算の式に使うことができるようにします。　れんしゅう③

2 はいった　たまの　かずを　あわせると　なんこに　なりますか。

1かいめ　2かいめ

けんた　1+2=3

ひかる　2+0=2

りか　0+3=3

1 カードの　うらに、けいさんの　こたえを　かきましょう。　きょうかしょ11ページ1

① 1+8 → 9　② 5+1 → 6

③ 2+5 → 7　④ 3+7 → 10

よくよんで

2 こたえが　9に　なる　カードを　2つ　みつけて、きごうを　○で　かこみましょう。　きょうかしょ11ページ1

あ 7+1　い 3+4　う 6+3

え 4+6　お 8+1　か 5+5

3 2かいぶんを　あわせると、きんぎょを　なんびき　すくいましたか。しきと　こたえを　かきましょう。　きょうかしょ12ページ1

① つばさ　1かいめ　2かいめ　しき　3+0=3　こたえ（3）ひき

② みゆき　しき　0+2=2　こたえ（2）ひき

ぴったり3　26~27ページ

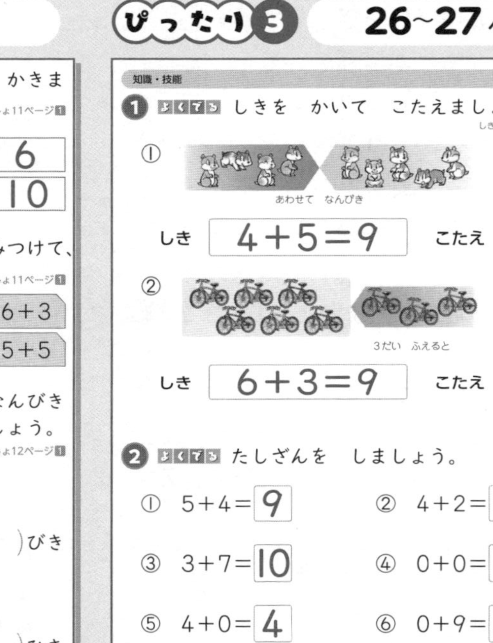
知識・技能　/75てん

1 よくよんで　しきを　かいて　こたえましょう。　しき10てん、こたえ5てん（30てん）

① あわせて　なんびき

しき　4+5=9　こたえ（9）ひき

② 3だい　ふえると

しき　6+3=9　こたえ（9）だい

2 よくよんで　たしざんを　しましょう。　1つ5てん（30てん）

① 5+4=9　② 4+2=6

③ 3+7=10　④ 0+0=0

⑤ 4+0=4　⑥ 0+9=9

3 こたえが　おなじに　なる　カードを　せんで　むすびましょう。　1つ5てん（15てん）

1+5 6　3+6 9　4+6 10

3+7 10　4+2 6　5+4 9

思考・判断・表現　/25てん

4 あかい　ふうせんが　8こ、しろい　ふうせんが　2こ　あります。
ふうせんは　ぜんぶで　なんこ　ありますか。　しき10てん、こたえ5てん（15てん）

しき　8+2=10

こたえ（10）こ

できたらすごい!

5 えを　みて、5+3の　しきに　なる　もんだいを　つくりましょう。　1つ5てん（10てん）

こどもが　5にん　あそんで　います。そこに　3にん　きました。こどもは　（みんなで）　なんにんに　なりましたか。

ぴったり1

1 たし算カードの問題では、まず、それぞれの計算の答えを出してから、裏の答えと線で結びます。

2 「ある数」に0をたしても、0に「ある数」をたしても、答えは「ある数」になります。0をたし算に使うことは、子どもにとっては抵抗があるようです。おはじきなどの具体物を用いて、実際に操作させてみるとよいでしょう。

ぴったり2

3 絵を見て、0を含むたし算の式をつくる作業は、0のたし算の意味を知る上でとても重要です。単に0を含むたし算をくり返すのではなく、絵や具体物を使って、式の意味を理解させることが大切です。
実際にたし算カードを作って繰り返し練習させると、計算力がつくでしょう。

ぴったり3

1 ①は、「合わせる」場面なので、式は5+4=9でも正解です。
②は、「増える」場面なので、式を3+6=9としないようにしましょう。また、5+4=9を5+49のように、=をつけ忘れてしまう誤りが見られます。=の意味を理解することは、1年生には難しいかもしれませんが、計算の答えを書くときは、必ず=をつけるように注意しましょう。

3 初めに、それぞれのカードのたし算をして、答えをカードの近くに書いておいてから、同じ答えのカードと線で結ぶといった手順で作業するとよいでしょう。

4 「合わせていくつ」の場面なので、式を、2+8=10としてもかまいません。

5 「増えるといくつ」の場面だということを理解していれば、「ぜんぶで」なども正解です。このような問題は、たし算の意味が理解できているかを判断する上でとても大切です。

5 のこりは　いくつ　ちがいは　いくつ

ぴったり1　28ページ

◎ねらい
「のこりはいくつ」の場面では、「ひき算」を使うことを理解できるようにします。　れんしゅう ①③→

1 のこりは　なんこに　なりますか。

① 5から　3を　とると、のこりは　2に　なります。

② しきと　こたえを　かきましょう。

しき　5－3＝2　（5 ひく 3 は 2）　こたえ（ 2 ）こ

◎ねらい
ひき算の意味を理解し、式に書くことができるようにします。　れんしゅう ①②③→

2 あめが　10こ　ありました。6こ　たべました。のこりは　なんこですか。しきと　こたえを　かきましょう。

しき　10－6＝4　こたえ（ 4 ）こ

ぴったり2　29ページ

1 ひきざんの　しきを　かいて　こたえましょう。　きょうかしょ13～15ページ1・2

① しき　5－1＝4　こたえ（ 4 ）まい

② しき　8－3＝5　こたえ（ 5 ）ひき

2 カードが　9まい　あります。その　うち　2まいが　おもてです。うらは　なんまいですか。　きょうかしょ13ページ1、17ページ4

しき　9－2＝7　こたえ（ 7 ）まい

3 ひきざんを　しましょう。　きょうかしょ16ページ3

① 7－1＝6　② 6－3＝3

③ 10－5＝5　④ 10－8＝2

ぴったり1　30ページ

◎ねらい
ひかれる数が10までのひき算をカードの形でできるようにします。　れんしゅう ①②→

1 カードの　おもてと　うらを　せんで　むすびましょう。

おもて：10－9　7－1　9－4　8－6　9－5

うら：5　1　4　6　2

◎ねらい
0の意味を理解し、ひき算の式に使うことができるようにします。　れんしゅう ③→

2 バナナが　3ぼん　あります。

① 3ぼん　たべると、のこりは　なんぼんですか。

しき　3－3＝0　こたえ（ 0 ）ぼん

② 1ぽんも　たべないと、のこりは　なんぼんですか。

しき　3－0＝3　こたえ（ 3 ）ぼん

ぴったり2　31ページ

1 カードの　うらに、けいさんの　こたえを　かきましょう。　きょうかしょ18ページ1

① 7－6 → 1　② 8－5 → 3

③ 9－1 → 8　④ 10－2 → 8

2 こたえが　3に　なる　カードを　2つ　みつけて、きごうを　○で　かこみましょう。　きょうかしょ18ページ1

あ 10－3　い 5－2　う 6－5

え 8－4　お 2－1　か 10－7

3 のこりは　なんこに　なりますか。　きょうかしょ20ページ1

① しき　5－5＝0　こたえ（ 0 ）こ

② しき　5－0＝5　こたえ（ 5 ）こ

ぴったり1

1 ひき算を使う場面には、「残りはいくつ」の場面と、「違いはいくつ」の場面があります。ここでは、「残りはいくつ」の場面を式に表し、答えを求めます。

2 10からひくひき算を、具体物を使って確認します。この段階で10を構成する数の組み合わせがしっかりと理解できているか確認しましょう。ここで初めてひき算を学習するので、－(ひく)の記号の使い方や読み方を覚えさせましょう。

ぴったり2

1 ①は「1枚使うと」、②は「3匹すくうと」という言葉から、ひき算を使えば残りの数が求められることがわかります。

2 カードには表と裏があり、表になっているカードの数がわかれば、裏になっているカードの数を、ひき算を使って求められることを確認します。

ぴったり1

1 たし算カードのときと同様に、ひき算カードも、まず、それぞれのカードの計算をしてから、答えのカードと線で結びます。

2 0のひき算では、①のように答えが0になる場合(3－3＝0)と、②のように0をひく場合(3－0＝3)があります。

ぴったり2

2 あ～かのそれぞれのカードの計算をし、答えを近くに書いておいて、答えが3になるカードを見つけましょう。

3 どんなときにひき算に0が使われるかを、しっかりと理解することが大切です。答えに「0こ」と書くのは抵抗があるかもしれませんが、0も数の仲間であることを再認識させましょう。

ぴったり1 32ページ

ねらい 「いくつおおい」の場面でも、「ひき算」を使うことを理解できるようにします。 れんしゅう ① ②

1 みかんが 6こ、りんごが 3こ あります。

みかんと りんごを せんで むすんで いくと わかりやすいね。

ちがい

① どちらが おおいでしょうか。（ みかん ）

② なんこ おおいでしょうか。

しき 6－3＝3　こたえ（ 3 ）こ

ねらい 「ちがいはいくつ」の場面を、ひき算の式に表せるようにします。 れんしゅう ③

2 いぬと ねこの かずの ちがいは なんびきですか。しきと こたえを かきましょう。

ちがい

しき 5－4＝1

こたえ（ 1 ）ぴき

ひきざんでは、かならず おおきい かずから ちいさい かずを ひくよ。

ぴったり2 33ページ

❶ りんごは ももより なんこ おおいでしょうか。 きょうかしょ21ページ1

しき 7－5＝2　こたえ（ 2 ）こ

よくよんで

❷ こどもが 9にん、おとなが 6にん います。どちらが なんにん おおいでしょうか。 きょうかしょ23ページ2

しき 9－6＝3

こたえ（ こども ）が（ 3 ）にん おおい。

❸ かずの ちがいは いくつですか。 きょうかしょ23ページ3

①

しき 6－4＝2　こたえ（ 2 ）ひき

②

しき 4－3＝1　こたえ（ 1 ）だい

ぴったり1 34ページ

ねらい 文章を読んで、たし算かひき算かをよく考えて問題を解けるようにします。 れんしゅう ① ② ③

1 えんぴつが ふでばこに 3ぼん、えんぴつたてに 6ぽん あります。
えんぴつは あわせて なんぼん ありますか。

しき 3＋6＝9

こたえ（ 9 ）ほん

2 ふうとうが 5まい、カード(かーど)が 4まい あります。
ちがいは なんまいですか。

しき 5－4＝1

こたえ（ 1 ）まい

よくよんで

3 きんぎょが 8ぴき、めだかが 10ぴき います。
どちらが どれだけ おおいでしょうか。

しき 10－8＝2

こたえ（ めだか ）が（ 2 ）ひき おおい。

ぴったり2 35ページ

❶ バス(ばす)に 7にん のって います。
4にん おりると、のこりは なんにんに なりますか。 きょうかしょ25ページ1

しき 7－4＝3

こたえ（ 3 ）にん

もんだいの だいじな ところに しるしを つけると いいよ。「バスに 7にん のって います。4にん おりると、のこりは なんにんに なりますか。」

❷ ももが 4こ あります。
6こ もらうと、ぜんぶで なんこに なりますか。 きょうかしょ25ページ1

しき 4＋6＝10

こたえ（ 10 ）こ

よくよんで

❸ かぶとむしの めすが 3びき、おすが 6ぴき います。どちらが なんびき おおいでしょうか。 きょうかしょ25ページ1

しき 6－3＝3

こたえ（ おす ）が（ 3 ）びき おおい。

ぴったり1

1 「どちらがいくつ多い」という場合も、ひき算を使うことを学びます。みかんの数の方が多いので、みかんの6個とりんごの3個を対応させて、6－3の式を立てます。

2 「違いを求める」場面では、特に、大きい数から小さい数をひくことに注意させましょう。

ぴったり2

❷ 「どちらが何人多い」という設問には、「子どもが多いこと」と「3人多いこと」の2つのことについて答えなければなりません。

❸ ②のような「違いを求める」問題では、式を3－4＝1と書いてしまう誤りが見られます。ひき算では、ひかれる数はひく数より大きいか、等しいかのどちらかです。十分注意してあげてください。

ぴったり1

1 「合わせて何本」なので、たし算の場面だとわかります。式は、「合わせる」場面の問題なので、「6＋3＝9」と書いても正解です。

2 違いを求めるので、ひき算の場面です。違いを求めるときは、大きい方の数(封筒の5枚)から、小さい方の数(カードの4枚)をひいて答えを求めます。

3 「どちらがどれだけ多い」を求めるので、ひき算の場面です。「どちらが」と「どれだけ」の2つをたずねていることに注意させましょう。

ぴったり2

❶ 「残りは何人」を求めるので、ひき算の場面です。

❷ ももが初めに4個あって、6個もらったことで増えたのだから、増加のたし算の場面です。場面どおりに式にかくと、4＋6＝10になります。

❸ 「どちらがどれだけ多い」を求めるときはひき算で、必ず、大きいほうの数から、小さいほうの数をひきます。3－6＝3と書かないように注意しましょう。

知識・技能 ／70てん

❶ よくでる しきを かいて こたえましょう。 しき5てん、こたえ5てん(20てん)

① のこりは なんこに なりますか。

7こ あります。 2こ たべると

しき 7−2=5 こたえ（ 5 ）こ

② ちがいは なんぼんですか。

しき 8−7=1 こたえ（ 1 ）ぽん

❷ よくでる ひきざんを しましょう。 1つ5てん(30てん)

① 9−7=2 ② 6−1=5

③ 10−3=7 ④ 10−8=2

⑤ 7−7=0 ⑥ 0−0=0

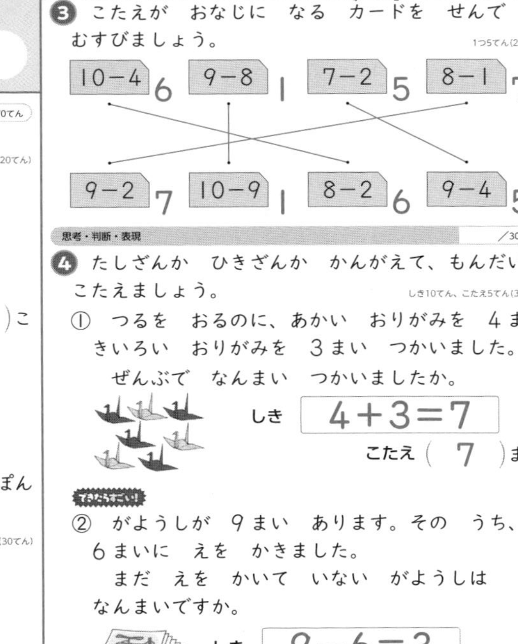
❸ こたえが おなじに なる カードを せんで むすびましょう。 1つ5てん(20てん)

10−4 6 9−8 1 7−2 5 8−1 7

9−2 7 10−9 1 8−2 6 9−4 5

思考・判断・表現 ／30てん

❹ たしざんか ひきざんか かんがえて、もんだいに こたえましょう。 しき10てん、こたえ5てん(30てん)

① つるを おるのに、あかい おりがみを 4まい、きいろい おりがみを 3まい つかいました。ぜんぶで なんまい つかいましたか。

しき 4+3=7 こたえ（ 7 ）まい

② がようしが 9まい あります。その うち、6まいに えを かきました。まだ えを かいて いない がようしは なんまいですか。

しき 9−6=3 こたえ（ 3 ）まい

ぴったり3

❶ ①は「残りを求める」問題です。また、②は「違いを求める」問題です。「のこりは」「ちがいは」という言葉は、ひき算のキーワードです。この言葉が出てきたら、答えはひき算で求められることをすぐに判断できるようになりましょう。

❷ 0のひき算は特に注意が必要です。⑤は答えが0になるひき算、⑥はひかれる数とひく数が0のひき算です。0のひき算も、ほかのひき算と同じように計算できることを、しっかり理解させましょう。

❸ いきなり線で結ぶのではなく、まずは、それぞれのカードの計算の答えを、近くに書かせるとよいでしょう。そのあと、同じ答えのカードと線で結ぶといった手順で作業させると、間違いを防ぐことができます。

❹ 「あわせていくつ」「ふえるといくつ」などの言葉は、たし算を使って答えを求めるときのキーワードです。また、「ちがいはいくつ」「のこりはいくつ」「どちらがどれだけおおい」などの言葉は、ひき算を使って答えを求めるときのキーワードです。同じような問題を繰り返し解いて、問題文からたし算とひき算のどちらを使えばよいかを、すぐに判断できるようになりましょう。
①は、「全部で何枚」ときかれている通り、「合わせていくつ」の場面なので、式を、「3+4=7」と書いても正解です。②は、「部分の数」を求めるひき算の問題です。9枚の画用紙は、絵がかかれた6枚と、絵がかかれていない何枚に分けることができるかに気づかせるとよいでしょう。

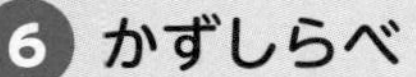

6 かずしらべ

ぴったり1 2　38ページ

◎ねらい 絵や図の数を表に表して、数の大小を読み取れるようにします。　れんしゅう①

1 はなの　かずを　せいりしましょう。

（5）（7）（6）（8）

① （　）に　はなの　かずを　かき、はなの　かずだけ　いろを　ぬりましょう。

② いちばん　おおい　はなは　どれですか。　（すみれ）

いちばん　おおく　ぬった　はなは　どれかな。

ゆり	ばら	きく	すみれ

1 むしの　かずだけ　いろを　ぬりましょう。　きょうかしょ28～31ページ1・2

よくよんで ▶いちばん　すくない　むしは　どれですか。　（せみ）

てんとうむし	かまきり	せみ	ばった	ちょう

ぴったり3　39ページ

知識・技能　／100てん

1 よくでる　どうぶつの　かずだけ　いろを　ぬりましょう。　1つ10てん（40てん）

▶いちばん　おおい　どうぶつは　どれですか。　（りす）

いぬ	ねこ	さる	りす

2 くだものの　かずだけ　いろを　ぬりましょう。　1つ10てん（60てん）

① 7こ　ある　くだものは　どれですか。　（ミカン）

② バナナと　おなじ　かずの　くだものは　どれですか。　（スイカ）

ミカン	バナナ	ブドウ	スイカ

7 10より　おおきい　かず

ぴったり1　40ページ

◎ねらい 10より大きい数を、「10といくつ」と考えて数えられるようにします。　れんしゅう①

1 いくつ　ありますか。

① 10と 2で 12（じゅうに）

② 10と 5で 15（じゅうご）

まず、10の　まとまりを　せんで　かこんで　みよう。

◎ねらい 20までの数の並び方がわかるようにします。　れんしゅう②

2 □に　かずを　かきましょう。

① 10－11－12－13－14

② 20－19－18－17－16

①は、1ずつ　おおきく　なって　いるね。②は、どうかな。

◎ねらい 数（数字）だけで、「10といくつ」の構成が理解できるようにします。　れんしゅう③

3 □に　かずを　かきましょう。

① 10と　3で 13　② 16は　10と 6

③ 18は 10と　8　④ 20は 10と　10

ぴったり2　41ページ

1 いくつ　ありますか。　きょうかしょ33～35ページ1～3

① 10と 4で 14

② 10と 6で 16

③ 18

✓と　しるしを　つけながら　かぞえると、まちがいが　すくなく　なるよ。

2 □に　かずを　かきましょう。　きょうかしょ39ページ7

① 16－17－18－19－20

② 17－16－15－14－13

3 □に　かずを　かきましょう。　きょうかしょ39ページ6

① 10と　1で 11　② 19は　10と 9

③ 10と　10で 20　④ 12は 10と　2

ぴったり1

1 下から色をぬるようにしましょう。花の数を比較しやすくなります。表を使うと数の大小がよくわかることに気づかせましょう。

ぴったり2

1 絵を数えるときは、2回数えたり、数え落としや重なりがないようにするため、数えたら✓や○などの印をつける習慣をつけさせましょう。

ぴったり3

1 数えた動物には印をつけていくようにさせます。
いちばん多い動物は、ぬった数がいちばん多いことに気づかせましょう。

2 絵や図を表に整理してみると、表からいろいろなことが読み取れることに気づかせましょう。問題にあるような内容のほかにも、表から読み取れることをたくさん話させるとよいでしょう。

ぴったり1

1 10のまとまりを線で囲むなどしながら、20までの2けたの数を「10といくつ」と見て表すことができるようにします。位取りがわからずに、「じゅうに」を「102」と書くような誤りが見られます。注意しましょう。

2 数が続けて2つ並んでいるところに着目します。①は、12－13のところから、数は1ずつ大きくなっていると考えます。数がどのような決まりで並んでいるのかよく見て、□に入る数を考えましょう。

ぴったり2

1 どれもばらばらに置かれているので、10のまとまりを線で囲むなどして、「10といくつ」の形をつくりましょう。また、数え落としや重なりがないように、数えたものに印をつけさせましょう。

2 ②は、17と15の間の数を考えましょう。数は右にいくほど小さくなっていることにも気づかせましょう。

3 「10といくつ」を基本に、20までの数の構成をとらえます。

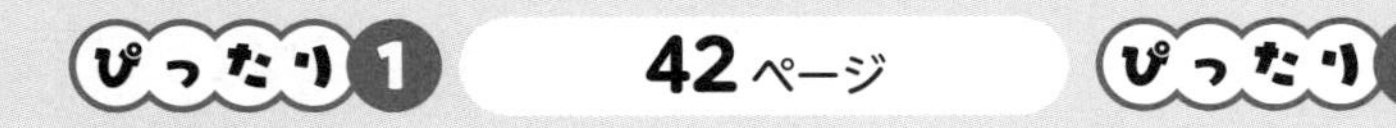

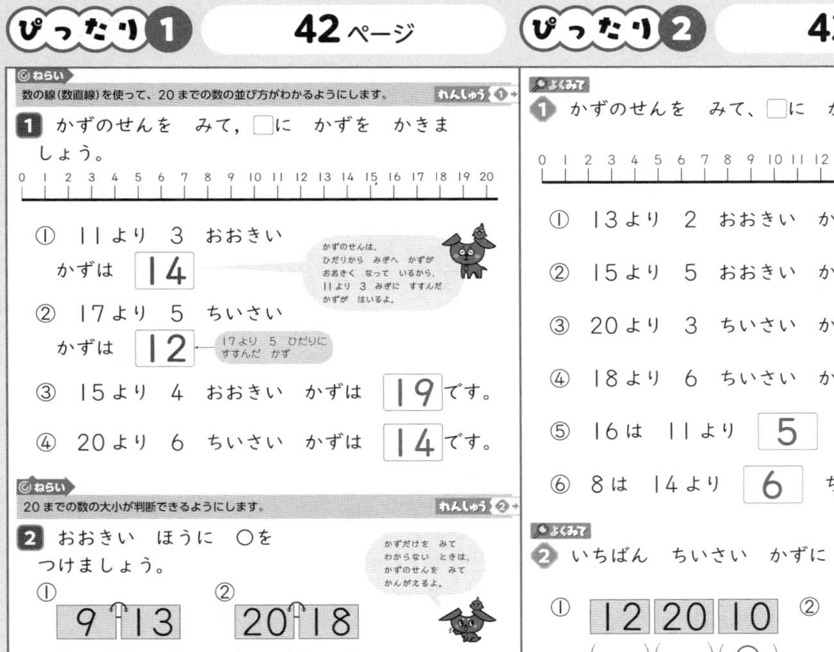

◎ねらい 数の線(数直線)を使って、20までの数の並び方がわかるようにします。 れんしゅう 1

1 かずのせんを みて、□に かずを かきましょう。

0 1 2 3 4 5 6 7 8 9 10 11 12 13 14 15 16 17 18 19 20

① 11より 3 おおきい かずは 14

② 17より 5 ちいさい かずは 12

③ 15より 4 おおきい かずは 19 です。

④ 20より 6 ちいさい かずは 14 です。

◎ねらい 20までの数の大小が判断できるようにします。 れんしゅう 2

2 おおきい ほうに ○を つけましょう。

① 9 13 ( )(○)

② 20 18 (○)( )

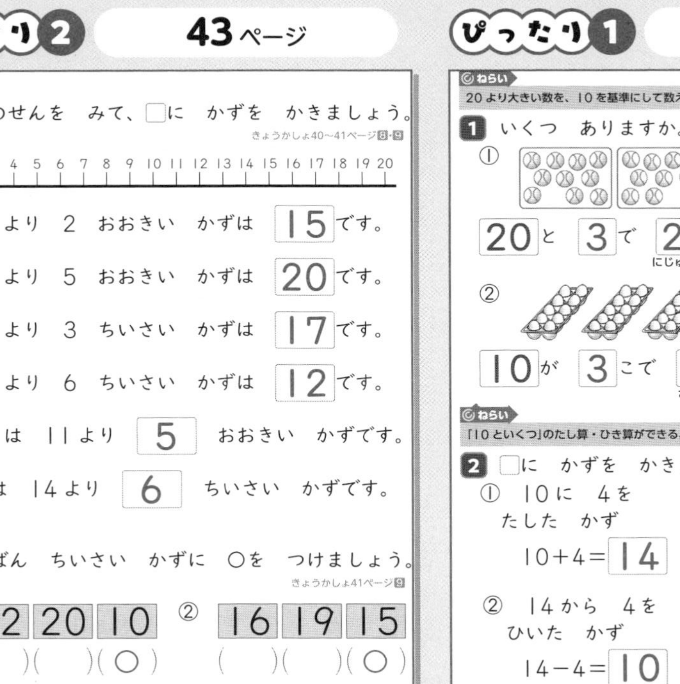

よくみて

❶ かずのせんを みて、□に かずを かきましょう。 きょうかしょ40～41ページ

0 1 2 3 4 5 6 7 8 9 10 11 12 13 14 15 16 17 18 19 20

① 13より 2 おおきい かずは 15 です。

② 15より 5 おおきい かずは 20 です。

③ 20より 3 ちいさい かずは 17 です。

④ 18より 6 ちいさい かずは 12 です。

⑤ 16は 11より 5 おおきい かずです。

⑥ 8は 14より 6 ちいさい かずです。

よくみて

❷ いちばん ちいさい かずに ○を つけましょう。 きょうかしょ41ページ

① 12 20 10 ( )( )(○)

② 16 19 15 ( )( )(○)

ぴったり1 44ページ

◎ねらい 20より大きい数を、10を基準にして数えられるようにします。 れんしゅう 1 2

1 いくつ ありますか。

① 20と 3で 23 にじゅうさん

② 10が 3こで 30 さんじゅう

◎ねらい 「10といくつ」のたし算・ひき算ができるようにします。 れんしゅう 3

2 □に かずを かきましょう。

① 10に 4を たした かず 10+4=14

② 14から 4を ひいた かず 14−4=10

ぴったり2 45ページ

❶ いくつ ありますか。 きょうかしょ42ページ

① 20と 5で 25

② 20と 8で 28

❷ なんえんですか。 きょうかしょ43ページ

① 19えん

② 26えん

❸ けいさんを しましょう。 きょうかしょ44～45ページ

① 10+5=15

② 18−8=10

③ 20+9=29

④ 14+4=18

⑤ 17−3=14

⑥ 26−5=21

ぴったり1

1 数の線(数直線)は、右へ進むほど数が大きくなり、左へ進むほど数が小さくなることを理解します。
また、数の0は「何もないこと」を表しますが、数の線(数直線)の0は、「始まり」の意味を持っていることにも気づかせましょう。

2 数の大きさが数字だけで比べられないときは、数の線(数直線)を使って考えるとよいでしょう。

ぴったり2

❶ ⑥は、8が14より、目もりがいくつ分小さいかを考えます。

8 9 10 11 12 13 14 (6 5 4 3 2 1)

目もりが6つ分小さいことを読み取りましょう。

❷ 慣れるまでは、3つの数を比べるときは、2つずつ比べて、いちばん小さい数を見つけるとよいでしょう。

ぴったり1

1 20より大きい数も、10のまとまりをつくって、「20といくつ」と見て数えます。

2 「10といくつ」をもとにして、20までの数の計算をします。

ぴったり2

❶ 数え落としや重なりがないように、数えたものに印をつけ、10ずつのまとまりをつくって数えます。

❷ お金の場合も、10のまとまりをつくって考えるとよいでしょう。

❸ くり上がり、くり下がりのない(2けた)+(1けた)や、(2けた)−(1けた)の計算です。
④の14+4は、「14を10と4に分けて、4+4=8、10と8で18」と考えます。
⑤の17−3は、「17を10と7に分けて、7−3=4、10と4で14」と考えます。

ぴったり3　46~47ページ

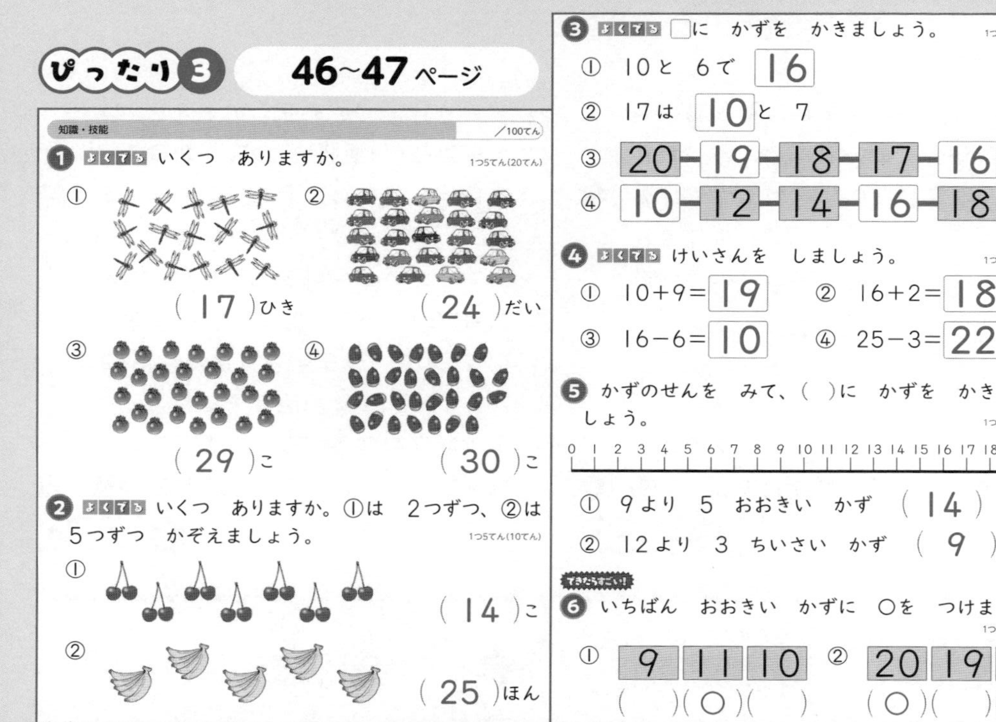
知識・技能　／100てん

1 よくでる いくつ　ありますか。　1つ5てん(20てん)

① (17)ひき　② (24)だい

③ (29)こ　④ (30)こ

2 よくでる いくつ　ありますか。①は　2つずつ、②は　5つずつ　かぞえましょう。　1つ5てん(10てん)

① (14)こ

② (25)ほん

3 よくでる □に　かずを　かきましょう。　1つ5てん(30てん)

① 10と　6で　16

② 17は　10と　7

③ 20−19−18−17−16

④ 10−12−14−16−18

4 よくでる けいさんを　しましょう。　1つ5てん(20てん)

① 10+9=19　② 16+2=18

③ 16−6=10　④ 25−3=22

5 かずのせんを　みて、(　)に　かずを　かきましょう。　1つ5てん(10てん)

0 1 2 3 4 5 6 7 8 9 10 11 12 13 14 15 16 17 18 19 20

① 9より　5　おおきい　かず　(14)

② 12より　3　ちいさい　かず　(9)

6 いちばん　おおきい　かずに　○を　つけましょう。　1つ5てん(10てん)

① 9　11　10　(　)(○)(　)　② 20　19　12　(○)(　)(　)

ぴったり3

1 10より大きい数を数えるときは、10ずつ線で囲んで、10のまとまりがいくつとばらがいくつあるかを調べます。
①は、10のまとまりが1こと7で17。
②は、10のまとまりが2こと4で24。
③は、10のまとまりが2こと9で29。
④は、10のまとまりが3こで30。

2 2ずつや5ずつ数えると、1ずつ数えるよりも速く正確に数えることができます。

3 ③④はまず、数がどのように並んでいるかを調べましょう。数が続けて2つ並んでいるところに着目します。
③は、18—17のところから、数は1ずつ小さくなっていることがわかります。
④は、12—14のところから、数は2ずつ大きくなっていることがわかります。

4 くり上がり、くり下がりのない(2けた)+(1けた)や、(2けた)—(1けた)の計算です。
②の16+2は、「16を10と6に分けて、6+2=8、10と8で18」と考えます。慣れてきたら、「一の位の計算が6+2=8だから、18」のように、スピードアップして計算してもよいでしょう。
④の25−3は、「25を20と5に分けて、5−3=2、20と2で22」と考えます。

5 数の線(数直線)を使って確かめながら答えを求めるとよいでしょう。

6 3つの数を比べるときは、2つずつ比べて、いちばん大きい数を見つける方法もあります。

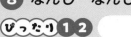

8 なんじ　なんじはん

ぴったり1 2　48ページ

◎ねらい　時計の「何時」と「何時半」が読めるようにします。　れんしゅう❶

1 とけいと　よみかたを　せんで　むすびましょう。

① 8じ　② 3じ　③ 7じはん

「〇じ」の ながい はりは 12を さすよ。

「〇じはん」の ながい はりは 6を さすよ。

❶ ながい　はりを　かきましょう。　きょうかしょ48ページ2

① 2じ　② 12じはん

みじかい はりが 2で、ながい はりは どこを さすか かんがえて、ここに ながい はりを かこう。

ぴったり3　49ページ

知識・技能　／85てん

1 よくみてね　なんじですか。または　なんじはんですか。　1つ15てん(45てん)

①（5）じ　②（11）じ　③（9）じはん

2 よくみてね　ながい　はりを　かきましょう。　1つ20てん(40てん)

① 1じはん　② 10じ

思考・判断・表現　／15てん

3 4じはんを　さす　とけいに　〇を　つけましょう。(15てん)

（　）（〇）

9 たしざんカード　ひきざんカード

ぴったり1 2　50ページ

◎ねらい　10までのたし算のカードを見て、並び方のきまりを見つけられるようにします。　れんしゅう❶

1 たしざんカードを　ならべます。

1+1	2+1	あ	4+1
1+2	2+2	3+2	4+2
1+3	2+3	3+3	4+3
い			

よこに みると こたえが 1ずつ ふえて いるよ。

① あに　はいる　カードは　3+1　です。

② いに　はいる　カードは　1+4　です。

よくみてね

❶ ひきざんカードを　ならべます。あ、い、うに　はいる　カードを　かきましょう。　きょうかしょ51ページ2

2−1	3−1	4−1	あ	6−1	7−1	8−1	9−1
	3−2	4−2	5−2	6−2	い	8−2	9−2
		4−3	5−3	6−3	7−3	8−3	9−3
			5−4	6−4	7−4	う	9−4

あ 5−1　い 7−2　う 8−4

ぴったり3　51ページ

知識・技能　／60てん

1 たしざんカードを　ならべます。あ、い、う、えに　はいる　カードを　かきましょう。　1つ15てん(60てん)

		4+2		
2+3	3+3	4+3	5+3	6+3
あ	3+4	4+4	5+4	え
	い	4+5	う	
		4+6		

あ 2+4　い 3+5　う 5+5　え 6+4

思考・判断・表現　／40てん

2 ならんだ　カードを　みて、（　）に　あう　ことばを　かきましょう。　1つ20てん(40てん)

7−1	8−1	9−1	10−1
7−2	8−2	9−2	10−2
7−3	8−3	9−3	10−3
7−4	8−4	9−4	10−4
7−5	8−5	9−5	10−5

① うえから　したに　みると、こたえが　1ずつ（へって）います。

② よこに　みると、こたえが　1ずつ（ふえて）います。

ぴったり1

1 「何時何分」の読み方については、1年生のあとの方の単元で学習します。ここでは「〇時」「〇時半」まで読むことができるようにすることが目標です。

ぴったり2

❶ 「〇時」のときの長針は、必ず12を指し、「〇時半」のときの長針は、必ず6を指すことを覚えさせましょう。

ぴったり3

❶ ③を「10時半」と読む誤りが見られます。短針が目もりの数字と数字の間にあるときは、小さい方の目もりの数字を読むことを理解させましょう。

❷ 長針をかき入れるときは、短針の位置にも注意させましょう。完成した時計の図を見て、「何時」か、また「何時半」かを読んで、答えの確かめもしておくとよいでしょう。

❸ 長針はどちらも6を指しているので「〇時半」ということが確認できます。短針の位置に注意して選びます。

ぴったり1

1 カードを左から右に見ると、たされる数が1ずつ増え、上から下に見ると、たす数が1ずつ増えていることに気づかせましょう。

ぴったり2

❶ カードを左から右に見ると、ひかれる数が1ずつ増え、上から下に見ると、ひく数が1ずつ増えていることから合うカードを考えます。

ぴったり3

❶ 並んだカードの形がこれまでと違って1+1から始まっていませんが、並べ方のきまりから、同じように合うカードを考えましょう。

❷ ひかれる数が大きいカードが並んでいますが、同じ決まりで並んでいます。①は「少なくなって」、②は「多くなって」など、同じ意味のことが書かれていれば正解です。

10 3つの　かずの　けいさん

ぴったり1　52ページ

ねらい　3つの数のたし算ができるようにします。　れんしゅう ①②

1 はとは　みんなで　なんばに　なりましたか。

しき　4 + 2 + 1 = 7

こたえ（ 7 ）わ

ねらい　3つの数のひき算ができるようにします。　れんしゅう ③④

2 みかんは　なんこに　なりましたか。

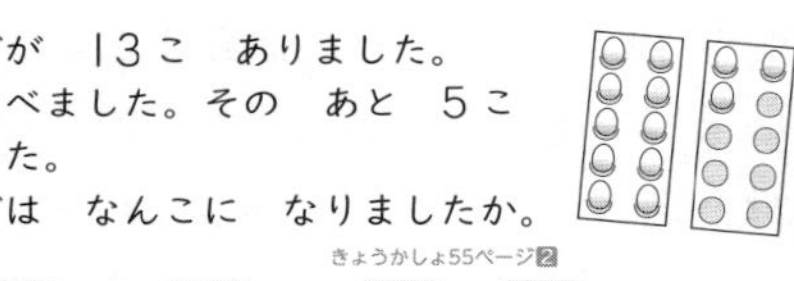

しき　10 − 2 − 3 = 5

こたえ（ 5 ）こ

ぴったり2　53ページ

よくよんで

❶ こどもが　6にん　あそんで　いました。4にん　きました。その　あと　3にん　きました。
こどもは　みんなで　なんにんに　なりましたか。　きょうかしょ53ページ1

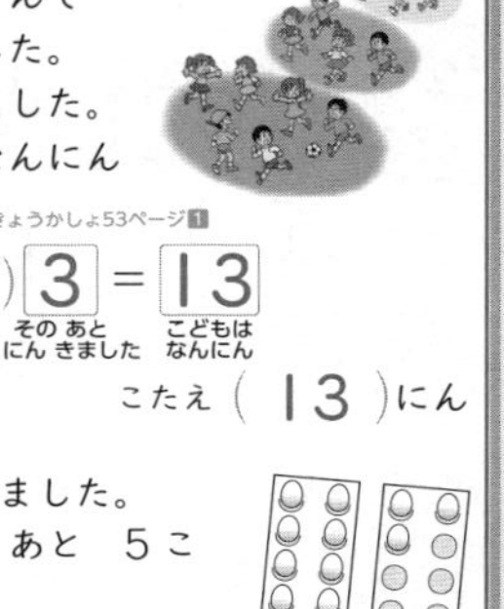

しき　6（+）4（+）3 = 13
（こども6にん）（4にん きました）（その あと 3にん きました）（こどもは なんにん）

こたえ（ 13 ）にん

よくよんで

❷ たまごが　13こ　ありました。3こ　たべました。その　あと　5こ　たべました。
たまごは　なんこに　なりましたか。　きょうかしょ55ページ2

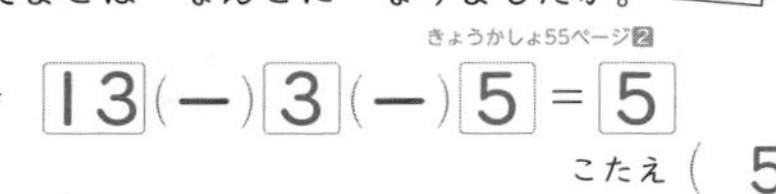

しき　13（−）3（−）5 = 5

こたえ（ 5 ）こ

❸ けいさんを　しましょう。　きょうかしょ53〜55ページ1・2

① 1+4+5= 10　② 8+2+7= 17

③ 9−3−1= 5　④ 10−1−6= 3

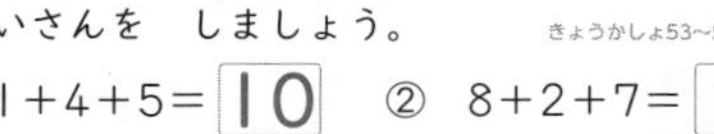
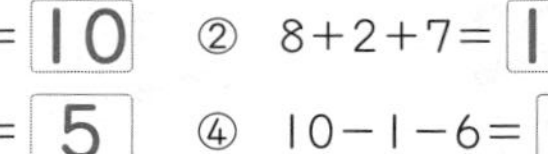
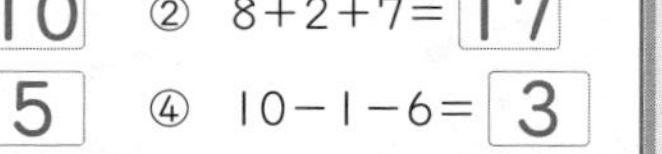

ぴったり1　54ページ

ねらい　たし算やひき算がまじった3つの数の計算ができるようにします。　れんしゅう ①②

1 いろがみは　なんまいに　なりましたか。

しき　5（−）3（+）2 = 4

こたえ（ 4 ）まい

ねらい　3つの数の計算になる場面を考えて、問題を作れるようにします。　れんしゅう ③

2 2+3+1 の　しきに　なる　もんだいを　つくります。□に　かずを　かき、（　）に　ことばを　かきましょう。

▶りすが　2ひき　います。 3 びき　きました。その　あと 1 ぴき　きました。（ みんなで ）　なんびきに　なりましたか。

ぴったり2　55ページ

❶ りんごが　2こ　ありました。6こ　かってきて、3こ　たべました。
りんごは　なんこに　なりましたか。　きょうかしょ56ページ3

しき　2（+）6（−）3 = 5

こたえ（ 5 ）こ

❷ よくみて　けいさんを　しましょう。　きょうかしょ56ページ3

① 9−8+4= 5　② 5+2−1= 6

③ 10−7+1= 4　④ 4+6−8= 2

よくみて

❸ 4+2−2 の　しきに　なるように、あ、い、うの　えを　ならびかえましょう。　きょうかしょ57ページ4

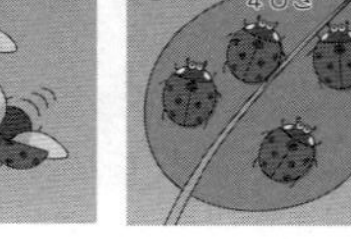
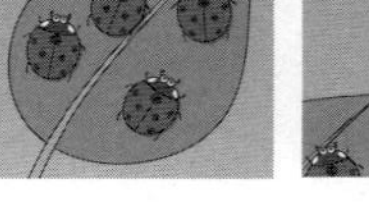

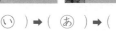

（ い ）➡（ あ ）➡（ う ）

ぴったり1

1 3つの数のたし算の計算は、左から順にたしていきます。たす数が3つになっても、1つの式に表すことができることを理解させましょう。

2 3つの数のひき算も、左から順に計算していきます。

ぴったり2

❶ 増える場面なので、たし算の式になります。

❷ 13から3をひく計算は、「10よりおおきいかず」の単元で学びました。13−3=10が求められたら、10−5も計算ができるので、順を追って計算すれば答えを求めることができることを理解させましょう。

❸ +や−の記号に気をつけて、左から順に計算していきましょう。

ぴったり1

1 問題をよく見て、色紙の数が増えるのか減るのかを考えさせましょう。たし算とひき算がまじった式の計算も、左から順に計算していきます。

2 増える場面だということを理解していれば、「みんなで」の部分は「ぜんぶで」などでも正解です。

ぴったり2

❶ 初めにりんごが2個あるところに、6個増えて、3個減ったので、たし算とひき算がまじった式になります。式に表すときは、数の順番を間違えないようにしましょう。

❸ 「はじめにてんとうむしが4ひきいます。そこへ2ひきとんできて、2ひきとんでいきました。」という場面になるように並びかえましょう。

ぴったり3　56~57ページ

知識・技能　／40てん

❶ よくでる けいさんを　しましょう。　1つ5てん(40てん)

① 5+2+3=10　② 9+1+6=16
③ 10−5−3=2　④ 13−3−8=2
⑤ 10−6+5=9　⑥ 10−8+4=6
⑦ 4+6−1=9　⑧ 7+1−3=5

思考・判断・表現　／60てん

❷ ちゅうしゃじょうに　くるまが　8だい　とまって　います。2だい　はいって　きました。その　あと　2だい　はいって　きました。
くるまは　ぜんぶで　なんだいに　なりましたか。
1つの　しきに　かいて、こたえましょう。　しき10てん、こたえ5てん(15てん)

しき　8+2+2=12

こたえ（12）だい

❸ こうえんの　いけに　かもが　15わ　います。
はじめに　5わ　とんで　いきました。
つぎに　3わ　とんで　いきました。
かもは　なんばに　なりましたか。
1つの　しきに　かいて、こたえましょう。　しき10てん、こたえ5てん(15てん)

しき　15−5−3=7

こたえ（7）わ

❹ 7+3−4の　しきに　なる　もんだいを　つくりましょう。　1つ5てん(10てん)

バスに　おきゃくが　7にん　のって　います。バスていで　3にん　のって、4にん　おりました。おきゃくは　なんにんに　なりましたか。

できたらすごい！

❺ つぎの　しきが　ただしい　しきに　なるように、（　）に　＋か　−の　きごうを　かきましょう。　1つ5てん(20てん)

① 6+4（＋）4=14
② 13−3（−）4=6
③ 10−7（＋）4=7
④ 2+8（−）3=7

ぴったり3

❶ 3つの数の計算は、必ず左から順にすることをしっかりと理解させましょう。1つ目の計算(左と真ん中の数字の計算)の答えを、小さく書いておくと、計算がしやすくなり、間違いを防ぐことができます。まちがえた問題は、ブロックを使って考えてみるとよいでしょう。

❷ 最初に車が8台あるところに、2台ずつ、2回入ってきたので、式は「8+2+2」になります。式の意味を説明してあげてください。

❸ かもが15羽いたところから、最初に5羽減って、次に3羽減ったので、式は「15−5−3」になります。わからないときは、ブロックなどを使って、減る様子を操作させるとよいでしょう。また、繰り返し問題を解いて、1つの式に書くことに慣れていきましょう。

❹ たし算とひき算がまじった式になる問題をつくります。「のる」で増えて、「おりる」で減っていることに気づかせましょう。日常の中でどのような場面がたし算になり、どのような場面がひき算になるのか、探してみましょう。

❺ 次のように考えます。
①6+4=10をします。その答えの10と14では14が大きいので、10+4=14で、（　）に入る答えは＋になります。
②13−3=10をします。その答えの10と6では10が大きいので、10−4=6で、（　）に入る答えは−になります。
③10−7=3をします。その答えの3と7では7が大きいので、3+4=7で、（　）に入る答えは＋になります。
④2+8=10をします。その答えの10と7では10が大きいので、10−3=7で、（　）に入る答えは−になります。

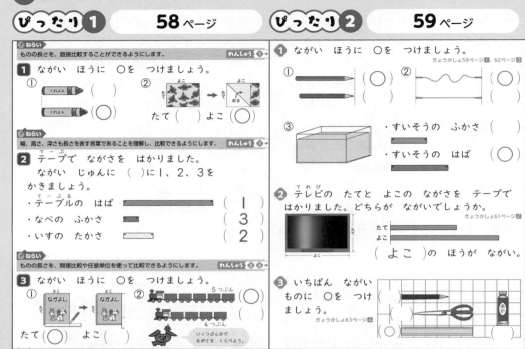

11 ながさくらべ

ぴったり1 58ページ　ぴったり2 59ページ

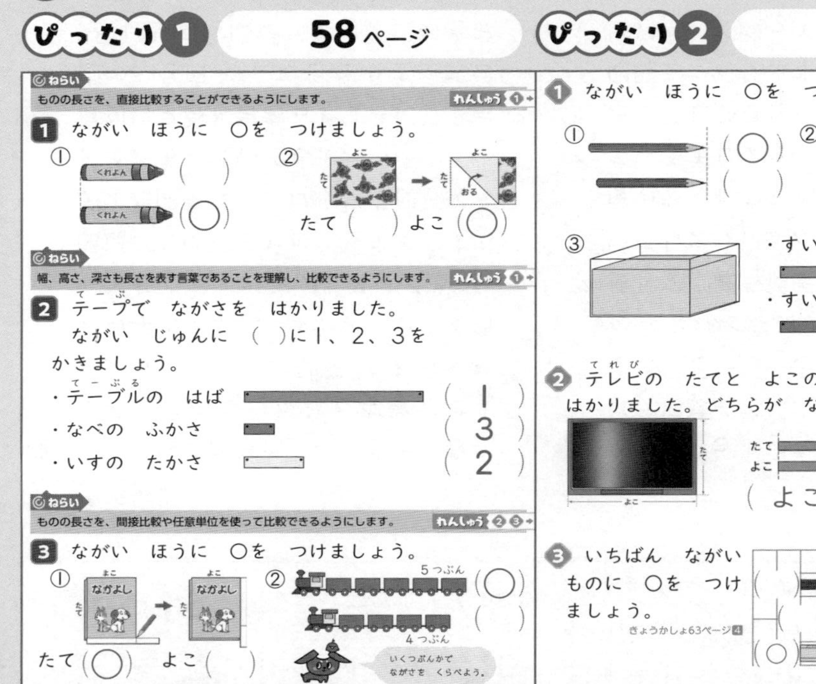

ぴったり1

ねらい　ものの長さを、直接比較することができるようにします。　れんしゅう①

1 ながい　ほうに　○を　つけましょう。

① (　) (○)

② たて(　) よこ(○)

ねらい　幅、高さ、深さも長さを表す言葉であることを理解し、比較できるようにします。　れんしゅう①

2 テープで　ながさを　はかりました。ながい　じゅんに　(　)に1、2、3を　かきましょう。

・テーブルの　はば　(1)

・なべの　ふかさ　(3)

・いすの　たかさ　(2)

ねらい　ものの長さを、間接比較や任意単位を使って比較できるようにします。　れんしゅう②③

3 ながい　ほうに　○を　つけましょう。

① たて(○) よこ(　)

② 5つぶん (○)　4つぶん (　)

いくつぶんかで　ながさを　くらべよう。

ぴったり2

1 ながい　ほうに　○を　つけましょう。　きょうかしょ59ページ1、62ページ3

① (○) (　)

② (○) (　)

③ ・すいそうの　ふかさ　(　)　・すいそうの　はば　(○)

2 テレビの　たてと　よこの　ながさを　テープで　はかりました。どちらが　ながいでしょうか。　きょうかしょ61ページ2

(よこ)の　ほうが　ながい。

3 いちばん　ながい　ものに　○を　つけましょう。　きょうかしょ63ページ4

(　) (　) (○)

ぴったり3 60~61ページ

知識・技能　／55てん

1 よくでる　いちばん　ながいのは　あ、い、うの　どれですか。　1つ10てん(20てん)

① (う)　② (あ)

2 よくでる　えを　みて、こたえましょう。　①②1つ5てん③ぜんぶできて10てん(35てん)

① あ、い、う、えは、めもり　いくつぶんの　ながさですか。

あ(5)つぶん　い(6)つぶん　う(2)つぶん　え(3)つぶん

てきたらすごい!

② いは　うより　めもり　(4)つぶん　ながい。

③ ながい　じゅんに　あ、い、う、えを　かきましょう。

(い)→(あ)→(え)→(う)

思考・判断・表現　／45てん

3 えを　みて、あ、い、う、えで　こたえましょう。　1つ10てん(20てん)

① あより　ながい　えんぴつは　どれですか。　(う)

② あと　おなじ　ながさの　えんぴつは　どれですか。　(え)

てきたらすごい!

4 ひもの　ながさを　くらべます。□に　かずを　かきましょう。　1つ10てん(20てん)

① いは　あより　ますの　4こぶん　ながいです。

② うは　あより　ますの　2こぶん　ながいです。

てきたらすごい!

5 どちらが　どれだけ　ながいでしょうか。(　)に　きごうを、□に　かずを　かきましょう。　(ぜんぶできて5てん)

(い)が　1こぶん　ながい。

ぴったり1

1 長さを比べる方法には、大きく分けて、「直接比較」と「間接比較」の2種類があります。ここでは、2つの直接比較のしかたを学習します。

①一方の端をそろえて並べ、もう一方の端の長短で長さを比べます。

②一方の辺(縦)を折り曲げて、他方の辺(横)に重ね合わせたとき、余りのある方が長いことになります。

3 ①は、直接比較ができないので、他のもの(テープなど)に長さを写し取って比べる、間接比較を使います。

ぴったり2

1 ①は、右端の鉛筆の先の方をそろえているので、左端を見て長短を比べます。

②は、なわとびの両端がそろっているので、なわとびのひもの曲がりがある方が長いことになります。

3 ます目の数で比べます。鉛筆などそれぞれが、ます目のいくつ分かを先に数え、小さく書いておいてから、いちばん長いものに○をつけさせましょう。絵の具は縦にます目を数えます。

ぴったり3

1 ①は、2つずつ比べていきます。あといではあの方が長い、あとうではうの方が長いと、順序立てて比較していきましょう。

②は、いちばんひもの曲がりの多いものを選びます。実際にひもを使って長さを比べてみるのもよいでしょう。

2 目もりを1つの単位(任意単位)として長さを表します。この考え方は、2年生で学習するcm、mmで長さを表す学習への導入となります。しっかりと理解させましょう。

3 ますは正方形なので、縦も横も同じ長さです。だから、縦でも横でもます目の数で長さを比べることができます。

4 それぞれの長さは、あが14ます分、いが18ます分、うが16ます分です。数えたら近くに数字を書いておきましょう。

5 同じクリップがつながっているので、クリップを1つの単位として、長さを比べます。あが7個分、いが8個分の長さです。

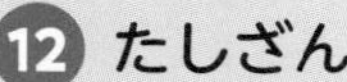

12 たしざん

ぴったり1　62ページ

ねらい　くり上がりのあるたし算ができるようにします。　れんしゅう①

1 けいさんの　しかたを　かんがえましょう。

① 9+3

9+3の　けいさんの　しかた
❶ 9に　3の　なかの　1　を　たして　10
❷ 10と　2　で　12

（9は、あと　いくつで　10に　なるか　かんがえよう。）

② 3+8

3+8の　けいさんの　しかた
❶ 8に　3の　なかの　2　を　たして　10
❷ 10と　1　で　11

（3+8では、8の　ほうが　10に　しやすいね。）

ねらい　カードを使って、くり上がりのあるたし算の練習をします。　れんしゅう②

よくよんで

2 こたえが　11に　なる　カードを　2つ　みつけて、○を　つけましょう。

6+8（　）　9+2（○）　7+5（　）　5+6（○）

ぴったり2　63ページ

よくよんで

1 けいさんの　しかたを　かんがえながら、□に　かずを　かきましょう。　きょうかしょ73～74ページ2～4

① 9+5 → 9に　1　を　たして　10　10と　4　で　14
② 7+4 → 7に　3　を　たして　10　10と　1　で　11
③ 8+7 → 8に　2　を　たして　10　10と　5　で　15
④ 2+9 → 9に　1　を　たして　10　10と　1　で　11
⑤ 4+8 → 8に　2　を　たして　10　10と　2　で　12

2 カードの　おもてと　うらを　せんで　むすびましょう。　きょうかしょ75ページ1

おもて　4+7　うら　11

おもて：9+8、8+5、6+9
うら：13、17、15
（9+8—17、8+5—13、6+9—15）

（まず　けいさんを　ぜんぶ　して、よこに　こたえを　かこう。つぎに　あう　こたえと　せんで　むすぼよ。）

ぴったり3　64～65ページ

知識・技能　／72てん

1 よくよんで　たしざんを　しましょう。　1つ4てん(32てん)

① 9+6=15　② 8+7=15
③ 5+8=13　④ 4+7=11
⑤ 7+6=13　⑥ 9+9=18
⑦ 7+9=16　⑧ 6+8=14

2 まんなかの　かずに　まわりの　かずを　たしましょう。　1つ4てん(24てん)

（まんなか 8／まわり 4, 6, 8, 9, 5, 7／こたえ 12, 14, 16, 17, 13, 15）

3 こたえが　12に　なる　カードを　2つ　みつけて、○を　つけましょう。　1つ4てん(8てん)

3+8（　）　6+6（○）　9+7（　）
7+7（　）　4+9（　）　5+7（○）

4 こたえの　おおきい　ほうに　○を　つけましょう。　1つ4てん(8てん)

① 9+4（　）　7+8（○）
② 7+6（○）　6+5（　）

思考・判断・表現　／28てん

5 よくよんで　りかさんは　シールを　8まい　もって　います。ともだちから　3まい　もらうと、ぜんぶで　なんまいに　なりますか。　しき5てん、こたえ5てん(10てん)

しき　8+3=11
こたえ（11）まい

6 よくよんで　バスていに　おとなが　6にん、こどもが　7にん　います。みんなで　なんにん　いますか。　しき5てん、こたえ5てん(10てん)

しき　6+7=13
こたえ（13）にん

7 えを　みて、7+5の　しきに　なる　もんだいを　つくりましょう。　1つ4てん(8てん)

すいそうに　きんぎょが　7ひき　います。あと　5　ひき　いれると、（ぜんぶで）　なんびきに　なりますか。

ぴったり1

1 くり上がりのあるたし算のしかたを学びます。
①の「9+3」では、たされる数(9)に、あといくつたすと10になるかを考えて、たす数(3)を2つの数に分けて計算します。
②の3+8のような場合、たす数(8)の方が10にしやすいので、3+8=1+(2+8)=11と考えて答えを求めます。

ぴったり2

1 ①～③は、たされる数を10に、④⑤はたす数を10にする計算方法です。
ここでは、計算方法を固定していますが、どちらの方法でも、お子さんのやりやすい方法で計算できればよいでしょう。

2 カードを使ってたし算を練習させましょう。答えが同じになる式を見つけたり、カードの答えの大きさを比べたりして、たし算に慣れさせるようにしてください。

ぴったり3

1 くり上がりのあるたし算は、まず10のまとまりをつくることをしっかりと理解させましょう。

3 それぞれの式の答えは、3+8=11、6+6=12、9+7=16、7+7=14、4+9=13、5+7=12となります。

4 まず、カードの答えを近くに書いてから、それぞれの大小を比べさせるとよいでしょう。

5 「3枚もらう」ということは、「3枚増える」という意味なので、8+3という式になります。式を3+8とすると意味が違うので、注意しましょう。

6 大人の数と子どもの数からバス停にいる人の数を求める「合わせていくつ」の場面なので、たし算です。式は7+6としても正解です。

7 「増えるといくつ」の場面のたし算の問題をつくります。「みんなで」などでも正解です。

13 ひろさくらべ

ぴったり1 2　66ページ　　ぴったり3　67ページ

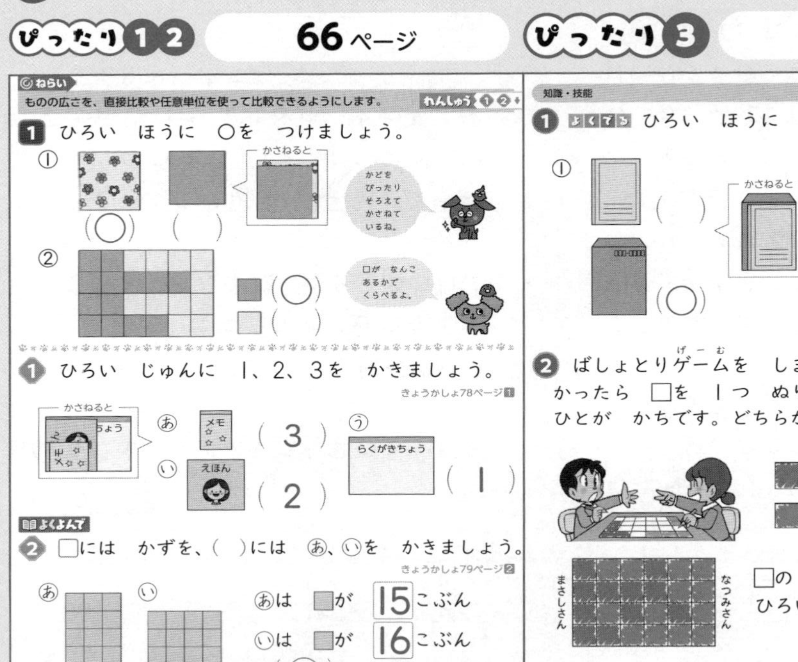

ねらい ものの広さを、直接比較や任意単位を使って比較できるようにします。　れんしゅう 1 2

1 ひろい ほうに ○を つけましょう。

① (○) ( )

② ■(○) ■( )

1 ひろい じゅんに 1、2、3を かきましょう。　きょうかしょ78ページ1

あ (3)　い (2)　う (1)

よくよんで
2 □には かずを、( )には あ、いを かきましょう。　きょうかしょ79ページ2

あは ■が 15こぶん
いは ■が 16こぶん
▶(い)の ほうが ひろい。

知識・技能　/100てん

1 よくでる ひろい ほうに ○を つけましょう。　1つ20てん(40てん)

① ( ) (○)　② ■( ) ■(○)　8こ　12こ

2 ばしょとりゲームを します。じゃんけんを して、かったら □を 1つ ぬります。ひろく ぬった ひとが かちです。どちらが かちましたか。　1つ20てん(60てん)

■は (11)こ
■は (13)こ

□の かずが おおい ほうが ひろいので、かったのは (なつみ)さん

14 ひきざん

ぴったり1　68ページ　　ぴったり2　69ページ

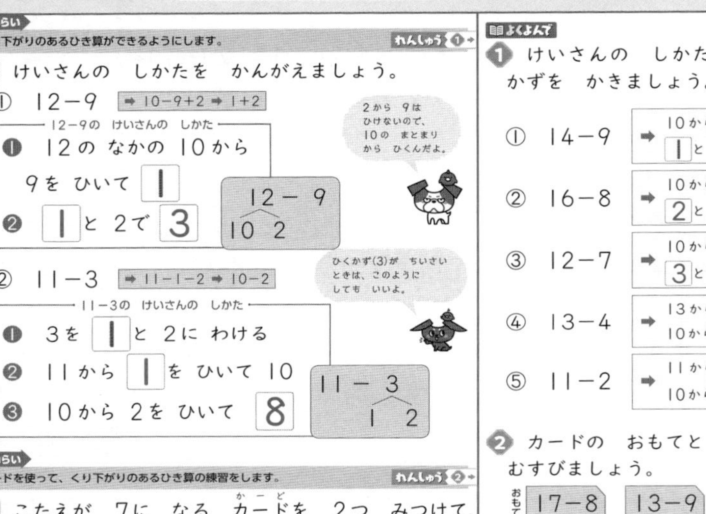

ねらい くり下がりのあるひき算ができるようにします。　れんしゅう 1

1 けいさんの しかたを かんがえましょう。

① 12−9　➡ 10−9+2 ➡ 1+2

12−9の けいさんの しかた
❶ 12の なかの 10から 9を ひいて 1
❷ 1と 2で 3

② 11−3　➡ 11−1−2 ➡ 10−2

11−3の けいさんの しかた
❶ 3を 1と 2に わける
❷ 11から 1を ひいて 10
❸ 10から 2を ひいて 8

ねらい カードを使って、くり下がりのあるひき算の練習をします。　れんしゅう 2

2 こたえが 7に なる カードを 2つ みつけて、○を つけましょう。

12−4 ( )　14−8 ( )　13−6 (○)　16−9 (○)

よくよんで
1 けいさんの しかたを かんがえながら、□に かずを かきましょう。　きょうかしょ83〜85ページ2〜4

① 14−9 ➡ 10から 9を ひいて 1　1と 4で 5
② 16−8 ➡ 10から 8を ひいて 2　2と 6で 8
③ 12−7 ➡ 10から 7を ひいて 3　3と 2で 5
④ 13−4 ➡ 13から 3を ひいて 10　10から 1を ひいて 9
⑤ 11−2 ➡ 11から 1を ひいて 10　10から 1を ひいて 9

2 カードの おもてと うらを せんで むすびましょう。　きょうかしょ86ページ1

おもて　17−8　13−9　15−7　12−6
うら　8　9　6　4

ぴったり1

1 ①では、異なる大きさのものは、角を合わせて重ねることで、広さの大小が比べられることを理解させましょう。重ね合わせてはみ出したものの方が広いことがわかります。
②は、青の□が13個分、黄の□が11個分あるので、青の□の方が広いとわかります。

ぴったり2

❶ 3つに増えても、角をそろえて重ね合わせることで広さを比べることができます。

ぴったり3

❶ ①は、直接比較の問題です。身の回りのもので直接比較を繰り返し行い、広さを比べる方法に慣れましょう。
②は、ます目を1つの単位として、その数で広さを比べています。緑の□は8個分、ピンクの□は12個分なので、ピンクの□の方が広いとわかります。数えたます目を書いておくと、比べやすくなります。

❷ 長さや広さは、基準とする量をもとにして比べることができることを、確認してあげてください。

ぴったり1

1 くり下がりのあるひき算のしかたには2つの方法があります。
①の12−9の場合、ひかれる数(12)を10といくつに分けて、10からひく数(9)をひき、その答えにいくつ(2)をたして答えを出します。これを「減加法」といいます。
②の11−3の場合、ひかれる数(11)の一の位の数に合わせて、ひく数(3)を1と2に分けて、答えを出します。これを「減々法」といいます。

ぴったり2

❶ ①〜③は減加法、④⑤は減々法の計算方法です。教科書では、減加法を中心に扱っていますが、お子さんの思考に合った計算方法を認めてあげて、速く正確に計算できるようにしましょう。

❷ ひき算の答えを、カードの近くに書いておくとよいでしょう。
たし算はできても、ひき算でつまずくお子さんがいます。カードを使って何度でも計算させ、くり下がりのあるひき算をマスターさせましょう。

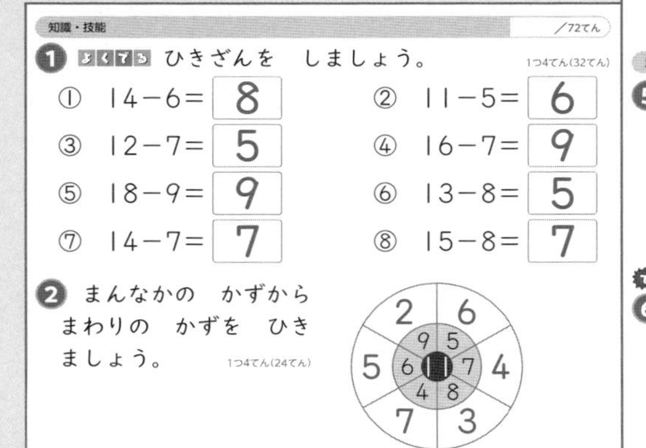

知識・技能 /72てん
1 よくでる ひきざんを しましょう。 1つ4てん(32てん)
① 14−6= 8 ② 11−5= 6
③ 12−7= 5 ④ 16−7= 9
⑤ 18−9= 9 ⑥ 13−8= 5
⑦ 14−7= 7 ⑧ 15−8= 7
2 まんなかの かずから まわりの かずを ひきましょう。 1つ4てん(24てん)
3 よくでる こたえが 6に なる カードを 2つ みつけて、○を つけましょう。 1つ4てん(8てん)
11−2 13−6 15−9 (○)
13−7 (○) 12−5 15−6

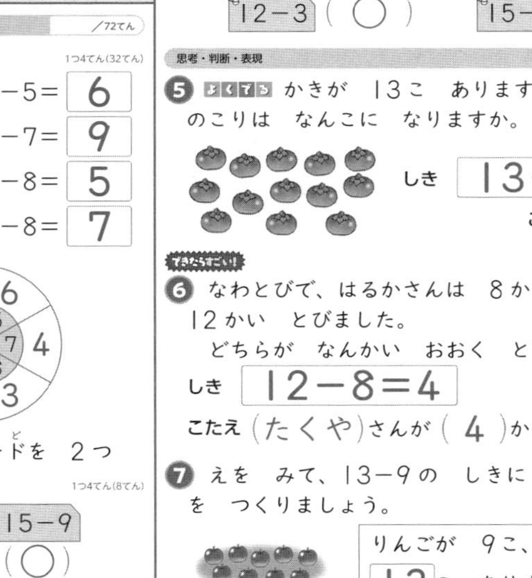

4 こたえの おおきい ほうに ○を つけましょう。 1つ4てん(8てん)
① 17−9 ( ) 12−3 (○) ② 14−5 (○) 15−7 ( )
思考・判断・表現 /28てん
5 よくでる かきが 13こ あります。5こ たべると、のこりは なんこに なりますか。 しき4てん、こたえ4てん(8てん)
しき 13−5=8
こたえ (8)こ
6 なわとびで、はるかさんは 8かい、たくやさんは 12かい とびました。
どちらが なんかい おおく とびましたか。 しき5てん、こたえ5てん(10てん)
しき 12−8=4
こたえ (たくや)さんが (4)かい おおく とんだ。
7 えを みて、13−9の しきに なる もんだいを つくりましょう。 1つ5てん(10てん)
りんごが 9こ、みかんが 13こ あります。りんごと みかんの かずの (ちがい)は なんこですか。

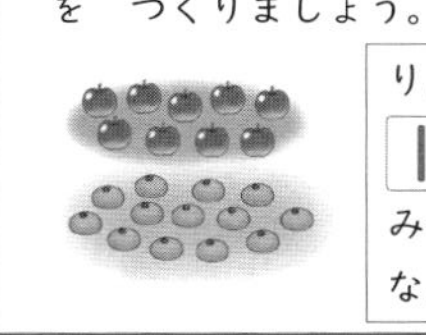

15 かさくらべ

ぴったり1 72ページ
ねらい かさを、直接比較することができるようにします。
1 おおく はいるのは あ、いの どちらですか。
① (い) ② (あ)
ねらい かさを、間接比較することができるようにします。
2 おおい ほうに ○を つけましょう。
おなじ おおきさの コップに のみものを いれて くらべるよ。
( ) (○)
ねらい かさを、任意単位を使って比較することができるようにします。
3 おおく はいる ほうに ○を つけましょう。
で 8ぱいぶん ( ) で 9はいぶん (○)
ぴったり2 73ページ
1 おおく はいるのは あ、いの どちらですか。 きょうかしょ88ページ1
① (あ) ② (あ)
②は みずの たかさが おなじに なって いるよ。
よくよんで
2 あと いの すいとうに はいる みずの かさを くらべます。 きょうかしょ89ページ2
① それぞれ で なんばい はいりますか。
あ で (9)はい
い で (10)ぱい
② どちらが どれだけ おおく はいりますか。
(い)が で (1)ぱいぶん おおく はいる。
あ、いを かこう。 すうじを かこう。

ぴったり3

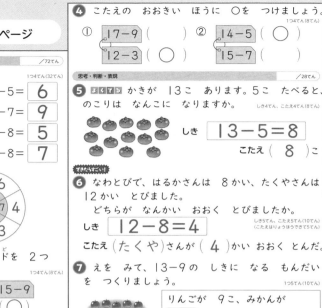

❶ くり下がりのあるひき算は、まず10からひいて、その答えと残りの数を合わせるしかたをきちんと理解させてください。

❷ 真ん中の数の11から、まわりの数をひいていきます。いろいろなやり方で、くり下がりのあるひき算の練習をしましょう。

❸ それぞれの式の答えは、11−2=9、13−6=7、15−9=6、13−7=6、12−5=7、15−6=9となります。

❺ 「残りは何個」を求めるので、式はひき算になります。ほかにも「違いはいくつ」などの問題もひき算で表すことを確認してあげてください。

❻ 「どちらが何回多くとびましたか」を求めるので、「どちら」と「何回」の2つのことについて答えなければなりません。文章題では、何を答えなければならないかを読み取ることがとても重要です。

❼ 「違いはいくつ」のひき算の場面を理解しているか確認しましょう。

ぴったり1

1 水のかさを、ほかの入れものを使わないで比較する「直接比較」のやり方です。もう一方の入れものに水を移しかえたとき、水があふれるかどうかで判断をします。

2 かさを、別の入れものに移しかえて比較する「間接比較」のやり方です。移しかえた入れものは同じ大きさなので、それぞれの高さを比べます。

3 コップ1ぱい分を単位にしてかさの比較をするやり方です。

ぴったり2

❶ ①は、いの入れものに入っていた水をあの入れものに移しても水があふれていないので、あの入れものの方が多く入ることがわかります。
②は、水の高さは同じなので、底の面積が大きいあの方が水が多く入ります。

❷ あはコップで9はい分、いはコップで10ぱい分入ることから、ひき算を使って答えを求めることができます。

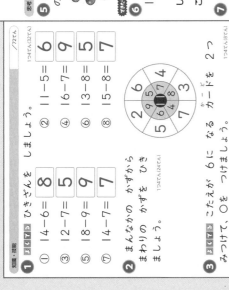

16 いろいろな　かたち

ぴったり3　74~75ページ

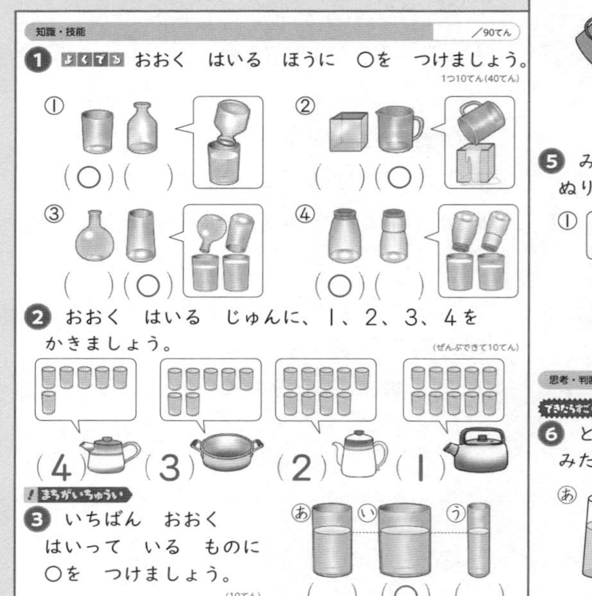

知識・技能　／90てん

1 よくでる　おおく　はいる　ほうに　○を　つけましょう。 1つ10てん(40てん)

① (○)(　)　② (　)(○)

③ (　)(○)　④ (○)(　)

2 おおく　はいる　じゅんに、1、2、3、4を　かきましょう。 (ぜんぶできて10てん)

(4)(3)(2)(1)

まちがいちゅうい

3 いちばん　おおく　はいって　いる　ものに　○を　つけましょう。 (10てん)

あ(　)　い(○)　う(　)

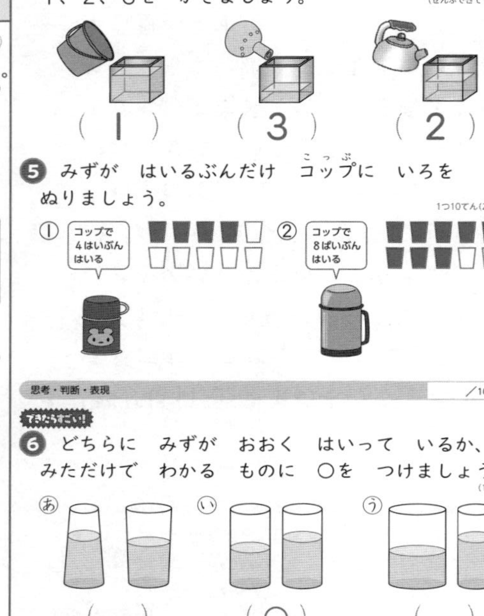

4 はいって　いる　みずを、おなじ　いれものに　いれました。おおく　はいって　いた　じゅんに　1、2、3を　かきましょう。 (ぜんぶできて10てん)

(1)(3)(2)

5 みずが　はいるぶんだけ　コップに　いろを　ぬりましょう。 1つ10てん(20てん)

① コップで4はいぶんはいる　② コップで8ぱいぶんはいる

思考・判断・表現　／10てん

できたらすごい!

6 どちらに　みずが　おおく　はいって　いるか、みただけで　わかる　ものに　○を　つけましょう。 (10てん)

あ(　)　い(○)　う(　)

ぴったり1　76ページ

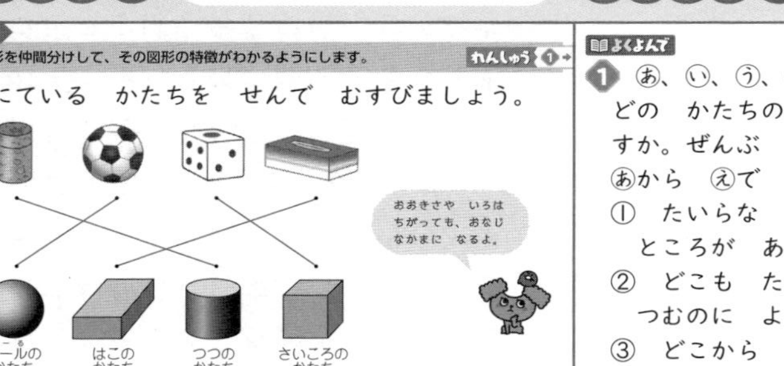

ねらい　立体図形を仲間分けして、その図形の特徴がわかるようにします。　れんしゅう①

1 にている　かたちを　せんで　むすびましょう。

おおきさや　いろは
ちがっても、おなじ
なかまに　なるよ。
ボールのかたち
はこのかたち
つつのかたち
さいころのかたち

ねらい　立体からとれる平面図形の分類ができ、その特徴がわかるようにします。　れんしゅう②

よくよんで

2 したの　かたちは、あから　えの　どの　つみきの　そこの　かたちと　にていますか。

① まる (い)　② さんかく (え)　③ ましかく (う)　④ ながしかく (あ)

ぴったり2　77ページ

よくよんで

1 あ、い、う、えの　どの　かたちの　ことですか。ぜんぶ　えらんで、あから　えで　こたえましょう。 きょうかしょ93ページ2

① たいらな　ところと、まるい　ところが　あります。 (う)

② どこも　たいらで、たかく　つむのに　よいです。 (あ、い)

③ どこから　みても　まるくて、どの　むきにも　ころがります。 (え)

よくみて

2 あ、い、うの　つみきを　つかって　かいた　えは　どれですか。せんで　むすびましょう。 きょうかしょ94ページ3

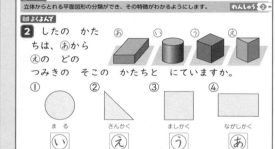

ぴったり3

1 ①②は、ほかの入れものは使わずに直接入れてかさを比べるやり方です。③④は、同じ大きさの入れものに移してかさを比べるやり方です。水の高さで比べます。身のまわりの具体物を使って、いろいろな容器のかさを比べさせましょう。

2 同じ入れものの何ばい分かでかさを比べる、任意単位による比較です。コップの数が多い方が、かさが多くなります。

3 どの容器も水の高さが同じなので、底の広さ(底面積)で比べられます。

4 移した入れものは同じものなので、水の高さで比べます。別の入れものに水を移しても、もとのかさは変わらないことを確認してあげてください。

5 ①はコップ4個、②はコップ8個にぬっていれば、どのコップでもよいです。

6 あとうは、入れものの形や大きさが違うので、水の高さでかさを比べることができません。いは同じ入れものなので、高さで比較することができます。

ぴったり1

1 ここでは、立体図形を、「箱の形」「さいころの形」「ボールの形」「つつの形」の4つに大きく分類します。
ここで使われる「箱の形」などの言葉は、立体を抽象化してつけた呼び名です。だから、大きさや色などが違っていても同じ形の仲間として分類します。

2 立体図形の平面部分から、平面図形を写し取ることができます。それぞれの立体図形の底面の形は、どんな形になっているかを考えます。

ぴったり2

1 ①は円柱、②は立方体・直方体、③は球の特徴を表しています。立体図形の特徴をしっかりつかめるようにさせましょう。

2 立体図形のどの平面部分から平面図形を写し取っているのかを考え、立体図形の組み合わせを判断します。
■の向きを変えると、□を写し取れることを確認しましょう。

ぴったり3 78~79ページ

知識・技能 ／80てん

1 よくでる つぎの 4つの つみきと にている かたちを □の なかから ぜんぶ みつけて、あから かで こたえましょう。 1つ10てん(40てん)

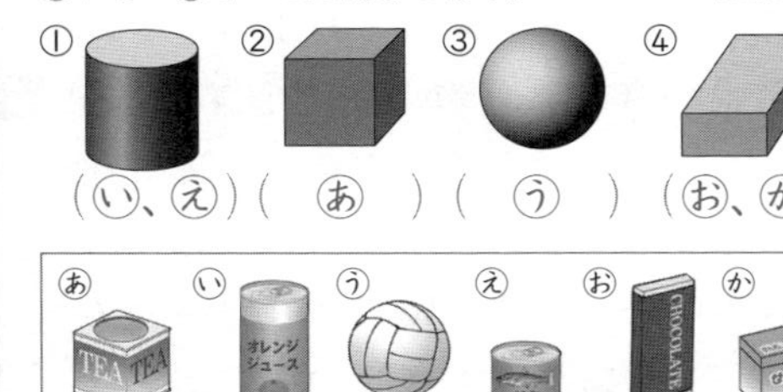

① (い、え) ② (あ) ③ (う) ④ (お、か)

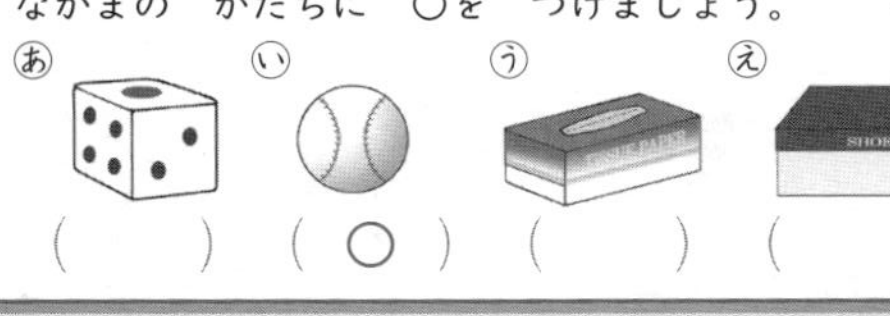

できたらすごい!

2 にている かたちを あつめましたが、1つだけ ちがう なかまの かたちが あります。ちがう なかまの かたちに ○を つけましょう。 (10てん)

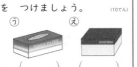

あ ( ) い (○) う ( ) え ( )

3 よくでる つかって いる つみきの かずを かきましょう。 1つ5てん(15てん)

① (4)こ ② (1)こ ③ (2)こ

4 おなじ かたちに おなじ いろを ぬりましょう。 1つ5てん(15てん)

○→あか △→あお □→きいろ

思考・判断・表現 ／20てん

できたらすごい!

5 つぎの つみきを まうえから みると どの かたちですか。せんで むすびましょう。 1つ5てん(20てん)

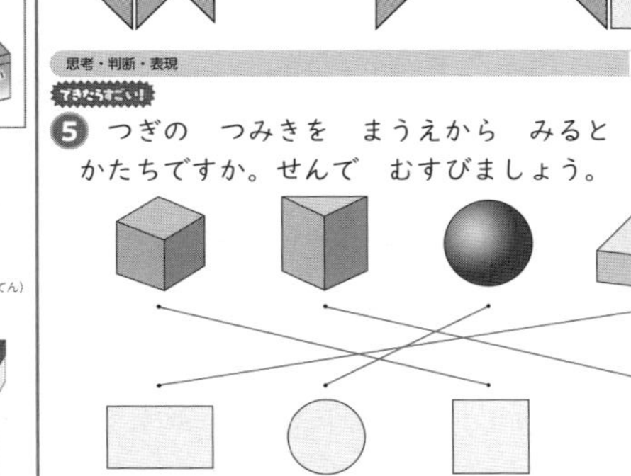

17 大きな かず

ぴったり1 80ページ

ねらい 100までの数を数え、数字で表すことができるようにします。 れんしゅう 1 2 3

1 おはじきは なんこ ありますか。

① 10こずつ □で かこみましょう。

② 10の まとまりが 4こと、1が 5こで よんじゅうごです。

③ おはじきの かずを すうじで かきましょう。

十のくらい……4

一のくらい……5

十のくらい 4 一のくらい 5

45の 4は 十のくらい、5は 一のくらいの すうじだよ。

④ おはじきの かずは 45こです。

ぴったり2 81ページ

まちがいちゅうい

1 かずを かぞえて、すうじで かきましょう。 きょうかしょ97ページ1

① (48)こ

② (64)ほん

③ (80)まい

2 □に かずを かきましょう。 きょうかしょ97~100ページ1・2・3

① 70の 十のくらいの すうじは 7で、一のくらいの すうじは 0です。

② 10を 8こと、1を 3こ あわせた かずは 83です。

③ 90は 10を 9こ あつめた かずです。

3 なん円ですか。 きょうかしょ101ページ4

100円

10を 10こ あつめると……。

ぴったり3

1 ①は円柱、②は立方体、③は球、④は直方体です。大きさや色などが違っていても、それぞれの立体図形の特徴が同じならば「似ている形」として分類します。

2 いとあうえの違いを考えさせてみましょう。77ページを参考にして、違いを言葉で表現させるとより理解が深まります。

3 向きや色などにこだわらないで数えます。数え落としや重なりがないように、印をつけながら数えましょう。

4 立体図形の分類と同様に、平面図形でも、大きさや向きなどが違っていても同じ形として分類できるようにします。

5 真上から見た形と柱体の底面の形は同じ形になります。真上から見た形が、平面としてとらえられることにも気づかせましょう。

ぴったり1

1 ①数え落としや重なりがないように、数えたものに印をつけ、10になったら○で囲みます。
③45のような数(2けたの数)は、十の位と一の位の2つの位を使って表します。十の位の4は「40」、一の位の5は「5」を表していることをしっかり理解させましょう。

2 100までの数は、「10がいくつと1がいくつ」で考えます。

3 100という3けたの数を学びますが、百の位にはまだ触れません。1年生では、100を、「10が10個集まった数」、「99より1大きい数」と理解する程度で十分です。

ぴったり2

1 ①大きい数を数えるときは、10のかたまりで囲ませると間違いが少なくなります。

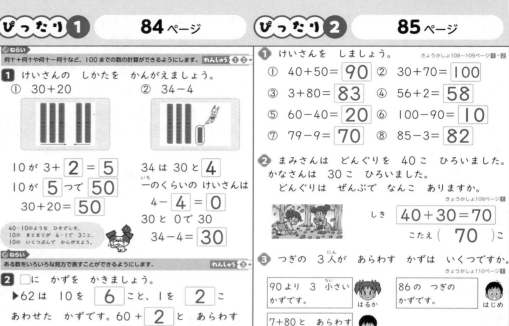

ぴったり1　82ページ　　ぴったり2　83ページ

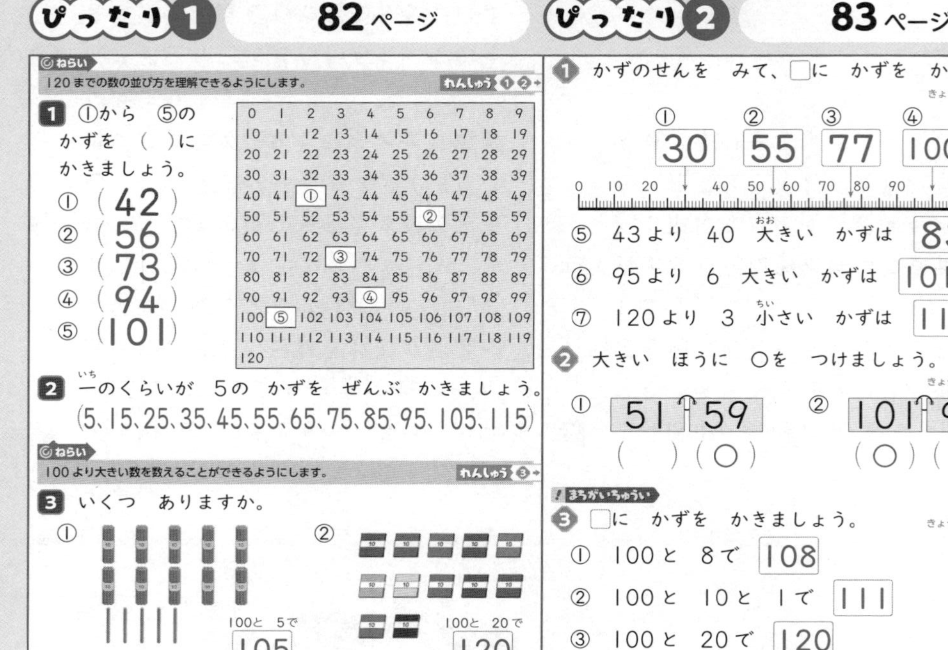

◎ねらい　120までの数の並び方を理解できるようにします。　れんしゅう①②

1 ①から ⑤の かずを （ ）に かきましょう。

① （42）　② （56）　③ （73）　④ （94）　⑤ （101）

0	1	2	3	4	5	6	7	8	9
10	11	12	13	14	15	16	17	18	19
20	21	22	23	24	25	26	27	28	29
30	31	32	33	34	35	36	37	38	39
40	41	①	43	44	45	46	47	48	49
50	51	52	53	54	55	②	57	58	59
60	61	62	63	64	65	66	67	68	69
70	71	72	③	74	75	76	77	78	79
80	81	82	83	84	85	86	87	88	89
90	91	92	93	④	95	96	97	98	99
100	⑤	102	103	104	105	106	107	108	109
110	111	112	113	114	115	116	117	118	119
120									

2 一のくらいが 5の かずを ぜんぶ かきましょう。

（5、15、25、35、45、55、65、75、85、95、105、115）

◎ねらい　100より大きい数を数えることができるようにします。　れんしゅう③

3 いくつ ありますか。

① 100と 5で 105　　② 100と 20で 120

1 かずのせんを みて、□に かずを かきましょう。　きょうかしょ106ページ

① 30　② 55　③ 77　④ 100

⑤ 43より 40 大きい かずは 83です。

⑥ 95より 6 大きい かずは 101です。

⑦ 120より 3 小さい かずは 117です。

2 大きい ほうに ○を つけましょう。　きょうかしょ106ページ

① 51　59　（　）（○）　② 101　99　（○）（　）

まちがいちゅうい

3 □に かずを かきましょう。　きょうかしょ105ページ

① 100と 8で 108

② 100と 10と 1で 111

③ 100と 20で 120

ぴったり1　84ページ　　ぴったり2　85ページ

◎ねらい　何十＋何や何十－何十など、100までの数の計算ができるようにします。　れんしゅう①②

1 けいさんの しかたを かんがえましょう。

① 30＋20

10が 3＋2＝5

10が 5つで 50

30＋20＝50

② 34－4

34は 30と 4

一のくらいの けいさんは

4－4＝0

30と 0で 30

34－4＝30

◎ねらい　ある数をいろいろな見方で表すことができるようにします。　れんしゅう③

2 □に かずを かきましょう。

▶62は 10を 6こと、1を 2こ あわせた かずです。60＋2と あらわす ことも できます。

1 けいさんを しましょう。　きょうかしょ108〜109ページ

① 40＋50＝90　② 30＋70＝100

③ 3＋80＝83　④ 56＋2＝58

⑤ 60－40＝20　⑥ 100－90＝10

⑦ 79－9＝70　⑧ 85－3＝82

2 まみさんは どんぐりを 40こ ひろいました。かなさんは 30こ ひろいました。どんぐりは ぜんぶで なんこ ありますか。　きょうかしょ108ページ

しき　40＋30＝70

こたえ（70）こ

3 つぎの 3人が あらわす かずは いくつですか。　きょうかしょ110ページ

90より 3 小さい かずです。（はるか）

86の つぎの かずです。（はじめ）

7＋80と あらわす ことが できます。（ともや）

（87）

ぴったり1

2 0から120までの数の並び方を学びます。数の表をよく観察して、十の位が同じ数は横に並び、一の位が同じ数は縦に並んでいるなどのきまりに気づかせましょう。

3 100より大きい数の表し方の学習です。「100といくつ」と見て、3つの数字で表すことを理解させましょう。

ぴったり2

1 数の線は、右へいくほど数が大きくなり、左へいくほど数が小さくなります。1目もりは1を表しています。②は50の目もりから、5つ目だから55です。

2 ①は一の位の数字、②はけた数で大小を判断することができます。

3 ①を1008と書いたり、③を10020と書いたりする間違いが見られます。100より大きい数については、2年生でくわしく学習しますが、その導入として、ここでは120までの数について触れています。

ぴったり1

1 ①は、10のまとまりがいくつあるかで答えを求めます。②は、34を30と4に分けてひき算をするやり方をします。
34－4＝3と書かないように、位についてきちんと理解させておきましょう。

ぴったり2

1 何十の計算は、10を単位として考えることを理解させます。わからないお子さんには、10円玉や束になっている紙などを使って説明してあげてください。

2 「全部で何個」なので、たし算の式になります。

3 87という数をいろいろな見方で表しています。わからないお子さんには、教科書2 106〜107ページの数の線（数直線）を確認させてください。

ぴったり3 86~87ページ

知識・技能 ／100てん

1 よくでる かずを かぞえて、すうじで かきましょう。 1つ5てん(20てん)

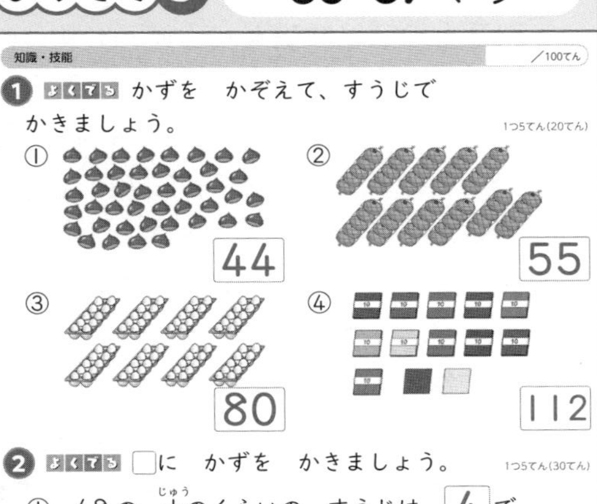

① 44 ② 55 ③ 80 ④ 112

2 よくでる □に かずを かきましょう。 1つ5てん(30てん)

① 48の 十のくらいの すうじは 4で、一のくらいの すうじは 8です。

② 92は 10を 9こと、1を 2こ あわせた かずです。

③ 100より 70 小さい かずは 30です。

④ 100より 5 大きい かずは 105です。

できたらスゴイ！

3 （ ）の なかで いちばん 大きい かずを ◯で かこみましょう。 1つ5てん(10てん)

① （ 66、(96)、69 ）

② （ 101、91、(120) ）

できたらスゴイ！

4 100までの かずで、①、②の かずを ぜんぶ かきましょう。 1つ5てん(10てん)

① 十のくらいが 7の かず

（70、71、72、73、74、75、76、77、78、79）

② 一のくらいが 4の かず

（4、14、24、34、44、54、64、74、84、94）

まちがいちゅうい

5 けいさんを しましょう。 1つ5てん(30てん)

① 30+50=80 ② 50+7=57

③ 84+3=87 ④ 100−10=90

⑤ 48−8=40 ⑥ 77−6=71

18 なんじなんぷん

ぴったり1 2 88ページ

ねらい 時計で、何時何分を読めるようにします。 れんしゅう ①→

1 なんじなんぷんですか。

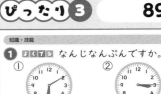

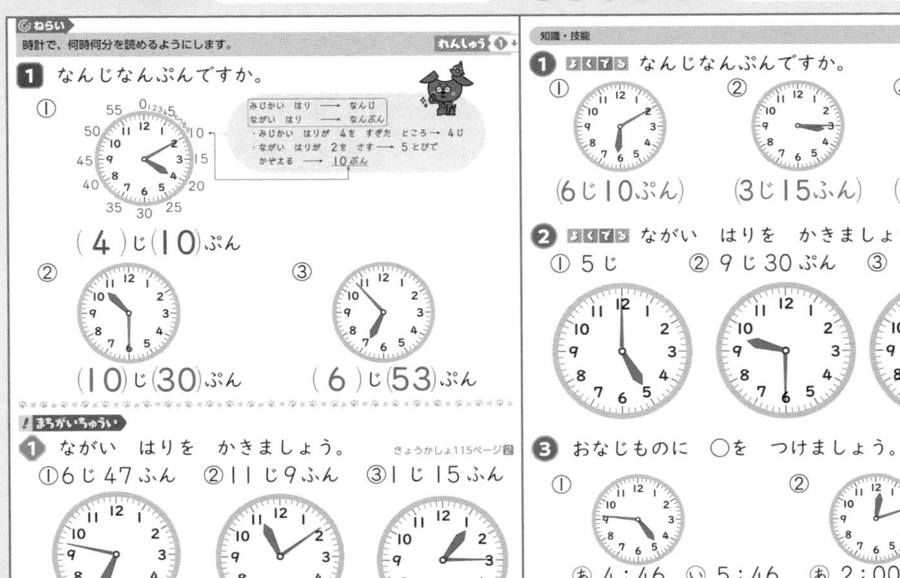

① （4）じ（10）ぷん

② （10）じ（30）ぷん

③ （6）じ（53）ぷん

まちがいちゅうい

1 ながい はりを かきましょう。 きょうかしょ115ページ2

①6じ47ふん ②11じ9ふん ③1じ15ふん

ぴったり3 89ページ

知識・技能 ／100てん

1 よくでる なんじなんぷんですか。 1つ10てん(30てん)

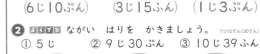

① （6じ10ぷん） ② （3じ15ふん） ③ （1じ3ぷん）

2 よくでる ながい はりを かきましょう。 1つ10てん(30てん)

① 5じ ② 9じ30ぷん ③ 10じ39ふん

3 おなじものに ○を つけましょう。 1つ20てん(40てん)

① あ 4:46 （○） い 5:46 （ ）

② あ 2:00 （ ） い 12:12 （○）

ぴったり3

❶ ①は、10個ずつ線で囲んで数を調べます。
②は、5ずつ数えます。

❷ 数の構成についての問題です。数はいろいろな表し方があることにも気づかせましょう。

❸ 比べる数が3つになっても、大きな位から順に比べていきましょう。わかりにくいときは、2つずつ数を比べていくとよいでしょう。

❹ 100までの数の表では、十の位が同じ数は横一列に、一の位が同じ数は縦一列に並んでいます。教科書2 103ページで確認させてください。

❺ 何十や何十何の計算です。位ごとに分けて考えます。

ぴったり1

1 時計を見て、「○時」を読むときは、短針が通り過ぎた数字をそのまま読みます。①の時計では、短針が4と5の間にあるので、小さい方の目もりの数字の4を読みます。また、「○分」は長針で読みますが、長針が指している数字をそのまま読んではいけないことを理解させましょう。

ぴったり2

❶ 時計の長針は、目もりの数字を、「1→5、2→10、3→15、…」と読みかえる必要があることに注意しましょう。

ぴったり3

❶ 時計は、長針が進んだ目もりの数が「○分」を、短針が「○時」を表すことを理解させます。

❷ 短針の位置にも注意して長針をかき入れていきます。③の39分は、8(40と読みかえる)の目もりから1目もり戻ったところと考えます。

❸ どちらが長針で、どちらが短針か見間違えないようにしましょう。

19 ずを　つかって　かんがえよう

ぴったり1　90ページ

◎ねらい
順番を数に置きかえて、問題を解くことができるようにします。　れんしゅう1

1 あかりさんは　まえから　4ばん目に　います。うしろには　5人　います。
みんなで　なん人　いますか。

まえ　4ばん目　あかり　4人　5人

まえから　あかりさんまでは、なん人いるかな。

しき　4(人)＋5(人)＝9(人)

こたえ（ 9 ）人

◎ねらい
人とものを1対1対応させて、問題を解くことができるようにします。　れんしゅう2

2 ケーキが　9こ　あります。6人に　1こずつ　くばると、なんこ　のこりますか。

9こ　6こ　のこり　ケーキ　人　6人

6人に　くばるケーキの　かずは、なんこかな。

しき　9(こ)－6(こ)＝3(こ)

こたえ（ 3 ）こ

ぴったり2　91ページ

よくよんで

1 バスていに　ならんで　います。
さゆりさんの　まえには　3人　います。うしろには　5人　います。みんなで　なん人　いますか。
きょうかしょ119ページ2

まえ　さゆり　3人　1人　5人

しきは　3+5で　いいのかな。

しき　3＋1＋5＝9

こたえ（ 9 ）人

よくみて

2 しゃしんを　とります。6この　いすに　1人ずつ　すわり、7人　たちます。
なん人で　しゃしんを　とりますか。
きょうかしょ121ページ3

いす　6こ　人　6人　7人

6この　いすに　すわる　人の　かずは、なん人かな。

しき　6(＋)7＝13

こたえ（ 13 ）人

ぴったり1　92ページ

◎ねらい
「○は△より多い」という場面は、たし算で答えを出すことを理解します。　れんしゅう1

1 りんごを　6こ　かいました。
みかんは　りんごより　2こ　おおく　かおうと　おもいます。
みかんは　なんこ　かえば　よいでしょうか。

りんご　6こ　みかん　2こ　おおい

（みかんの　かず）＝（りんごの　かず）＋2　と　いう　ことばの　しきに　なるよ。

しき　6(＋)2＝8

こたえ（ 8 ）こ

◎ねらい
「○は△より少ない」という場面は、ひき算で答えを出すことを理解します。　れんしゅう2

2 いすが　9つ　あります。
つくえは　いすより、5つ　すくないそうです。
つくえは　いくつ　ありますか。

いす　9つ　つくえ　5つ　すくない

（つくえの　かず）＝（いすの　かず）－5　と　いう　ことばの　しきに　なるよ。

しき　9(－)5＝4

こたえ（ 4 ）つ

ぴったり2　93ページ

よくよんで

1 赤い　ふうせんを　6こ　ふくらませました。青い　ふうせんは　赤い　ふうせんより、3こ　おおく　ふくらませようと　おもいます。
青い　ふうせんは　なんこ　ふくらませば　よいでしょうか。
きょうかしょ122ページ4

赤　6こ　3こ　おおい　青

しき　6(＋)3＝9

こたえ（ 9 ）こ

2 カーネーションを　12本　かいました。ばらは　カーネーションより　4本　すくなく　かおうと　おもいます。
ばらは　なん本　かえば　よいでしょうか。
きょうかしょ123ページ5

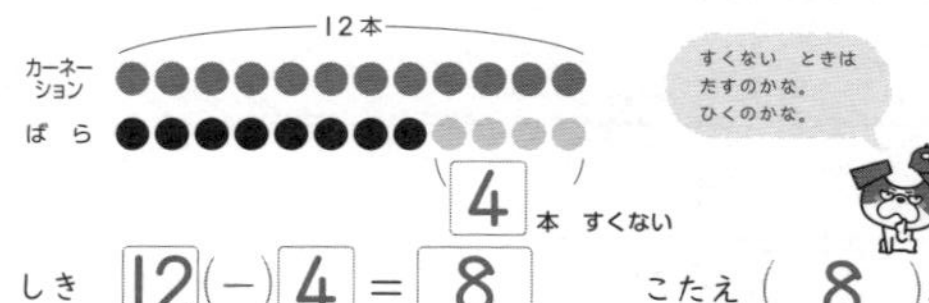

カーネーション　12本　ばら　4本　すくない

すくない　ときは　たすのかな。ひくのかな。

しき　12(－)4＝8

こたえ（ 8 ）本

ぴったり1

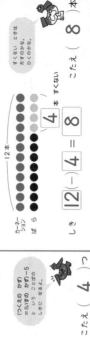

1 「4番目」は順序を表す数(順序数)なので、そのまま計算に使うことはできません。4番目までの人数の4人(集合数)を使って、4(人)＋5(人)と式を立てます。読むだけではわかりにくい問題は、図にかいて考えるとわかりやすくなります。

2 「6人に配るケーキの数は6個」と考えて、9(個)－6(個)の式が成り立ちます。ケーキの数(個)から直接人数(人)はひくことができないので注意しましょう。

ぴったり2

1 前に3人、さゆりさんが1人、後ろに5人いるので、式は「3＋1＋5」となります。「3＋5＋1＝9」と書いても正解です。

2 「6個のいすにすわる人数は6人」と考えて、6(人)＋7(人)と式を立てます。

ぴったり1

1 問題文をしっかり読んで、「○個多い」「○個少ない」をしっかりとらえ、たし算かひき算かを考えましょう。みかんの数は、りんごより2個多いので、「りんごの数＋2」で求めます。図にかいて考えると、よりわかりやすくなるでしょう。

2 机の数は、いすより5つ少ないので、「いすの数－5」で求めます。

ぴったり2

1 青い風船は、赤い風船より3個多いので、答えはたし算で求められます。式は、「赤い風船の数＋3」となります。

2 ばらの数は、カーネーションより4本少ないので、答えはひき算で求められます。式は、「カーネーションの数－4」となります。

ぴったり3　94~95ページ

思考・判断・表現　／100てん

❶ よくでる あゆみさんの　まえには　4人　います。うしろには　3人　います。
みんなで　なん人　いますか。　しき10てん、こたえ5てん(15てん)

まえ ●●●●●●●● あゆみ □人 1人 □人

しき 4+1+3=8
こたえ（ 8 ）人

❷ よくでる 7人に　バナナを　1本ずつ　くばると、バナナが　3本　あまりました。
バナナは　ぜんぶで　なん本　ありましたか。　しき10てん、こたえ5てん(15てん)

しき 7+3=10
こたえ（ 10 ）本

❸ よくでる なわとびを　きのう　8かい　つづけて　とびました。きょうは　きのうより　5かい　おおく　とぼうと　おもいます。
きょうは　なんかい　とべば　よいでしょうか。　しき10てん、こたえ5てん(15てん)

しき 8+5=13
こたえ（ 13 ）かい

❹ よくでる 9人で　しゃしんを　とります。4つの　いすに　1人ずつ　すわると、なん人　たつ　ことに　なりますか。　しき10てん、こたえ5てん(15てん)

しき 9−4=5
こたえ（ 5 ）人

❺ すいそうに　めだかを　16ひき　いれました。きんぎょは　めだかより　7ひき　すくなく　いれようと　おもいます。
きんぎょは　なんびき　いれれば　よいでしょうか。　しき10てん、こたえ5てん(15てん)

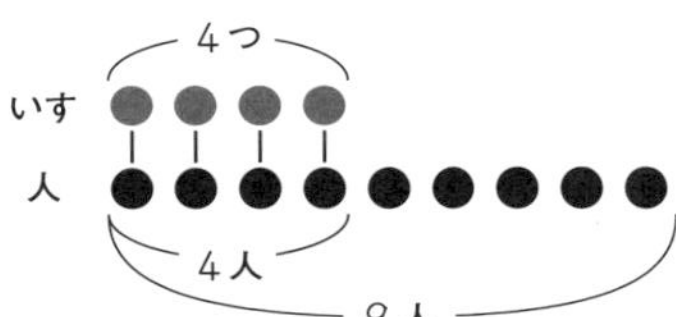

しき 16−7=9
こたえ（ 9 ）ひき

できたらスゴイ！
❻ 子どもが　14人　ならんで　います。りかさんは　まえから　5ばん目です。　①しき10てん、こたえ5てん／②10てん(25てん)

① りかさんの　うしろには　なん人　いますか。
しき 14−5=9
こたえ（ 9 ）人

② りかさんは、うしろから　なんばん目ですか。
（ 10 ）ばん目

ぴったり3　てびき

❶ 図に表すと、次のようになります。

まえ ●●●●●(あゆみ)●●● 4人 1人 3人

❷ 図に表すと、次のようになります。

人 ●●●●●●● 7人
バナナ ●●●●●●●●●● 7本　あまり3本

❸ 図に表すと、次のようになります。

きのう ●●●●●●●● 8かい
きょう ●●●●●●●●●●●●● 5かい　おおい

❹ 図に表すと、次のようになります。

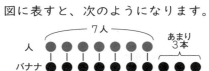

いす ●●●● 4つ
人 ●●●●●●●●● 4人　9人

❺ 図に表すと、次のようになります。

めだか ●●●●●●●●●●●●●●●● 16ひき
きんぎょ ●●●●●●●●● 7ひき　すくない

❻ ②は、順序をきいています。りかさんの後ろに9人いるということは、後ろから数えると10番目にいることになります。
「○人」と「○番目」を区別できるようにしましょう。

● ●●●●●●●●● うしろ（9人）
10ばん目 9ばん目 8ばん目 7ばん目 6ばん目 5ばん目 4ばん目 3ばん目 2ばん目 1ばん目

20 かたちづくり

ぴったり1　96ページ　　ぴったり2　97ページ

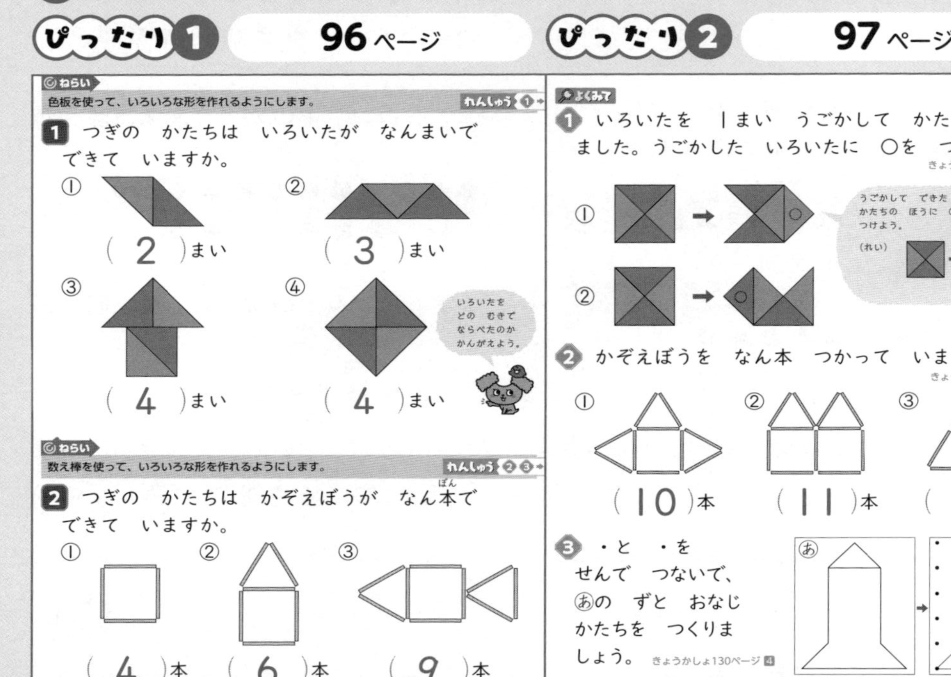

ねらい 色板を使って、いろいろな形を作れるようにします。　れんしゅう1

1 つぎの　かたちは　いろいたが　なんまいで　できて　いますか。

① （2）まい　② （3）まい　③ （4）まい　④ （4）まい

ねらい 数え棒を使って、いろいろな形を作れるようにします。　れんしゅう2 3

2 つぎの　かたちは　かぞえぼうが　なん本で　できて　いますか。

① （4）本　② （6）本　③ （9）本

よくみて

1 いろいたを　1まい　うごかして　かたちを　かえました。うごかした　いろいたに　○を　つけましょう。　きょうかしょ128ページ2

2 かぞえぼうを　なん本　つかって　いますか。　きょうかしょ129ページ3

① （10）本　② （11）本　③ （9）本

3 ・と　・を　せんで　つないで、あの　ずと　おなじ　かたちを　つくりましょう。　きょうかしょ130ページ4

ぴったり3　98~99ページ

知識・技能　/80てん

1 よくみて　つぎの　かたちは　いろいたが　なんまいで　できて　いますか。　1つ5てん(25てん)

① （6）まい　② （5）まい　③ （8）まい　④ （4）まい　⑤ （10）まい

2 よくみて　つぎの　かたちは　かぞえぼうが　なん本で　できて　いますか。　1つ5てん(25てん)

① （8）本　② （12）本　③ （13）本　④ （10）本　⑤ （12）本

できたらスゴイ!

3 ・と　・を　せんで　つないで、つぎの　かたちを　つくりましょう。　1つ15てん(30てん)

①　②

思考・判断・表現　/20てん

できたらスゴイ!

4 いろいたを　2まい　うごかして　かたちを　かえました。うごかした　いろいたに　○を　つけましょう。　1つ5てん(20てん)

①　②　③　④

ぴったり1

1 同じ形の色板を使って、いろいろな形がつくれることを学びましょう。

2 数え棒を数えるときは、特に、数えまちがいが多くなります。前に学習したように、ものを数えるときは、印をつけながら数えることを忘れないようにさせてください。

ぴったり2

1 動かす前の色板の方に○をつけても正解です。

2 数え棒を使って、いろいろな形がつくれることも学びましょう。ご家庭でも、身のまわりのものを使って、いろいろな形をつくってみると理解が深まるでしょう。

3 もとの図をよく見て、・を何個とれば同じになるか、また、ななめの線のひき方をよく考えて同じ形をつくります。

ぴったり3

1 数が多くなっても、印をつけながら数えることで、数え落としや重なりを防ぐことができます。

2 きちんと数えることのほかに、数え棒で、おもしろい形がたくさんつくれることにも気づかせましょう。

3 お手本の形が複雑になってきて、少し手強いかもしれません。特にななめの線はどの・とどの・をつなげばできるのか、試行錯誤して完成までたどり着かせましょう。

4 動かす前の色板の方に○をつけても正解とします。色板の色をヒントにすると、どれを動かしたのかわかりやすくなります。色板がないときは、かわりに、おり紙を三角形に切って、形をつくってもよいでしょう。

プログラミングにちょうせん！

100~101ページ

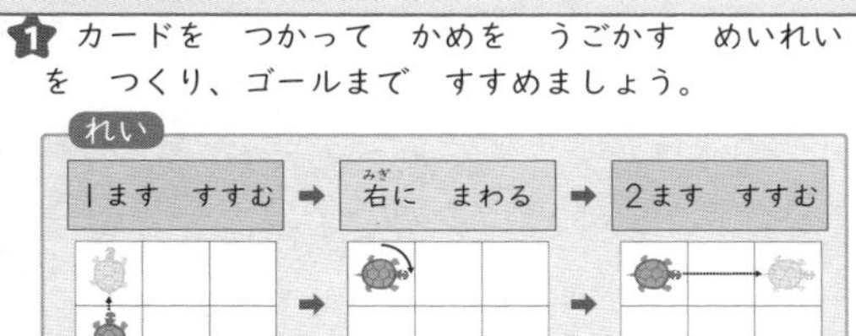

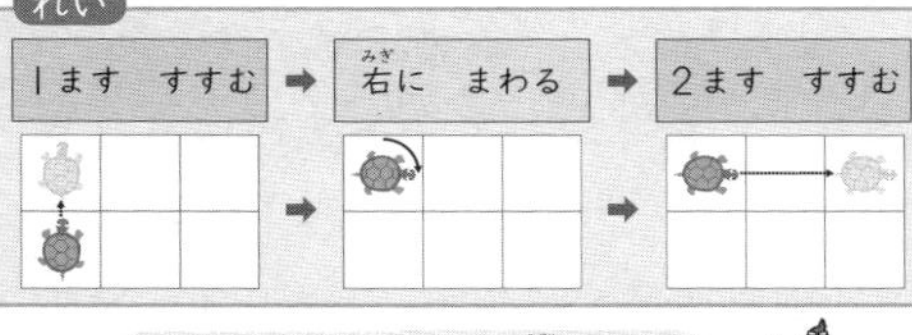

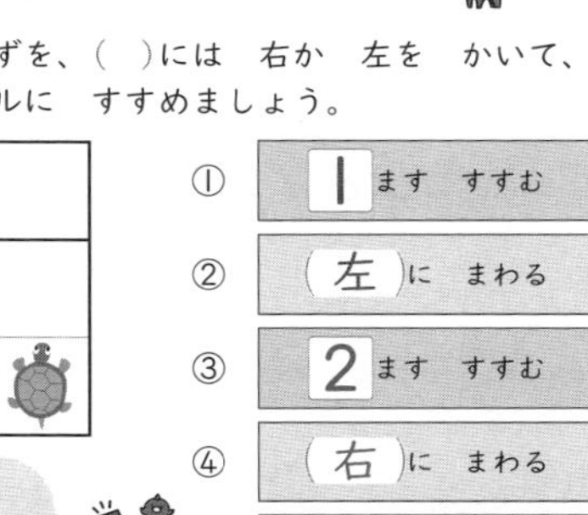

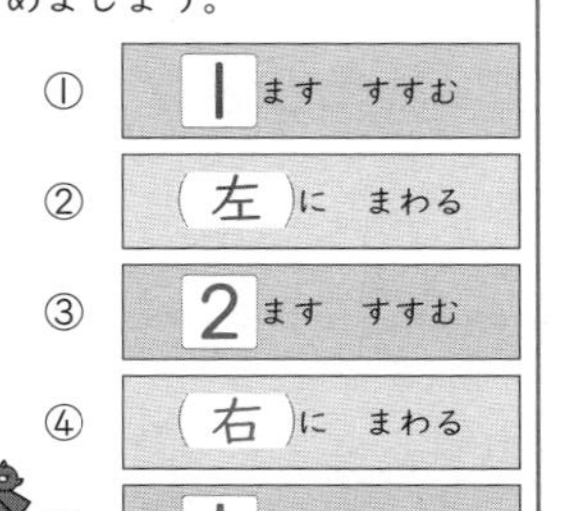

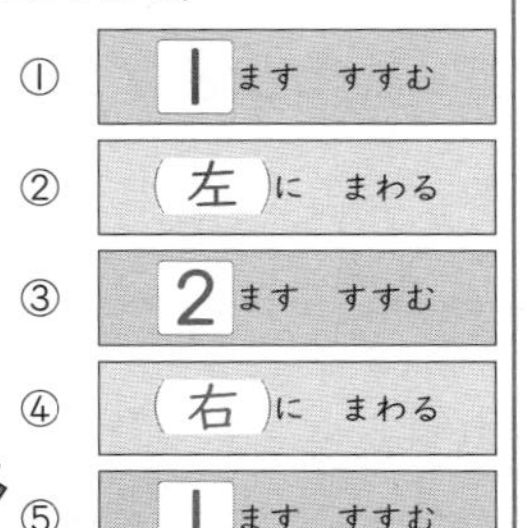

1 かめの進んだますは、次のようになります。
右と左をまちがえやすいお子さんは、どちらに回るか、よく気をつけさせてください。

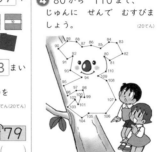

2 かめの進んだますは、次のようになります。

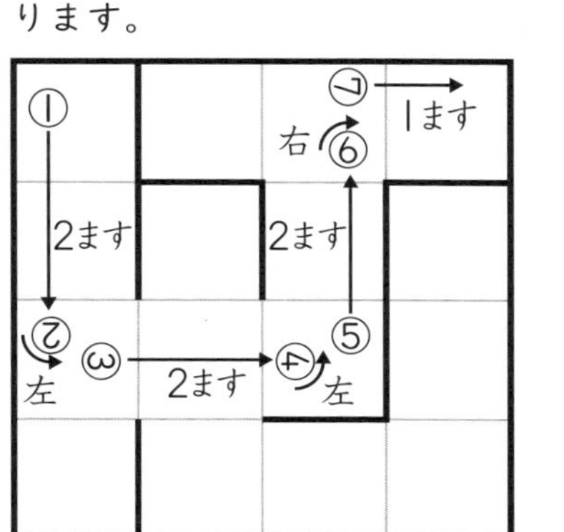

まとめのテスト

102ページ

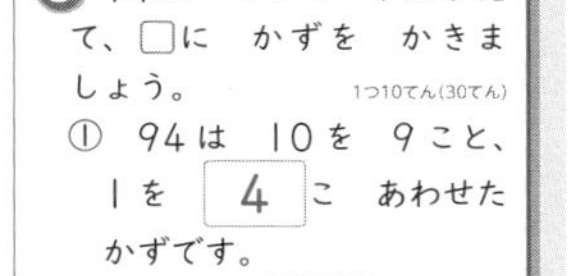

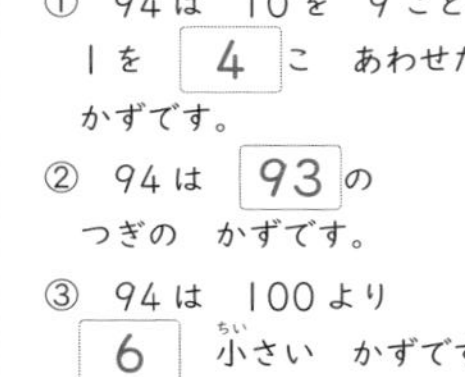

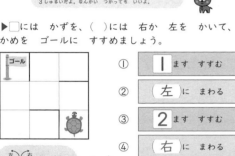

❶ 100までの数の数え方が理解できたかを確かめる問題です。
①は、10個ずつ線で囲んで数えます。②③は、10がいくつとばらがいくつと考えて数えます。

❷ まず、大きい位の数から比べます。十の位の数が同じときは、一の位の数で比べます。
①は、十の位が同じなので、一の位の数が大きい「88」のほうが大きい数です。
②は、十の位の数が大きい「97」のほうが大きい数です。

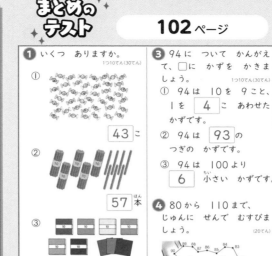

❸ 数のいろいろな表し方を通じて、数の仕組みを理解しているかを確認します。
①は、10が9こで90、90と4で94です。②③は、わからないときは、数の線(数直線)を見て考えるとよいでしょう。

❹ 80から順に声に出しながら点をつなぐとよいでしょう。100より大きい数も数えられるか、確認してください。

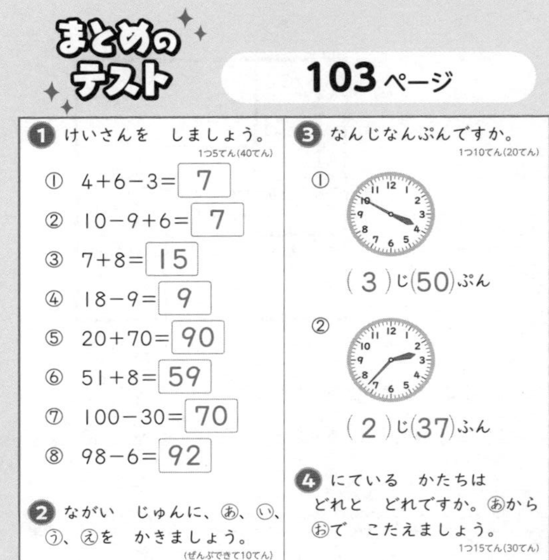

まとめのテスト 103ページ

❶ けいさんを　しましょう。 1つ5てん(40てん)

① 4+6−3= 7
② 10−9+6= 7
③ 7+8= 15
④ 18−9= 9
⑤ 20+70= 90
⑥ 51+8= 59
⑦ 100−30= 70
⑧ 98−6= 92

❷ ながい　じゅんに、あ、い、う、えを　かきましょう。 (ぜんぶできて10てん)

う→え→あ→い

❸ なんじなんぷんですか。 1つ10てん(20てん)

① (3)じ(50)ふん
② (2)じ(37)ふん

❹ にている　かたちは　どれと　どれですか。あから　おで　こたえましょう。 1つ15てん(30てん)

(あ と お) (い と う)

❶ ⑤〜⑧は、大きな数の計算です。⑤⑦は、10がいくつと考えて計算し、⑥⑧は、たされる数、または、ひかれる数を何十といくつに分けて計算することが身についているか確認してあげてください。

❷ 目もりの数で長さを比べます。
あ……目もり５個分
い……目もり４個分
う……目もり10個分
え……目もり６個分　です。

❸ 短針で何時、長針で何分を読む基本ができているか確かめましょう。

❹ あとおは「箱の形(直方体)」、いとうは「つつの形(円柱)」です。えは「ボールの形(球)」ですが、１つしかありません。

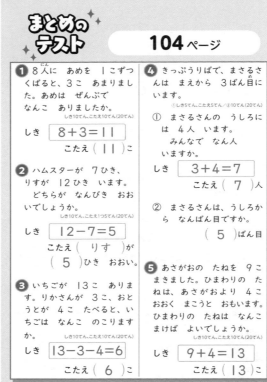

まとめのテスト 104ページ

❶ ８人に　あめを　１こずつ　くばると、３こ　あまりました。あめは　ぜんぶで　なんこ　ありましたか。 しき10てん、こたえ10てん(20てん)

しき 8+3=11　こたえ (11)こ

❷ ハムスターが　７ひき、りすが　12ひき　います。どちらが　なんびき　おおいでしょうか。 しき10てん、こたえ1つ5てん(20てん)

しき 12−7=5　こたえ (りす)が (5)ひき　おおい。

❸ いちごが　13こ　あります。りかさんが　３こ、おとうとが　４こ　たべると、いちごは　なんこ　のこりますか。 しき10てん、こたえ10てん(20てん)

しき 13−3−4=6　こたえ (6)こ

❹ きっぷうりばで、まさるさんは　まえから　３ばん目に　います。 ①しき5てん、こたえ5てん／②10てん(20てん)

① まさるさんの　うしろには　４人　います。みんなで　なん人　いますか。

しき 3+4=7　こたえ (7)人

② まさるさんは、うしろから　なんばん目ですか。

(5)ばん目

❺ あさがおの　たねを　９こ　まきました。ひまわりの　たねは、あさがおより　４こ　おおく　まこうと　おもいます。ひまわりの　たねは　なんこ　まけば　よいでしょうか。 しき10てん、こたえ10てん(20てん)

しき 9+4=13　こたえ (13)こ

❶ 図に表すと、次のようになります。

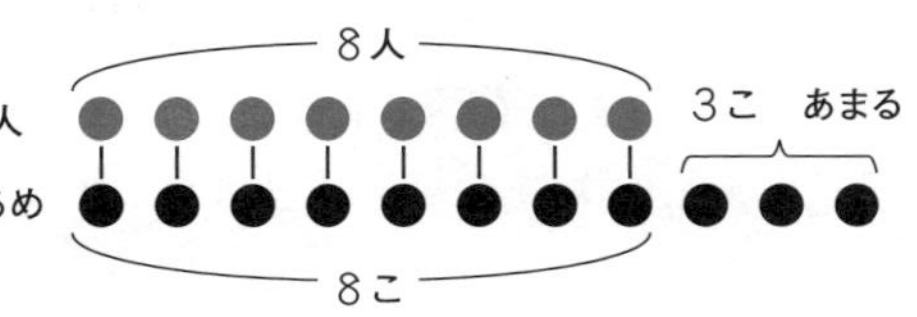

❷ 式は多い方の数から少ない方の数をひくひき算になります。その答えが、２つの数の差になります。

❸ 式を２つに分けて、13−3=10、10−4=6としてもかまいません。

❹ 図に表すと、次のようになります。

まえから　3ばん目
まさる
まえ ● ● ● ● ● ● ● うしろ
3人　4人
うしろから　5ばん目

❺ 図に表すと、次のようになります。

9こ
あさがお ● ● ● ● ● ● ● ● ●
ひまわり ● ● ● ● ● ● ● ● ● ● ● ● ●
4こ　おおい

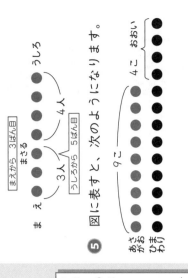

なつのチャレンジテスト

きょうかしょ [1]10～40、[2]3～31ページ

なまえ　　月　日

じかん 40ぷん　ごうかく80てん　／100

こたえ 31～32ページ

知識・技能　／78てん

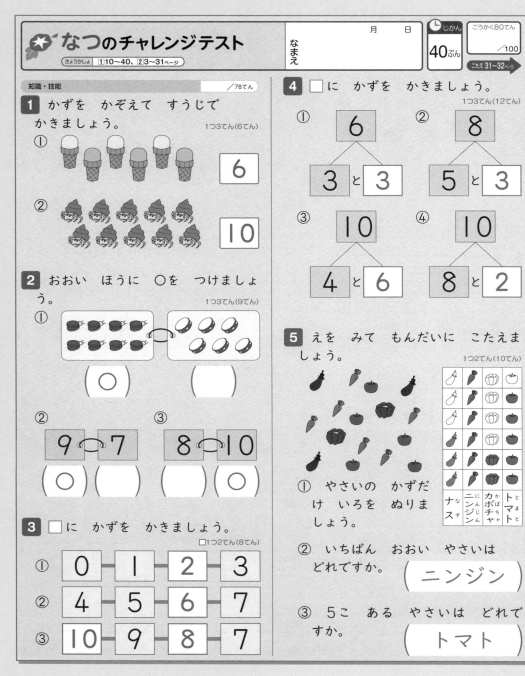

1 かずを　かぞえて　すうじで　かきましょう。　1つ3てん(6てん)

①  6

②  10

2 おおい　ほうに　○を　つけましょう。　1つ3てん(9てん)

① (○)　( )

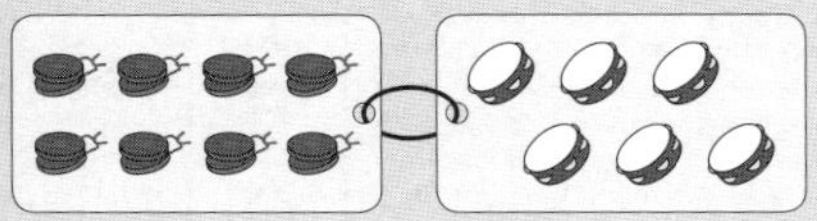

② 9　7　(○) ( )

③ 8　10　( ) (○)

3 □に　かずを　かきましょう。　□1つ2てん(8てん)

① 0－1－2－3

② 4－5－6－7

③ 10－9－8－7

4 □に　かずを　かきましょう。　1つ3てん(12てん)

① 6 は 3と3

② 8 は 5と3

③ 10 は 4と6

④ 10 は 8と2

5 えを　みて　もんだいに　こたえましょう。　1つ2てん(10てん)

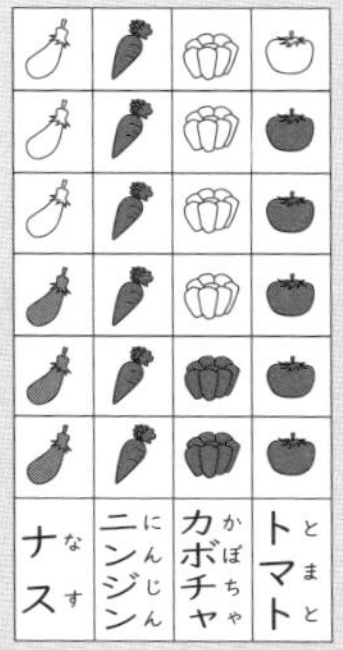

① やさいの　かずだけ　いろを　ぬりましょう。

ナス	ニンジン	カボチャ	トマト

② いちばん　おおい　やさいは　どれですか。　（ニンジン）

③ 5こ　ある　やさいは　どれですか。　（トマト）

1 絵を数えるときは、2回数えたり、数え落としや重なりがないようにするため、数えたら✓や○などの印をつけるようにしましょう。

2 ②は、数をブロックに置きかえると、わかりやすくなります。

3 まずは、数がどのように並んでいるかを調べましょう。数が続けて2つ並んでいるところに着目します。
①は、0－1のところから、数が1ずつ大きくなっていることがわかります。
②も、4－5のところから、数が1ずつ大きくなっていることがわかります。
③は、9－□－7のところに着目します。□を1つとばして、数が2小さくなっていることから、右にいくにしたがって、数が1ずつ小さくなっていると考えられます。

4 ③④のように、10をいくつといくつに分ける問題は、くり上がり、くり下がりのあるたし算、ひき算の基礎になるものなので、しっかり理解させておきましょう。

5 数調べの問題です。ばらばらに並んでいるものを、表に整理して表すといろいろなことが読み取れることに気づかせましょう。①～③の内容のほかにも、どんなことが表から読み取れるかきいてみるとよいでしょう。

6 せんで　かこみましょう。1つ4てん(12てん)

① まえから　3とうめ

まえ　うしろ

② うしろから　4とうめ

まえ　うしろ

③ まえから　3とう

まえ　うしろ

7 けいさんを　しましょう。1つ3てん(15てん)

① 2+4=6

② 8−3=5

③ 7+3=10

④ 9−9=0

⑤ 10−1=9

8 こたえが　おなじに　なる　カード(かーど)を　せんで　むすびましょう。1つ2てん(6てん)

3+5	4+3	5+1
6−0	10−2	9−2

思考・判断・表現　／22てん

9 たまごが　9こ　あります。
6こ　つかうと、のこりは　なんこに　なりますか。しき3てん、こたえ3てん(6てん)

しき　9−6=3

こたえ（3）こ

10 ドーナツ(どーなつ)が、おさらに　2こ、はこの　なかに　8こ　あります。
ドーナツは　あわせて　なんこ　ありますか。しき3てん、こたえ3てん(6てん)

しき　2+8=10

こたえ（10）こ

11 ジュース(じゅーす)と　コップ(こっぷ)の　かずの　ちがいは　いくつですか。しき3てん、こたえ3てん(6てん)

しき　6−5=1

こたえ（1）つ

12 えを　みて、5+4の　しきに　なる　もんだいを　つくりましょう。1つ2てん(4てん)

とりが　5わ　います。そこに　4わ　とんで　きました。とりは　（ぜんぶで）なんばに　なりましたか。

6 数は、順序、集まり、位置など、目的によっていろいろな使い分けをします。それぞれの意味の違いをきちんと理解し、使い分けられるようにしましょう。
順序数(○頭目)と集合数(○頭)の違いを区別させます。

7 計算間違いが多いときは、「4.あわせて　いくつ　ふえると　いくつ」「5.のこりは　いくつ　ちがいは　いくつ」の単元に戻って、やり直しましょう。
④の0のたし算、ひき算の考え方もしっかりと理解できているか確かめましょう。

8 それぞれのカードの計算をして、答えを全部出してカードの近くに書いてから、同じ答えのものと線で結ぶとよいでしょう。

9～**11** 問題文を正確に読み取って、式に表すことができるかどうかをみる問題です。わからないときは、絵に表したり、ブロックを使ったりしてみるとよいでしょう。
「残りは」や「合わせて」、「違いは」などの言葉を手がかりに、どんな場面か想像します。

11 違いを求めるときは、大きい方の数から小さい方の数をひきます。

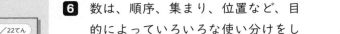

12 絵や式から場面を想像して、たし算の話がつくれるかをみます。絵や式の意味を言葉で説明することで、数学的な思考が深まります。
「増えるといくつ」の場面だということを理解していれば、「みんなで」なども正解です。

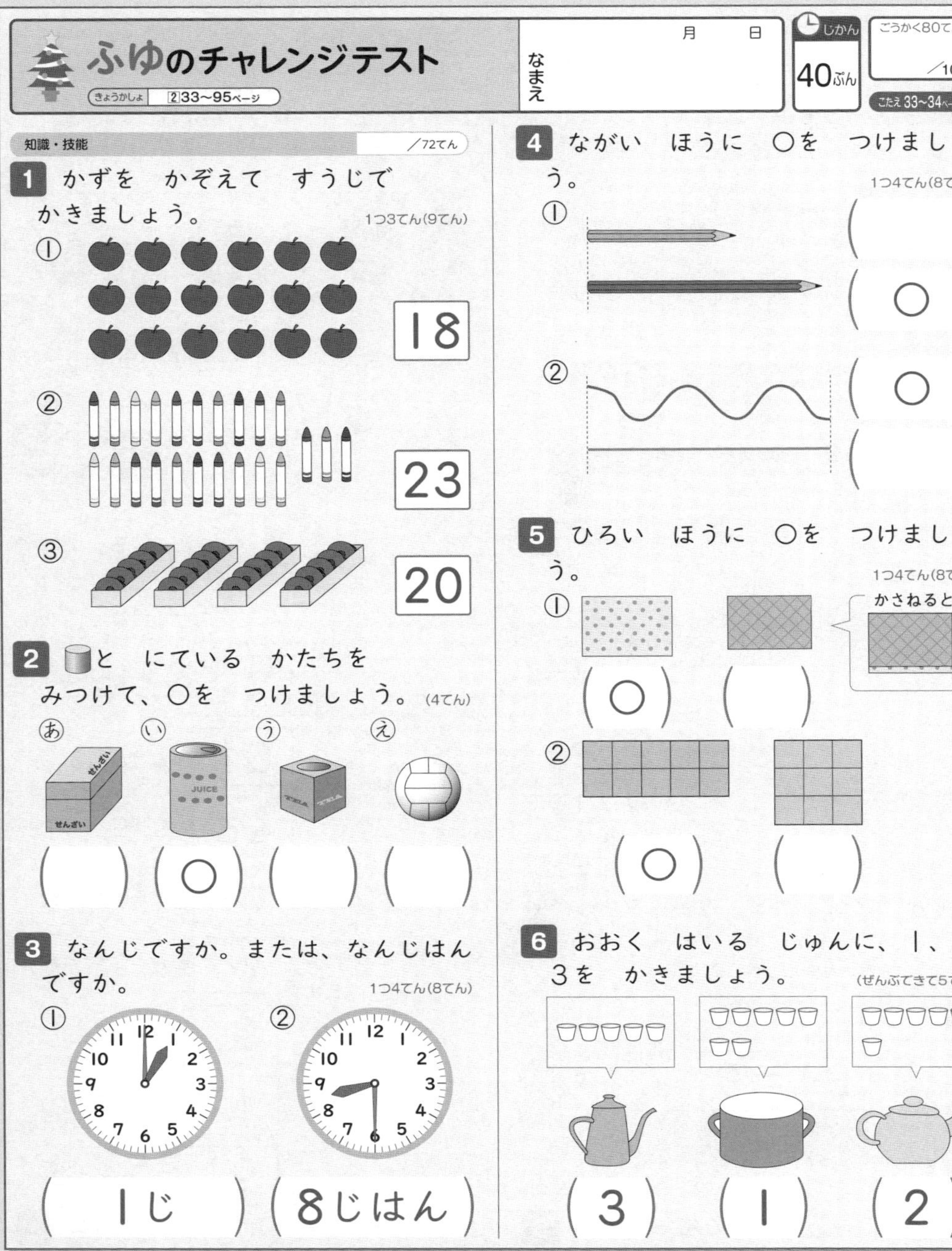

ふゆのチャレンジテスト

きょうかしょ ②33〜95ページ

なまえ　月　日

じかん 40ぷん

ごうかく80てん　／100

こたえ 33〜34ページ

知識・技能　／72てん

1 かずを　かぞえて　すうじで　かきましょう。　1つ3てん(9てん)

① 18

② 23

③ 20

2 と　にている　かたちを　みつけて、○を　つけましょう。(4てん)

あ（　）　い（○）　う（　）　え（　）

3 なんじですか。または、なんじはんですか。　1つ4てん(8てん)

①（1じ）　②（8じはん）

4 ながい　ほうに　○を　つけましょう。　1つ4てん(8てん)

①（　）（○）

②（○）（　）

5 ひろい　ほうに　○を　つけましょう。　1つ4てん(8てん)

① かさねると

（○）（　）

②（○）（　）

6 おおく　はいる　じゅんに、1、2、3を　かきましょう。(ぜんぶできて5てん)

（3）（1）（2）

1 30までの数の数え方が理解できているかをみる問題です。実際に、おはじきなどを使って、10のまとまりをつくりながら数えてみましょう。

①②は、10ずつ線で囲んで、10のまとまりがいくつとばらがいくつあるかを調べます。

③は、5、10、15、…と数えることで、1つずつ数えるより速く正確に数えることができることを理解させましょう。

2 立体図形の特徴を理解し、分類できるかをみます。身の回りのものを使って分類してみましょう。

「つつの形(円柱)」の仲間を探す問題です。それぞれの立体図形の特徴も確認しましょう。

3 「○時」「○時半」が読み取れるかをみる問題です。日常生活の中で、時計と時刻について興味を持たせていくとよいでしょう。

長針は、「○時」のときは12を、「○時半」のときは6を指すことを覚えさせましょう。また、②のように、短針が8と9の間にあるときは、小さい方の目もりの8を読んで「8時半」とすることも理解させておきましょう。

4〜**6** 長さ、広さ、かさの比べ方ができているかをみます。**4** **5**のような問題では、「どうしてこっちに○をつけたの？」ときいてみて、比較の方法を言葉で表現させてみるとよいでしょう。

4 ②は両端がそろっているので、ひもをまっすぐにのばすとどうなるかを考えましょう。実際にやってみるとよいでしょう。

5 ①は、角をそろえて重ねることで広さを直接比較しています。はみ出した部分があるのはどちらかを考えます。

②は、ます目を1つの単位として、いくつ分かで広さを比較しています。

6 コップを1つの単位として、何はい分かでかさを比較しています。

7 けいさんを　しましょう。1つ3てん(30てん)

① 8+7= 15

② 2+9= 11

③ 11−6= 5

④ 18−9= 9

⑤ 10+4= 14

⑥ 25+3= 28

⑦ 17−7= 10

⑧ 5+5+3= 13

⑨ 13−3−6= 4

⑩ 2+8−9= 1

思考・判断・表現　／28てん

8 ふうせんは　なんこに　なりましたか。1つの　しきに　かいて、こたえましょう。　しき4てん、こたえ4てん(8てん)

4こ　あります。
2こ　とんで　いきました。
3こ　もらいました。

しき　4−2+3=5

こたえ（5）こ

9 いけに　あひるが　7わ　います。そこに　6わ　きました。
ぜんぶで　なんばに　なりましたか。　しき4てん、こたえ4てん(8てん)

しき　7+6=13

こたえ（13）わ

10 かるたあそびで、まいさんは　9まい、さとしさんは　13まい　とりました。
どちらが　なんまい　おおく　とりましたか。　しき4てん、こたえ4てん(8てん)

しき　13−9=4

こたえ（さとしさん）が（4）まい　おおく　とった。

11 ながさを　くらべます。　(4てん)

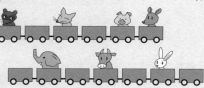

いちばん　よいと　おもう　くらべかたに　○を　つけましょう。

あ（　）のって　いる　どうぶつの　かずで　くらべる。

い（○）つながって　いる　くるまの　かずで　くらべる。

う（　）ながさを　ひもに　うつしとって　くらべる。

7 ①～④くり上がり、くり下がりでのつまずきが多く見られます。カードなどを使ってくり返し練習する機会をつくっていきましょう。

⑤～⑦は、2けたの数を、何十といくつに分けて計算するやり方をします。

⑧～⑩の3つの数の計算は、左から順番にします。1つ目の計算の答えを近くに小さく書いておくと、計算がしやすいです。

8～**10** 問題文を読んで立式し、答えが正しく求められているかをみる問題です。わからないときは、図などに表して数の関係を理解しましょう。

8 「とんでいきました」なのでひき算、「もらいました」なのでたし算というように、読解力が必要です。1つの式に表す際に、数字の順番を間違えないように気をつけましょう。

9 「増える」場面なので、式は6+7ではなく、7+6としましょう。

10 「どちらがどれだけ多い」など、違いを求める問題では、文章を読んで、そのまま9−13と立式してしまう誤りが見られます。まず、きちんと立式することが大切です。

11 長さの比べ方が判断できるかをみる問題です。選択肢の中で、あは間違いなので消去できます。残りのい、うの中で、よりよい方を考えます。絵を見て、どんな長さの比べ方がいちばんよいかを判断する問題です。状況を判断して、的確な処理方法を選ぶことができる力を養いましょう。

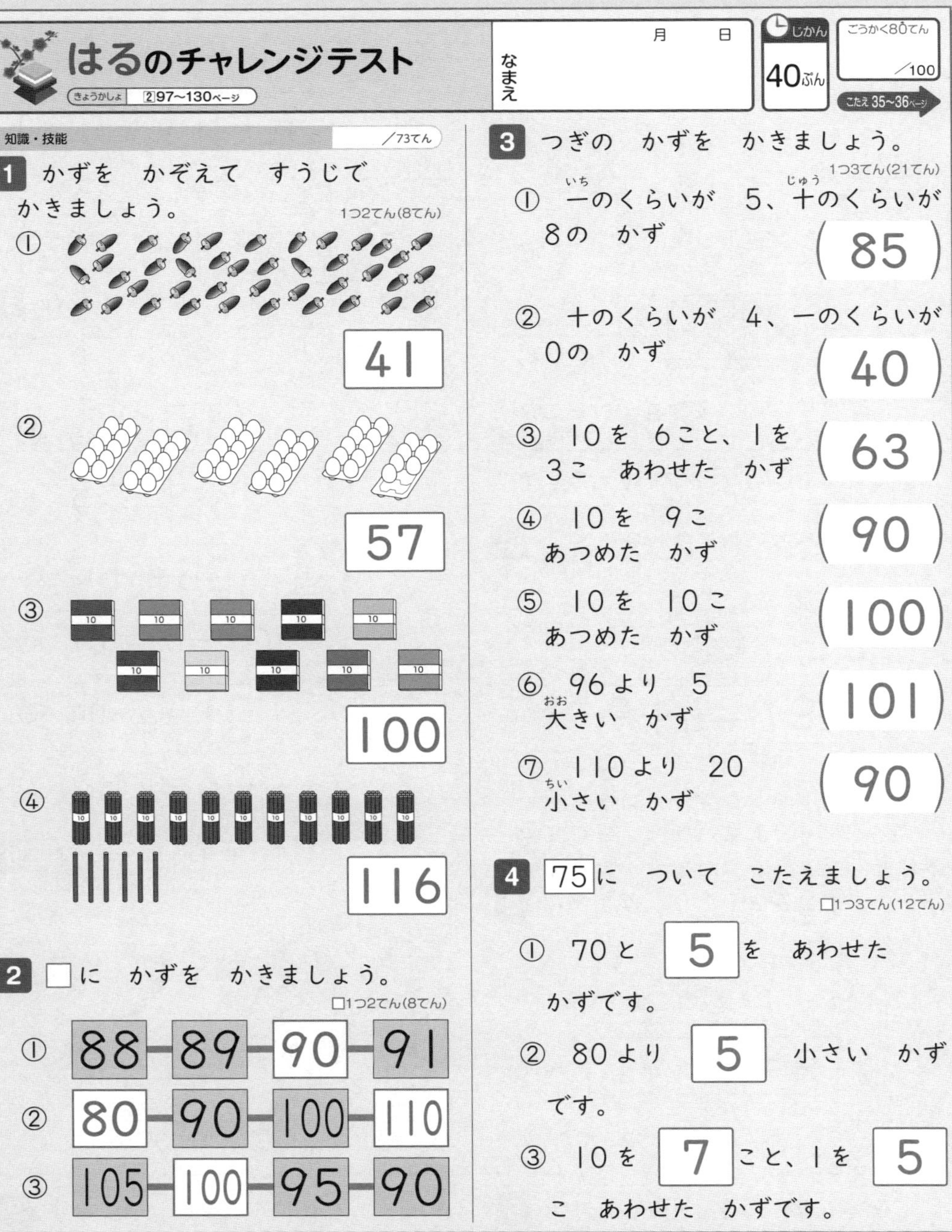

はるのチャレンジテスト

きょうかしょ ②97〜130ページ

なまえ　　月　　日

じかん 40ぷん　ごうかく80てん　／100　こたえ 35〜36ページ

知識・技能　／73てん

1 かずを　かぞえて　すうじで　かきましょう。　1つ2てん(8てん)

① 41

② 57

③ 100

④ 116

2 □に　かずを　かきましょう。　□1つ2てん(8てん)

① 88－89－90－91

② 80－90－100－110

③ 105－100－95－90

3 つぎの　かずを　かきましょう。　1つ3てん(21てん)

① 一(いち)のくらいが　5、十(じゅう)のくらいが　8の　かず　(85)

② 十のくらいが　4、一のくらいが　0の　かず　(40)

③ 10を　6こと、1を　3こ　あわせた　かず　(63)

④ 10を　9こ　あつめた　かず　(90)

⑤ 10を　10こ　あつめた　かず　(100)

⑥ 96より　5　大(おお)きい　かず　(101)

⑦ 110より　20　小(ちい)さい　かず　(90)

4 75に　ついて　こたえましょう。　□1つ3てん(12てん)

① 70と　5　を　あわせた　かずです。

② 80より　5　小さい　かずです。

③ 10を　7　こと、1を　5　こ　あわせた　かずです。

1 120までの数の数え方を正しく理解できているかをみます。10のまとまりを基本として数えるやり方は、数が大きくなっても同じです。
数の表し方(十進位取り記数法)は、この考え方を基本にしています。

2 120までの数の系列が正しく理解できているかをみる問題です。わかっている数が2つ続いているところに注目して、数がどのように並んでいるか考えます。
①は1ずつ大きくなり、②は10ずつ大きくなり、③は5ずつ小さくなっています。答えを書き入れたあと、規則どおりに数が並んでいるか、答えの確かめをしましょう。

3 120までの数の構成について、正しく理解できているかをみる問題です。わからないときは、図に表したり、数の線(数直線)を使ったりして考えましょう。①を58としてしまった場合は、十の位の数字は左、一の位の数字は右に置かれることを確認しましょう。

4 1つの数(ここでは75)には、いろいろな表し方があることを理解し、数の構成について理解を深めます。ほかの表し方も考えてみましょう。

5 とけいの　ながい　はりを　かきましょう。　1つ3てん(6てん)

① 4じ45ふん　② 11じ19ふん

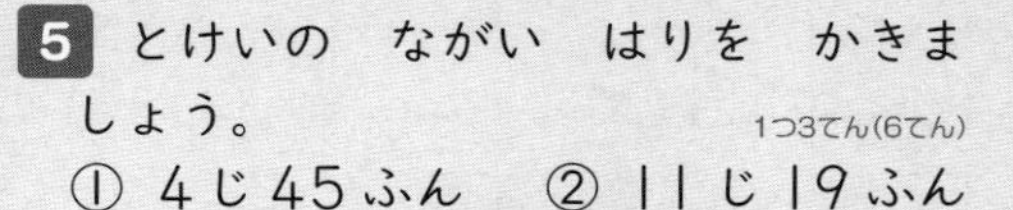

6 けいさんを　しましょう。　1つ3てん(18てん)

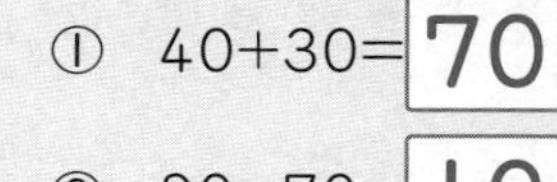

① 40+30= 70

② 80−70= 10

③ 100−20= 80

④ 50+5= 55

⑤ 6+33= 39

⑥ 98−8= 90

思考・判断・表現　／27てん

7 ひかりさんは　まえから　4ばん目に　います。うしろには　5人　います。

みんなで　なん人　いますか。　しき3てん、こたえ3てん(6てん)

しき　4+5=9

こたえ（ 9 ）人

8 おにぎりが　14こ　あります。

9人に　1こずつ　くばると、なんこ　のこりますか。　しき3てん、こたえ3てん(6てん)

しき　14−9=5

こたえ（ 5 ）こ

9 りんごが　6こ　あります。

みかんは　りんごより　7こ　おおく　かおうと　おもいます。

みかんは　なんこ　かえば　よいでしょうか。　しき3てん、こたえ3てん(6てん)

しき　6+7=13

こたえ（ 13 ）こ

10 （三角の色板）を　4まい　ならべて、下の　ような　かたちを　つくりました。

〈れい〉の　ように、つないだ　ところに、せんを　かきましょう。　1つ3てん(9てん)

〈れい〉

5 時計に長針をかき入れることで、時刻を正しく読めるかをみます。長針の位置とともに、短針の位置にも注意して時計を完成させましょう。

時計の短針で「○時」、長針で「○分」を読む基本をしっかり身につけます。長針の指す目もりは、数字の1で5分、2で10分と5分ごとになっているので、①の45分は、9を指すことを理解させます。

6 くり上がり、くり下がりのない大きな数の計算ができるかどうかをみる問題です。位を正しく理解しているか、チェックしてみてください。

①〜③は、10がいくつ分と考えて計算します。

④〜⑥は、2けたの数を何十といくつに分けて計算します。

7〜**9** 少し複雑な文章問題なので、文章を正確に読み取るために、できるだけ図や絵に表して考える習慣をつけましょう。

7 図に表すと、次のようになります。

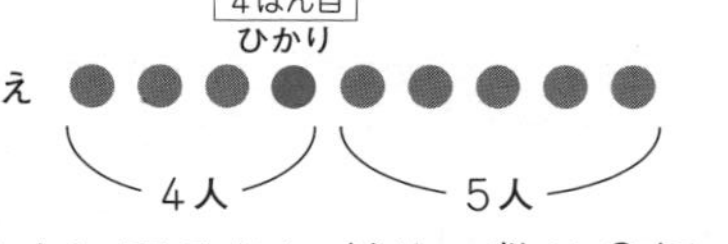

8 「9人に配るおにぎりの数は9個」と考えて、14(個)−9(個)と式を立てます。

9 図に表すと、次のようになります。

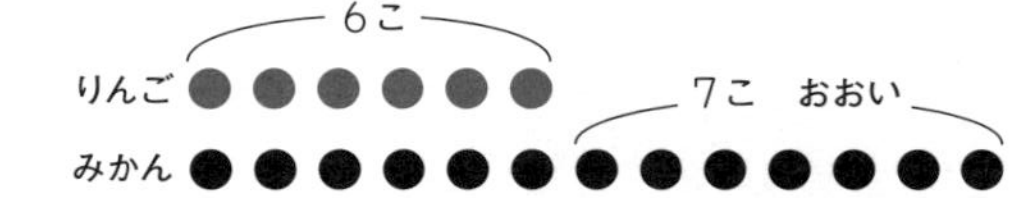

10 色板をどのように並べて、形づくりをしたのか考える力をみる問題です。少し難しいので、色板やおり紙などで実際に形づくりをしてみましょう。それぞれ下のように線をかいても正解です。

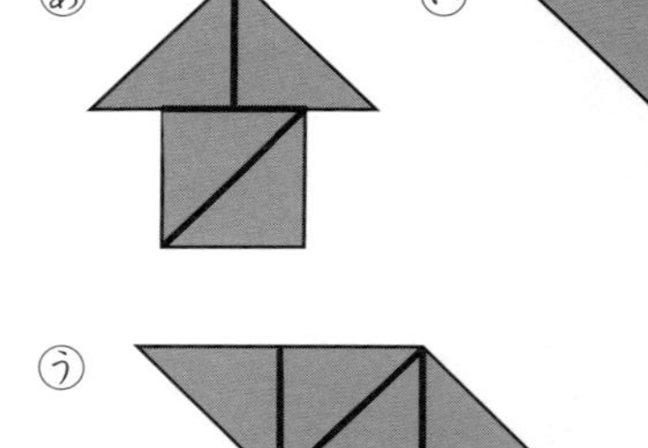

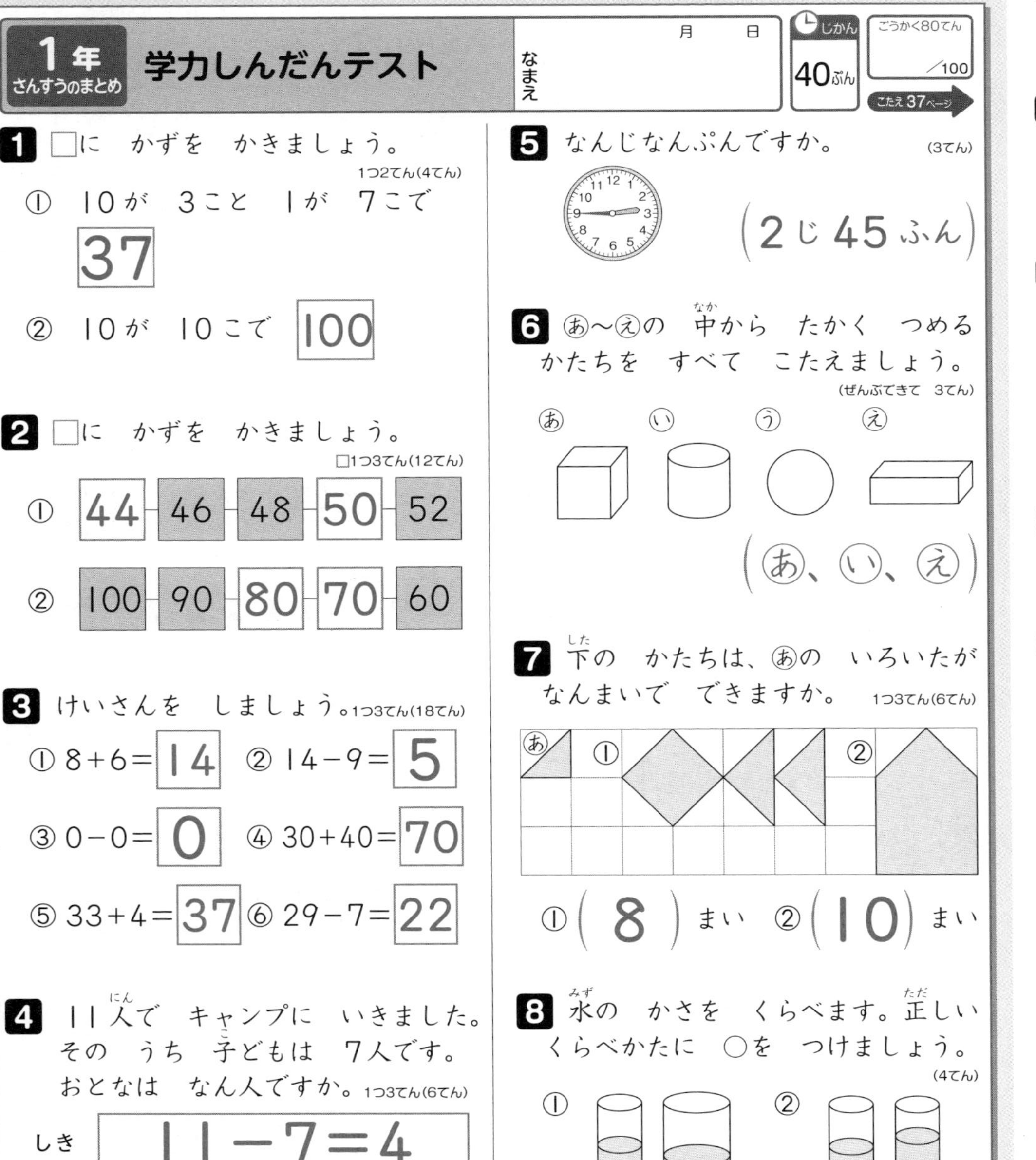

1年 さんすうのまとめ

学力しんだんテスト

月　日　なまえ　じかん 40ぷん　ごうかく80てん　／100　こたえ37ページ

1 □に　かずを　かきましょう。　1つ2てん(4てん)

① 10が　3こと　1が　7こで　37

② 10が　10こで　100

2 □に　かずを　かきましょう。　□1つ3てん(12てん)

① 44－46－48－50－52

② 100－90－80－70－60

3 けいさんを　しましょう。1つ3てん(18てん)

① 8+6=14　② 14−9=5

③ 0−0=0　④ 30+40=70

⑤ 33+4=37　⑥ 29−7=22

4 11人で　キャンプに　いきました。その　うち　子どもは　7人です。おとなは　なん人ですか。1つ3てん(6てん)

しき　11−7=4

こたえ（4）人

5 なんじなんぷんですか。　(3てん)

（2じ45ふん）

6 あ～えの　中から　たかく　つめる　かたちを　すべて　こたえましょう。　(ぜんぶできて　3てん)

あ　い　う　え

（あ、い、え）

7 下の　かたちは、あの　いろいたが　なんまいで　できますか。　1つ3てん(6てん)

あ　①　②

①（8）まい　②（10）まい

8 水の　かさを　くらべます。正しい　くらべかたに　○を　つけましょう。　(4てん)

①（　）　②（○）

1 ①10が3個で30、30と7で37です。

②10が10個で100になります。

2 与えられた数の並びから、きまりをみつけ、あてはまる数を求めます。

①2ずつ大きくなっています。

②10ずつ小さくなっています。

3 ③もとの数に0をたしたり、もとの数から0をひいたりしても、答えはもとの数のままです。

④30は10が3個、40は10が4個だから、30+40は、10が(3+4)個で、70です。

4 あわせて11人いるから、おとなの人数は、全体の人数から子どもの人数をひけば求められます。

5 時計の表す時刻を読み取ります。短針で何時、長針で何分を読みます。「3じ45ふん」とする間違いがよくあります。短針が2と3の間にあることに注意しましょう。

6 あとえは、箱の形、いは筒の形で、重ねて積み上げることができます。答えの順序が違っていても正解です。

7 図に線をひいて考えます。四角1マス分の形は、あの色板2枚でつくることができます。

8 同じ大きさの容器を使うと、入った水の水面の高さで比べることができます。

9 どうぶつの　かずを　しらべて　せいりしました。

1つ4てん(8てん)

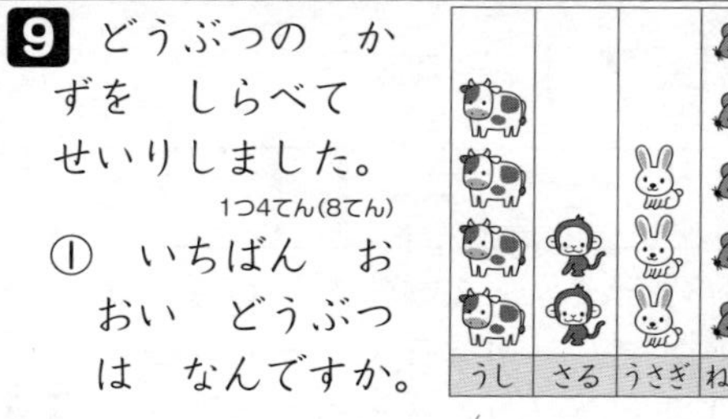

① いちばん　おおい　どうぶつは　なんですか。

（ ねずみ ）

② いちばん　おおい　どうぶつと　いちばん　すくない　どうぶつの　ちがいは　なんびきですか。

（ 3 ）びき

10 バスていで　バスを　まって　います。

1つ4てん(12てん)

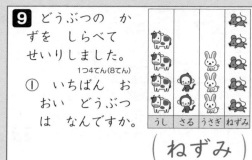

① まって　いる　人(ひと)は　7人(にん)　いて、みなとさんの　まえには　4人　ならんで　います。みなとさんは　うしろから　なんばん目(め)ですか。

うしろから　3　ばん目

② バスが　きました。バスには　はじめ　3人　のって　いました。この　バスていで　まって　いる　人　みんなが　のり、つぎの　バスていで　5人が　おりました。バスには　いま　なん人　のって　いますか。

しき　3＋7−5＝5

こたえ（ 5 ）人

活用力をみる

11 かべに　えを　はって　います。□に　はいる　ことばを　かきましょう。

□1つ4てん(16てん)

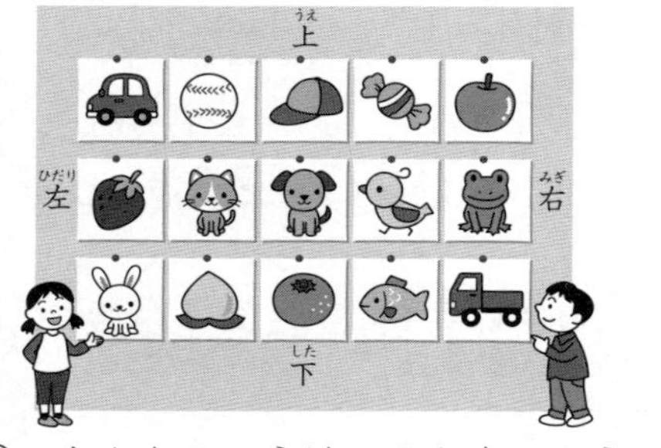

① さかなの　えは　みかんの　えの　右　に　あります。

② いちごの　えは　車(くるま)の　えの　下　に　あります。

③ 犬(いぬ)の　えは　（れい）みかん　の　えの　上　に　あります。

12 ゆいさんと　さくらさんは　じゃんけんで　かったら　□を　1つ　ぬる　ばしょとりあそびを　しました。どちらが　かちましたか。その　わけも　かきましょう。

1つ4てん(8てん)

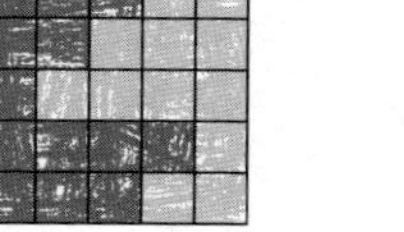

□…ゆいさん
■…さくらさん

かったのは（ さくら ）さん

わけ（（れい）さくらさんの　ほうが　ぬった□の　かずが　おおいから。）

9 数がいちばん多いのはねずみで、いちばん少ないのはさるです。
絵グラフの高さから、いちばん多い動物、いちばん少ない動物を読み取ります。

10 ①みなとさんは前から５番目だから、みなとさんの後ろには２人並んでいます。
②3＋7＝10、10−5＝5と2つの式に分けていても正解です。

11 右、左、上、下を使って、ものの位置をことばで表します。
③犬の位置を表します。
「ぼうしのえの下」、「ねこのえの右」、「とりのえの左」と答えていても正解です。

12 わけは、さくらさんのほうが、塗った□の数が多い(塗った場所が広い)ことが書けていれば正解です。
ゆいさんが12個、さくらさんが13個□を塗っていると、具体的な説明がついていても正解です。

メモ

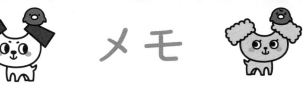

ふろく　とりはずしておつかいください。

けいさん せんもんドリル 1年

1年　　くみ

特色と使い方

- このドリルは、計算力を付けるための計算問題をせんもんにあつかったドリルです。
- 教科書ぴったりトレーニングに、このドリルの何ページをすればよいのかが書いてあります。教科書ぴったりトレーニングにあわせてお使いください。

教科書ぴったり
トレーニングの
ここを 見てね

もくじ

おうちのかたへ

- お子さまがお使いの教科書や学校の学習状況により、ドリルのページが前後したり、学習されていない問題が含まれている場合がございます。お子さまの学習状況に応じてお使いください。
- お子さまがお使いの教科書により、教科書ぴったりトレーニングと対応していないページがある場合がございますが、お子さまの興味・関心に応じてお使いください。

1 10までの　たしざん①

★できた　もんだいには、「た」を　かこう！

1 できた　2 できた

1 けいさんを　しましょう。　　月　　日

① 1+2=□　　② 2+6=□

③ 7+3=□　　④ 5+5=□

⑤ 4+1=□　　⑥ 3+5=□

⑦ 2+3=□　　⑧ 1+7=□

⑨ 4+6=□　　⑩ 8+1=□

2 けいさんを　しましょう。　　月　　日

① 5+2=□　　② 1+3=□

③ 2+8=□　　④ 6+3=□

⑤ 1+5=□　　⑥ 4+4=□

⑦ 3+3=□　　⑧ 6+1=□

⑨ 4+2=□　　⑩ 3+7=□

2 10までの　たしざん②

★できた　もんだいには、「た」を　かこう！

1 でき　2 でき

1 けいさんを　しましょう。

月　日

① 7＋1＝□　② 3＋6＝□

③ 2＋5＝□　④ 8＋2＝□

⑤ 1＋1＝□　⑥ 5＋4＝□

⑦ 2＋2＝□　⑧ 4＋3＝□

⑨ 1＋9＝□　⑩ 6＋2＝□

2 けいさんを　しましょう。

月　日

① 3＋1＝□　② 6＋4＝□

③ 7＋2＝□　④ 2＋1＝□

⑤ 5＋3＝□　⑥ 1＋6＝□

⑦ 2＋4＝□　⑧ 5＋1＝□

⑨ 1＋8＝□　⑩ 3＋2＝□

3 10までの　たしざん③

★できた　もんだいには、「た」を　かこう！

1 でき　2 でき

1 けいさんを　しましょう。

月　日

① 4＋1＝□　② 3＋7＝□

③ 6＋3＝□　④ 8＋1＝□

⑤ 1＋5＝□　⑥ 4＋6＝□

⑦ 4＋4＝□　⑧ 5＋2＝□

⑨ 1＋2＝□　⑩ 2＋8＝□

2 けいさんを　しましょう。

① 4＋2＝□　② 3＋4＝□

③ 5＋5＝□　④ 1＋7＝□

⑤ 6＋1＝□　⑥ 2＋7＝□

⑦ 9＋1＝□　⑧ 2＋3＝□

⑨ 4＋5＝□　⑩ 1＋3＝□

4 10までの　たしざん④

★できた　もんだいには、「た」を　かこう！

1 でき　2 でき

1 けいさんを　しましょう。　　月　日

① 3＋3＝□　② 1＋9＝□

③ 2＋6＝□　④ 5＋4＝□

⑤ 7＋3＝□　⑥ 4＋1＝□

⑦ 3＋5＝□　⑧ 1＋1＝□

⑨ 7＋1＝□　⑩ 6＋4＝□

2 けいさんを　しましょう。　　月　日

① 1＋6＝□　② 8＋2＝□

③ 4＋3＝□　④ 1＋8＝□

⑤ 2＋2＝□　⑥ 3＋1＝□

⑦ 5＋5＝□　⑧ 7＋2＝□

⑨ 2＋4＝□　⑩ 3＋6＝□

5 10までの　ひきざん①

★できた　もんだいには、「た」を　かこう！

1 でき　2 でき

1 けいさんを　しましょう。　　月　日

① 8－5＝□　　② 10－3＝□

③ 6－1＝□　　④ 8－6＝□

⑤ 10－2＝□　　⑥ 7－5＝□

⑦ 9－6＝□　　⑧ 5－2＝□

⑨ 4－3＝□　　⑩ 6－4＝□

2 けいさんを　しましょう。　　月　日

① 5－4＝□　　② 10－7＝□

③ 3－1＝□　　④ 7－6＝□

⑤ 8－4＝□　　⑥ 6－3＝□

⑦ 9－8＝□　　⑧ 8－1＝□

⑨ 10－5＝□　　⑩ 8－3＝□

6 10までの　ひきざん②

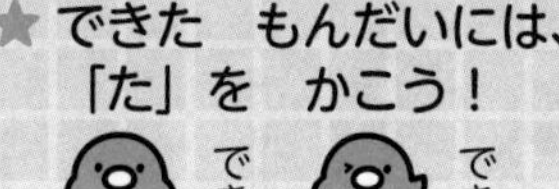

できた 1　できた 2

1 けいさんを　しましょう。

月　　日

① 8－2＝□　　② 8－7＝□

③ 10－9＝□　　④ 9－4＝□

⑤ 6－2＝□　　⑥ 3－2＝□

⑦ 7－3＝□　　⑧ 10－1＝□

⑨ 4－2＝□　　⑩ 2－1＝□

2 けいさんを　しましょう。

① 9－7＝□　　② 7－1＝□

③ 5－3＝□　　④ 10－6＝□

⑤ 9－1＝□　　⑥ 9－5＝□

⑦ 4－1＝□　　⑧ 7－4＝□

⑨ 10－8＝□　　⑩ 9－3＝□

7 10までの　ひきざん③

★できた　もんだいには、「た」を　かこう！

1 けいさんを　しましょう。　　月　日

① 7－2＝□　　② 4－1＝□

③ 8－5＝□　　④ 3－2＝□

⑤ 6－1＝□　　⑥ 8－4＝□

⑦ 10－4＝□　　⑧ 5－3＝□

⑨ 8－6＝□　　⑩ 9－6＝□

2 けいさんを　しましょう。　　月　日

① 5－4＝□　　② 3－1＝□

③ 6－4＝□　　④ 10－2＝□

⑤ 5－2＝□　　⑥ 6－5＝□

⑦ 10－3＝□　　⑧ 8－1＝□

⑨ 9－8＝□　　⑩ 7－5＝□

8 10までの　ひきざん④

★できた　もんだいには、「た」を　かこう！

1 でき　2 でき

1 けいさんを　しましょう。

月　日

① $10-5=$ □　② $4-2=$ □

③ $5-1=$ □　④ $10-8=$ □

⑤ $8-7=$ □　⑥ $6-3=$ □

⑦ $8-3=$ □　⑧ $10-7=$ □

⑨ $7-3=$ □　⑩ $8-2=$ □

2 けいさんを　しましょう。

月　日

① $6-2=$ □　② $9-7=$ □

③ $4-3=$ □　④ $9-2=$ □

⑤ $7-1=$ □　⑥ $9-4=$ □

⑦ $2-1=$ □　⑧ $7-6=$ □

⑨ $9-5=$ □　⑩ $10-1=$ □

9 0の　たしざんと　ひきざん

★できた　もんだいには、「た」を　かこう！

1 でき　2 でき

1 けいさんを　しましょう。　　月　日

① 4＋0＝□　② 8＋0＝□

③ 1＋0＝□　④ 3＋0＝□

⑤ 9＋0＝□　⑥ 0＋7＝□

⑦ 0＋2＝□　⑧ 0＋5＝□

⑨ 0＋6＝□　⑩ 0＋0＝□

2 けいさんを　しましょう。　　月　日

① 2－2＝□　② 9－9＝□

③ 5－5＝□　④ 7－7＝□

⑤ 6－6＝□　⑥ 4－0＝□

⑦ 1－0＝□　⑧ 8－0＝□

⑨ 3－0＝□　⑩ 0－0＝□

10 たしざんと　ひきざん①

★できた　もんだいには、「た」を　かこう！

1 でき　2 でき

1 けいさんを　しましょう。

月　日

① 10+5=□　② 10+2=□

③ 10+8=□　④ 10+3=□

⑤ 10+7=□　⑥ 11−1=□

⑦ 16−6=□　⑧ 14−4=□

⑨ 17−7=□　⑩ 15−5=□

2 けいさんを　しましょう。

月　日

① 14+1=□　② 17+2=□

③ 12+5=□　④ 11+7=□

⑤ 13+6=□　⑥ 14−2=□

⑦ 17−3=□　⑧ 15−4=□

⑨ 16−5=□　⑩ 18−3=□

11 たしざんと　ひきざん②

★できた　もんだいには、「た」を　かこう！
1 でき　2 でき

1 けいさんを　しましょう。　　月　日

① 10+4=☐　② 10+6=☐
③ 10+1=☐　④ 10+7=☐
⑤ 10+9=☐　⑥ 13−3=☐
⑦ 18−8=☐　⑧ 19−9=☐
⑨ 12−2=☐　⑩ 16−6=☐

2 けいさんを　しましょう。　　月　日

① 15+2=☐　② 13+4=☐
③ 16+3=☐　④ 18+1=☐
⑤ 12+3=☐　⑥ 12−1=☐
⑦ 15−2=☐　⑧ 18−4=☐
⑨ 13−2=☐　⑩ 17−6=☐

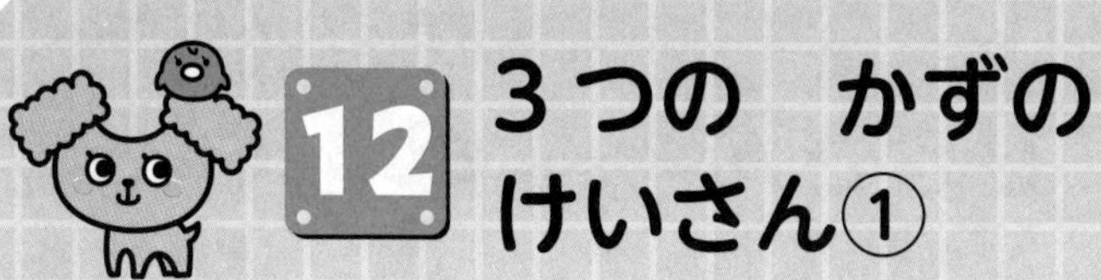

12 3つの　かずの　けいさん①

★できた　もんだいには、「た」を　かこう！

1 でき　2 でき

1 けいさんを　しましょう。　　月　日

① 5＋1＋2＝□　　② 2＋2＋3＝□

③ 1＋6＋1＝□　　④ 7＋3＋4＝□

⑤ 2＋8＋6＝□　　⑥ 7－2－1＝□

⑦ 9－5－2＝□　　⑧ 10－6－2＝□

⑨ 18－8－4＝□　　⑩ 12－2－3＝□

2 けいさんを　しましょう。　　月　日

① 9－8＋5＝□　　② 8－4＋2＝□

③ 10－7＋6＝□　　④ 14－4＋2＝□

⑤ 16－3＋4＝□　　⑥ 4＋3－5＝□

⑦ 8＋1－6＝□　　⑧ 5＋5－8＝□

⑨ 10＋9－6＝□　　⑩ 13＋2－4＝□

13 3つの　かずの　けいさん②

★できた　もんだいには、「た」を　かこう！

1 でき　2 でき

1 けいさんを　しましょう。

月　　日

① 4＋1＋4＝□　② 2＋3＋3＝□

③ 5＋5＋5＝□　④ 4＋6＋3＝□

⑤ 9＋1＋7＝□　⑥ 8－3－3＝□

⑦ 9－4－1＝□　⑧ 10－5－2＝□

⑨ 16－6－5＝□　⑩ 17－7－6＝□

2 けいさんを　しましょう。

月　　日

① 7－2＋4＝□　② 4－1＋4＝□

③ 10－5＋4＝□　④ 12－2＋9＝□

⑤ 18－5＋3＝□　⑥ 3＋6－7＝□

⑦ 2＋4－3＝□　⑧ 1＋9－3＝□

⑨ 10＋7－4＝□　⑩ 12＋7－6＝□

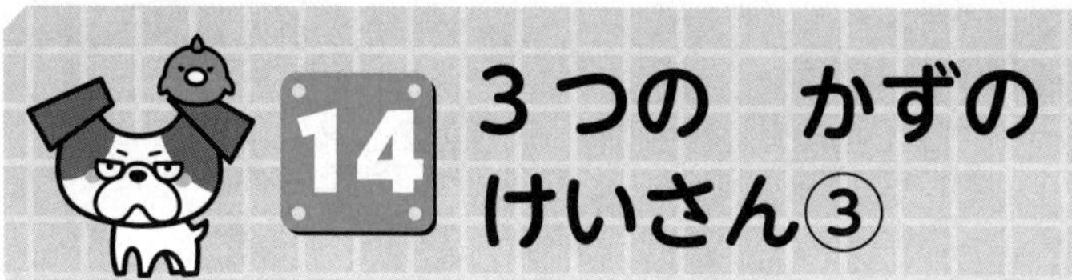

14 3つの　かずの　けいさん③

★できた　もんだいには、「た」を　かこう！

1 でき　2 でき

1 けいさんを　しましょう。　　月　　日

① $4+2+2=$ □　　② $1+1+7=$ □

③ $3+7+9=$ □　　④ $8+2+9=$ □

⑤ $5+5+2=$ □　　⑥ $6-2-3=$ □

⑦ $7-4-2=$ □　　⑧ $10-3-5=$ □

⑨ $15-5-1=$ □　　⑩ $19-5-4=$ □

2 けいさんを　しましょう。　　月　　日

① $9-6+5=$ □　　② $6-2+1=$ □

③ $10-6+4=$ □　　④ $14-4+5=$ □

⑤ $17-6+1=$ □　　⑥ $4+4-6=$ □

⑦ $6+2-1=$ □　　⑧ $7+3-2=$ □

⑨ $10+4-1=$ □　　⑩ $14+3-5=$ □

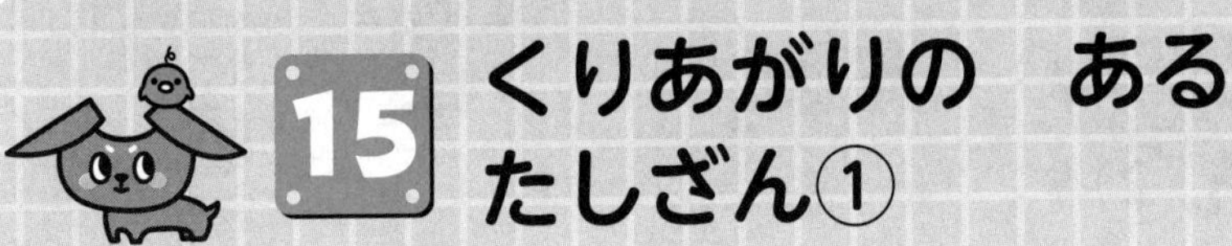

★できた　もんだいには、「た」を　かこう！

1　でき　2　でき

1　けいさんを　しましょう。

月　日

① 9＋5＝

② 6＋5＝

③ 8＋7＝

④ 7＋4＝

⑤ 9＋8＝

⑥ 3＋9＝

⑦ 7＋7＝

⑧ 5＋8＝

⑨ 9＋3＝

⑩ 6＋9＝

2　けいさんを　しましょう。

月　日

① 5＋6＝

② 8＋6＝

③ 9＋7＝

④ 3＋8＝

⑤ 8＋5＝

⑥ 9＋2＝

⑦ 4＋9＝

⑧ 7＋6＝

⑨ 8＋9＝

⑩ 5＋7＝

16 くりあがりの　ある　たしざん②

★できた　もんだいには、「た」を　かこう！

1 でき　2 でき

1 けいさんを　しましょう。　　月　　日

① 9＋4＝□　　② 7＋9＝□

③ 4＋7＝□　　④ 6＋8＝□

⑤ 8＋8＝□　　⑥ 7＋5＝□

⑦ 8＋4＝□　　⑧ 2＋9＝□

⑨ 9＋6＝□　　⑩ 6＋7＝□

2 けいさんを　しましょう。　　月　　日

① 7＋8＝□　　② 9＋3＝□

③ 4＋8＝□　　④ 9＋5＝□

⑤ 6＋6＝□　　⑥ 5＋8＝□

⑦ 8＋7＝□　　⑧ 3＋8＝□

⑨ 7＋7＝□　　⑩ 8＋9＝□

17 くりあがりの　ある たしざん③

★できた　もんだいには、「た」を　かこう！

1 でき　2 でき

1 けいさんを　しましょう。

月　日

① 8＋4＝□　② 5＋7＝□

③ 3＋9＝□　④ 9＋8＝□

⑤ 7＋6＝□　⑥ 6＋9＝□

⑦ 9＋9＝□　⑧ 5＋6＝□

⑨ 9＋4＝□　⑩ 7＋8＝□

2 けいさんを　しましょう。

月　日

① 2＋9＝□　② 7＋5＝□

③ 6＋7＝□　④ 4＋9＝□

⑤ 8＋6＝□　⑥ 5＋9＝□

⑦ 8＋3＝□　⑧ 9＋6＝□

⑨ 8＋8＝□　⑩ 9＋2＝□

18 くりあがりの　ある たしざん④

★できた　もんだいには、「た」を　かこう！

1 でき　2 でき

1 けいさんを　しましょう。　　月　　日

① 8+3=□　　② 6+6=□

③ 8+7=□　　④ 7+5=□

⑤ 9+6=□　　⑥ 8+9=□

⑦ 9+7=□　　⑧ 3+9=□

⑨ 9+4=□　　⑩ 6+8=□

2 けいさんを　しましょう。　　月　　日

① 5+9=□　　② 4+7=□

③ 7+9=□　　④ 8+5=□

⑤ 9+3=□　　⑥ 5+6=□

⑦ 8+8=□　　⑧ 2+9=□

⑨ 6+7=□　　⑩ 7+8=□

19 くりあがりの　ある　たしざん⑤

★できた　もんだいには、「た」を　かこう！

1 でき　2 でき

1 けいさんを　しましょう。

月　日

① 9＋9＝□　　② 5＋7＝□

③ 8＋6＝□　　④ 3＋8＝□

⑤ 6＋5＝□　　⑥ 7＋6＝□

⑦ 9＋8＝□　　⑧ 4＋8＝□

⑨ 7＋4＝□　　⑩ 5＋9＝□

2 けいさんを　しましょう。

月　日

① 9＋6＝□　　② 7＋8＝□

③ 3＋9＝□　　④ 9＋4＝□

⑤ 5＋8＝□　　⑥ 7＋9＝□

⑦ 6＋7＝□　　⑧ 9＋5＝□

⑨ 8＋9＝□　　⑩ 5＋6＝□

20 くりあがりの　ある　たしざん⑥

★できた　もんだいには、「た」を　かこう！

1 でき　2 でき

1 けいさんを　しましょう。　　月　　日

① 8＋5＝□　② 7＋4＝□

③ 6＋6＝□　④ 3＋8＝□

⑤ 7＋6＝□　⑥ 9＋7＝□

⑦ 6＋9＝□　⑧ 4＋8＝□

⑨ 7＋5＝□　⑩ 8＋7＝□

2 けいさんを　しましょう。　　月　　日

① 6＋8＝□　② 9＋9＝□

③ 8＋4＝□　④ 4＋9＝□

⑤ 9＋3＝□　⑥ 6＋5＝□

⑦ 7＋7＝□　⑧ 9＋2＝□

⑨ 8＋3＝□　⑩ 4＋7＝□

21 くりあがりの　ある たしざん⑦

★できた　もんだいには、「た」を　かこう！

1 でき　2 でき

1 けいさんを　しましょう。

月　日

① 4＋7＝
② 9＋9＝
③ 7＋7＝
④ 9＋2＝
⑤ 8＋3＝
⑥ 4＋9＝
⑦ 6＋8＝
⑧ 7＋4＝
⑨ 8＋8＝
⑩ 5＋9＝

2 けいさんを　しましょう。

月　日

① 6＋5＝
② 8＋5＝
③ 2＋9＝
④ 9＋8＝
⑤ 6＋9＝
⑥ 4＋8＝
⑦ 7＋9＝
⑧ 5＋7＝
⑨ 6＋6＝
⑩ 9＋5＝

22 くりさがりの　ある ひきざん①

★できた　もんだいには、「た」を　かこう！

1 でき　2 でき

1　けいさんを　しましょう。

月　　日

① 15－8＝□　　② 11－3＝□

③ 13－5＝□　　④ 12－6＝□

⑤ 15－7＝□　　⑥ 12－4＝□

⑦ 13－8＝□　　⑧ 16－8＝□

⑨ 11－4＝□　　⑩ 12－8＝□

2　けいさんを　しましょう。

① 17－8＝□　　② 14－9＝□

③ 11－7＝□　　④ 12－9＝□

⑤ 13－6＝□　　⑥ 11－2＝□

⑦ 15－9＝□　　⑧ 12－7＝□

⑨ 14－6＝□　　⑩ 16－7＝□

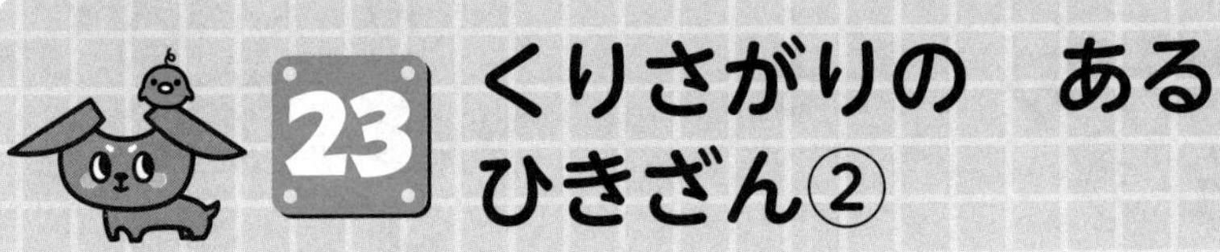

23 くりさがりの　ある ひきざん②

★できた　もんだいには、「た」を　かこう！

1 でき　2 でき

1 けいさんを　しましょう。

月　　日

① 15－7＝□　② 11－2＝□

③ 13－9＝□　④ 14－6＝□

⑤ 11－4＝□　⑥ 13－8＝□

⑦ 12－3＝□　⑧ 13－4＝□

⑨ 15－9＝□　⑩ 14－7＝□

2 けいさんを　しましょう。

月　　日

① 12－6＝□　② 13－5＝□

③ 11－8＝□　④ 16－7＝□

⑤ 14－5＝□　⑥ 16－9＝□

⑦ 12－7＝□　⑧ 17－8＝□

⑨ 15－8＝□　⑩ 12－9＝□

24 くりさがりの　ある　ひきざん③

★できた　もんだいには、「た」を　かこう！

1 でき　2 でき

1 けいさんを　しましょう。

月　日

① 11－4＝□　② 12－5＝□

③ 16－9＝□　④ 15－8＝□

⑤ 12－8＝□　⑥ 11－6＝□

⑦ 12－4＝□　⑧ 17－9＝□

⑨ 12－6＝□　⑩ 14－7＝□

2 けいさんを　しましょう。

月　日

① 11－8＝□　② 12－9＝□

③ 14－6＝□　④ 18－9＝□

⑤ 11－3＝□　⑥ 14－8＝□

⑦ 15－6＝□　⑧ 13－7＝□

⑨ 13－4＝□　⑩ 11－7＝□

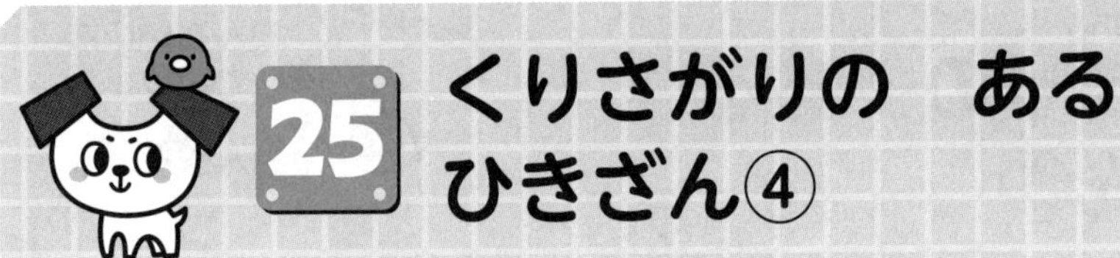

★できた　もんだいには、「た」を　かこう！

1 でき　2 でき

1 けいさんを　しましょう。　　月　　日

① 16−8=□　② 11−9=□

③ 11−6=□　④ 15−9=□

⑤ 12−3=□　⑥ 11−8=□

⑦ 14−5=□　⑧ 14−6=□

⑨ 13−9=□　⑩ 15−7=□

2 けいさんを　しましょう。　　月　　日

① 12−7=□　② 13−6=□

③ 11−4=□　④ 14−8=□

⑤ 13−4=□　⑥ 11−2=□

⑦ 18−9=□　⑧ 11−5=□

⑨ 16−7=□　⑩ 12−8=□

26 くりさがりの　ある ひきざん⑤

★できた　もんだいには、「た」を　かこう！

1 でき　2 でき

1 けいさんを　しましょう。　　月　　日

① 18－9＝□　　② 12－5＝□

③ 17－8＝□　　④ 12－6＝□

⑤ 13－7＝□　　⑥ 16－9＝□

⑦ 11－3＝□　　⑧ 13－8＝□

⑨ 15－6＝□　　⑩ 14－8＝□

2 けいさんを　しましょう。　　月　　日

① 13－5＝□　　② 12－9＝□

③ 14－7＝□　　④ 11－7＝□

⑤ 17－9＝□　　⑥ 12－4＝□

⑦ 11－5＝□　　⑧ 15－8＝□

⑨ 14－9＝□　　⑩ 11－6＝□

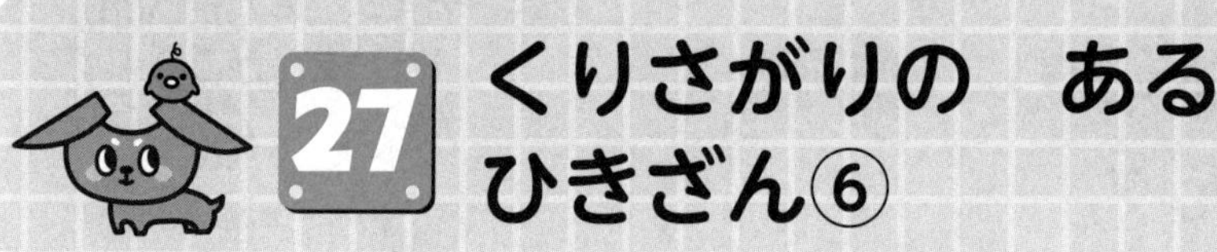

27 くりさがりの　ある　ひきざん⑥

★できた　もんだいには、「た」を　かこう！

1 でき　2 でき

1　けいさんを　しましょう。　　月　　日

① 14－9＝□　　② 11－5＝□

③ 13－6＝□　　④ 16－7＝□

⑤ 11－6＝□　　⑥ 13－9＝□

⑦ 12－3＝□　　⑧ 16－8＝□

⑨ 15－7＝□　　⑩ 14－5＝□

2　けいさんを　しましょう。　　月　　日

① 12－4＝□　　② 11－7＝□

③ 13－7＝□　　④ 17－9＝□

⑤ 14－8＝□　　⑥ 13－5＝□

⑦ 11－9＝□　　⑧ 12－5＝□

⑨ 15－6＝□　　⑩ 12－8＝□

★できた　もんだいには、「た」を　かこう！

1 でき　2 でき

28 くりさがりの　ある　ひきざん⑦

1 けいさんを　しましょう。　　月　日

① 11－5＝□　　② 16－8＝□

③ 13－6＝□　　④ 15－9＝□

⑤ 12－3＝□　　⑥ 14－5＝□

⑦ 17－9＝□　　⑧ 11－8＝□

⑨ 12－7＝□　　⑩ 18－9＝□

2 けいさんを　しましょう。　　月　日

① 13－9＝□　　② 15－6＝□

③ 11－3＝□　　④ 12－5＝□

⑤ 14－7＝□　　⑥ 13－8＝□

⑦ 11－9＝□　　⑧ 16－9＝□

⑨ 13－4＝□　　⑩ 17－8＝□

29 なんじゅうの　けいさん

★できた　もんだいには、「た」を　かこう！

1 でき　2 でき

1 けいさんを　しましょう。　　月　　日

① 50＋20＝□　② 10＋70＝□

③ 60＋40＝□　④ 30＋30＝□

⑤ 80＋10＝□　⑥ 20＋60＝□

⑦ 40＋50＝□　⑧ 70＋20＝□

⑨ 90＋10＝□　⑩ 30＋40＝□

2 けいさんを　しましょう。　　月　　日

① 70－40＝□　② 30－20＝□

③ 80－50＝□　④ 90－30＝□

⑤ 40－10＝□　⑥ 100－60＝□

⑦ 50－30＝□　⑧ 60－20＝□

⑨ 70－50＝□　⑩ 100－50＝□

30 なんじゅうと　いくつの　けいさん

★できた　もんだいには、「た」を　かこう！

1 でき　2 でき

1 けいさんを　しましょう。

月　　日

① 60＋2＝□　② 20＋5＝□

③ 30＋8＝□　④ 90＋6＝□

⑤ 50＋7＝□　⑥ 70＋1＝□

⑦ 80＋8＝□　⑧ 40＋9＝□

⑨ 20＋3＝□　⑩ 60＋4＝□

2 けいさんを　しましょう。

月　　日

① 52－2＝□　② 24－4＝□

③ 81－1＝□　④ 79－9＝□

⑤ 27－7＝□　⑥ 66－6＝□

⑦ 45－5＝□　⑧ 93－3＝□

⑨ 58－8＝□　⑩ 35－5＝□

31 100までの　かずと　いくつの　けいさん①

★できた　もんだいには、「た」を　かこう！
1 でき　2 でき

1 けいさんを　しましょう。　　月　日

① 36＋1＝□　② 53＋6＝□

③ 82＋2＝□　④ 23＋4＝□

⑤ 66＋3＝□　⑥ 92＋7＝□

⑦ 44＋4＝□　⑧ 75＋2＝□

⑨ 33＋5＝□　⑩ 57＋1＝□

2 けいさんを　しましょう。　　月　日

① 39－5＝□　② 85－3＝□

③ 58－5＝□　④ 29－8＝□

⑤ 73－1＝□　⑥ 98－2＝□

⑦ 49－7＝□　⑧ 65－1＝□

⑨ 38－3＝□　⑩ 88－6＝□

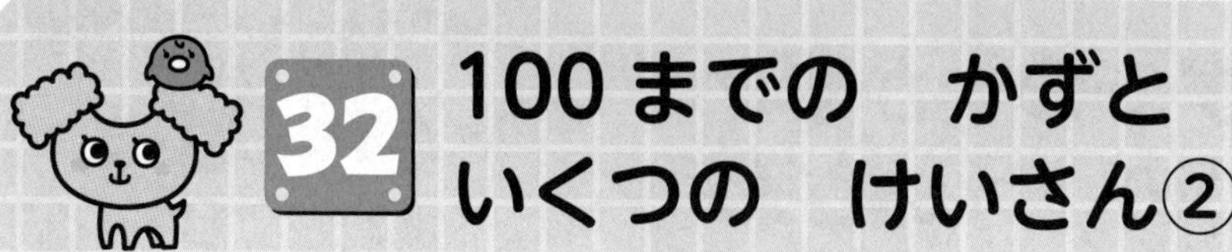

★できた　もんだいには、「た」を　かこう！

1 でき　2 でき

1 けいさんを　しましょう。　　月　　日

① 84＋5＝□　② 41＋8＝□

③ 55＋1＝□　④ 72＋4＝□

⑤ 33＋3＝□　⑥ 86＋2＝□

⑦ 72＋6＝□　⑧ 25＋3＝□

⑨ 67＋1＝□　⑩ 94＋3＝□

2 けいさんを　しましょう。　　月　　日

① 52－1＝□　② 67－3＝□

③ 26－3＝□　④ 99－6＝□

⑤ 84－1＝□　⑥ 27－5＝□

⑦ 66－5＝□　⑧ 35－2＝□

⑨ 79－4＝□　⑩ 48－7＝□

こたえ

1 10までの　たしざん①

1
①3　②8
③10　④10
⑤5　⑥8
⑦5　⑧8
⑨10　⑩9

2
①7　②4
③10　④9
⑤6　⑥8
⑦6　⑧7
⑨6　⑩10

2 10までの　たしざん②

1
①8　②9
③7　④10
⑤2　⑥9
⑦4　⑧7
⑨10　⑩8

2
①4　②10
③9　④3
⑤8　⑥7
⑦6　⑧6
⑨9　⑩5

3 10までの　たしざん③

1
①5　②10
③9　④9
⑤6　⑥10
⑦8　⑧7
⑨3　⑩10

2
①6　②7
③10　④8
⑤7　⑥9
⑦10　⑧5
⑨9　⑩4

4 10までの　たしざん④

1
①6　②10
③8　④9
⑤10　⑥5
⑦8　⑧2
⑨8　⑩10

2
①7　②10
③7　④9
⑤4　⑥4
⑦10　⑧9
⑨6　⑩9

5 10までの　ひきざん①

1
①3　②7
③5　④2
⑤8　⑥2
⑦3　⑧3
⑨1　⑩2

2
①1　②3
③2　④1
⑤4　⑥3
⑦1　⑧7
⑨5　⑩5

6 10までの　ひきざん②

1
①6　②1
③1　④5
⑤4　⑥1
⑦4　⑧9
⑨2　⑩1

2
①2　②6
③2　④4
⑤8　⑥4
⑦3　⑧3
⑨2　⑩6

7 10までの　ひきざん③

1
①5　②3
③3　④1
⑤5　⑥4
⑦6　⑧2
⑨2　⑩3

2 ①1 ②2
③2 ④8
⑤3 ⑥1
⑦7 ⑧7
⑨1 ⑩2

8 10までの　ひきざん④

1 ①5 ②2
③4 ④2
⑤1 ⑥3
⑦5 ⑧3
⑨4 ⑩6

2 ①4 ②2
③1 ④7
⑤6 ⑥5
⑦1 ⑧1
⑨4 ⑩9

9 0の　たしざんと　ひきざん

1 ①4 ②8
③1 ④3
⑤9 ⑥7
⑦2 ⑧5
⑨6 ⑩0

2 ①0 ②0
③0 ④0
⑤0 ⑥4
⑦1 ⑧8
⑨3 ⑩0

10 たしざんと　ひきざん①

1 ①15 ②12
③18 ④13
⑤17 ⑥10
⑦10 ⑧10
⑨10 ⑩10

2 ①15 ②19
③17 ④18
⑤19 ⑥12
⑦14 ⑧11
⑨11 ⑩15

11 たしざんと　ひきざん②

1 ①14 ②16
③11 ④17
⑤19 ⑥10
⑦10 ⑧10
⑨10 ⑩10

2 ①17 ②17
③19 ④19
⑤15 ⑥11
⑦13 ⑧14
⑨11 ⑩11

12 3つの　かずの　けいさん①

1 ①8 ②7
③8 ④14
⑤16 ⑥4
⑦2 ⑧2
⑨6 ⑩7

2 ①6 ②6
③9 ④12
⑤17 ⑥2
⑦3 ⑧2
⑨13 ⑩11

13 3つの　かずの　けいさん②

1 ①9 ②8
③15 ④13
⑤17 ⑥2
⑦4 ⑧3
⑨5 ⑩4

2 ①9 ②7
③9 ④19
⑤16 ⑥2
⑦3 ⑧7
⑨13 ⑩13

14 3つの　かずの　けいさん③

1 ①8 ②9
③19 ④19
⑤12 ⑥1
⑦1 ⑧2
⑨9 ⑩10

2 ①8 ②5 ③8 ④15 ⑤12 ⑥2 ⑦7 ⑧8 ⑨13 ⑩12

15 くりあがりの　ある　たしざん①

1 ①14 ②11 ③15 ④11 ⑤17 ⑥12 ⑦14 ⑧13 ⑨12 ⑩15

2 ①11 ②14 ③16 ④11 ⑤13 ⑥11 ⑦13 ⑧13 ⑨17 ⑩12

16 くりあがりの　ある　たしざん②

1 ①13 ②16 ③11 ④14 ⑤16 ⑥12 ⑦12 ⑧11 ⑨15 ⑩13

2 ①15 ②12 ③12 ④14 ⑤12 ⑥13 ⑦15 ⑧11 ⑨14 ⑩17

17 くりあがりの　ある　たしざん③

1 ①12 ②12 ③12 ④17 ⑤13 ⑥15 ⑦18 ⑧11 ⑨13 ⑩15

2 ①11 ②12 ③13 ④13 ⑤14 ⑥14 ⑦11 ⑧15 ⑨16 ⑩11

18 くりあがりの　ある　たしざん④

1 ①11 ②12 ③15 ④12 ⑤15 ⑥17 ⑦16 ⑧12 ⑨13 ⑩14

2 ①14 ②11 ③16 ④13 ⑤12 ⑥11 ⑦16 ⑧11 ⑨13 ⑩15

19 くりあがりの　ある　たしざん⑤

1 ①18 ②12 ③14 ④11 ⑤11 ⑥13 ⑦17 ⑧12 ⑨11 ⑩14

2 ①15 ②15 ③12 ④13 ⑤13 ⑥16 ⑦13 ⑧14 ⑨17 ⑩11

20 くりあがりの　ある　たしざん⑥

1 ①13 ②11 ③12 ④11 ⑤13 ⑥16 ⑦15 ⑧12 ⑨12 ⑩15

2 ①14 ②18 ③12 ④13 ⑤12 ⑥11 ⑦14 ⑧11 ⑨11 ⑩11

21 くりあがりの　ある　たしざん⑦

1 ①11 ②18 ③14 ④11 ⑤11 ⑥13 ⑦14 ⑧11 ⑨16 ⑩14

2 ①11 ②13
③11 ④17
⑤15 ⑥12
⑦16 ⑧12
⑨12 ⑩14

22 くりさがりの　ある　ひきざん①

1 ①7 ②8
③8 ④6
⑤8 ⑥8
⑦5 ⑧8
⑨7 ⑩4

2 ①9 ②5
③4 ④3
⑤7 ⑥9
⑦6 ⑧5
⑨8 ⑩9

23 くりさがりの　ある　ひきざん②

1 ①8 ②9
③4 ④8
⑤7 ⑥5
⑦9 ⑧9
⑨6 ⑩7

2 ①6 ②8
③3 ④9
⑤9 ⑥7
⑦5 ⑧9
⑨7 ⑩3

24 くりさがりの　ある　ひきざん③

1 ①7 ②7
③7 ④7
⑤4 ⑥5
⑦8 ⑧8
⑨6 ⑩7

2 ①3 ②3
③8 ④9
⑤8 ⑥6
⑦9 ⑧6
⑨9 ⑩4

25 くりさがりの　ある　ひきざん④

1 ①8 ②2
③5 ④6
⑤9 ⑥3
⑦9 ⑧8
⑨4 ⑩8

2 ①5 ②7
③7 ④6
⑤9 ⑥9
⑦9 ⑧6
⑨9 ⑩4

26 くりさがりの　ある　ひきざん⑤

1 ①9 ②7
③9 ④6
⑤6 ⑥7
⑦8 ⑧5
⑨9 ⑩6

2 ①8 ②3
③7 ④4
⑤8 ⑥8
⑦6 ⑧7
⑨5 ⑩5

27 くりさがりの　ある　ひきざん⑥

1 ①5 ②6
③7 ④9
⑤5 ⑥4
⑦9 ⑧8
⑨8 ⑩9

2 ①8 ②4
③6 ④8
⑤6 ⑥8
⑦2 ⑧7
⑨9 ⑩4

28 くりさがりの　ある　ひきざん⑦

1 ①6 ②8
③7 ④6
⑤9 ⑥9
⑦8 ⑧3
⑨5 ⑩9

2 ①4 ②9
③8 ④7
⑤7 ⑥5
⑦2 ⑧7
⑨9 ⑩9

29 なんじゅうの　けいさん

1 ①70 ②80
③100 ④60
⑤90 ⑥80
⑦90 ⑧90
⑨100 ⑩70

2 ①30 ②10
③30 ④60
⑤30 ⑥40
⑦20 ⑧40
⑨20 ⑩50

30 なんじゅうと　いくつの　けいさん

1 ①62 ②25
③38 ④96
⑤57 ⑥71
⑦88 ⑧49
⑨23 ⑩64

2 ①50 ②20
③80 ④70
⑤20 ⑥60
⑦40 ⑧90
⑨50 ⑩30

31 100までの　かずと　いくつの　けいさん①

1 ①37 ②59
③84 ④27
⑤69 ⑥99
⑦48 ⑧77
⑨38 ⑩58

2 ①34 ②82
③53 ④21
⑤72 ⑥96
⑦42 ⑧64
⑨35 ⑩82

32 100までの　かずと　いくつの　けいさん②

1 ①89 ②49
③56 ④76
⑤36 ⑥88
⑦78 ⑧28
⑨68 ⑩97

2 ①51 ②64
③23 ④93
⑤83 ⑥22
⑦61 ⑧33
⑨75 ⑩41